国家软科学基金立项项目（2014GXQ4D176）
河北省社会管理德治与法治协同创新中心资助出版

环首都地区生态产业化研究

——以林业为例

叶金国 张云 著

中国社会科学出版社

图书在版编目（CIP）数据

环首都地区生态产业化研究：以林业为例/叶金国，张云著．—北京：中国
社会科学出版社，2017.12
ISBN 978 - 7 - 5203 - 1514 - 2

Ⅰ.①环… Ⅱ.①叶… ②张… Ⅲ.①林业—生态环境建设—研究—华北
地区 Ⅳ.①S718.5

中国版本图书馆 CIP 数据核字（2017）第 288644 号

出 版 人	赵剑英	
责任编辑	周晓慧	
责任校对	无 介	
责任印制	戴 宽	

出 版	中国社会科学出版社	
社 址	北京鼓楼西大街甲 158 号	
邮 编	100720	
网 址	http://www.csspw.cn	
发 行 部	010 - 84083685	
门 市 部	010 - 84029450	
经 销	新华书店及其他书店	

印 刷	北京明恒达印务有限公司	
装 订	廊坊市广阳区广增装订厂	
版 次	2017 年 12 月第 1 版	
印 次	2017 年 12 月第 1 次印刷	

开 本	710×1000 1/16	
印 张	16.75	
插 页	2	
字 数	236 千字	
定 价	69.00 元	

目　　录

前　言

　　近年来，习近平总书记在各类场合有关生态文明的讲话、论述、批示超过 60 次，做了"绿水青山就是金山银山""小康全面不全面，生态环境质量是关键"等生动的论述。2017 年 8 月 28 日，新华社发布习近平总书记对河北塞罕坝林场建设者感人事迹所作出的重要指示。笔者在第一时间做了认真学习，因为是时本书刚好完稿并准备提交出版，我们尝试通过学习，启发新的思考，并及时将其补充到书中。习总书记对塞罕坝林场的建设实践给予了充分肯定和高度评价，称赞塞罕坝林场是推进生态文明建设的生动范例，塞罕坝林场建设者用实际行动诠释了"绿水青山就是金山银山的理念"，要求弘扬塞罕坝精神，持之以恒地推进生态文明建设，努力形成人与自然和谐发展的新格局。这些最新指示精神使我们对习总书记关于加强生态文明建设的重要战略思想的丰富内涵和重大意义有了更深的领悟。坚定不移地走绿色发展之路，正确处理经济发展和生态环境保护的关系，是实践界和学术界共同努力探索的课题。走向生态文明新时代，建设美丽中国，是实现中华民族伟大复兴的中国梦的重要内容。笔者正是在不断跟进学习的过程中，产生并开展生态产业化研究的。2015 年 1 月，笔者申请的国家软科学基金研究项目"环首都地区生态产业化战略研究——以森林资源为例"获准立项，2016 年底完成该项目研究报告，随后，笔者以此研究报告为基础补充新内容，完成本书。

　　本书以林业为例探讨生态产业化问题。所谓生态产业化，就是按照社会化大生产、市场化经营的方式来提供生态服务，从而建立起生态建设投入与效益良性循环机制的过程。生态环境建设是花钱的事业，但同时也存在着巨大的内需，蕴藏着巨大的经济效益，孕育着巨大的产业。从这个意义上讲，保护生态就是保护生产力，改善生态就是发展生产力。党的十八大报告将生态文明建设与经济建设、政治建设、文化建设、社会建设并列，提出"五位一体"建设中国特色社会主义的总体布局。"十三五"规划是第一次将绿色发展作为独立内容进行布局的首个五年规划，标志着绿色发展从理念走向实施。把生态环境优势转化为生态农业、生态工业、生态旅游等生态经济的优势，形成一种浑然一体、和谐统一的关系，这是更高的境界。这是笔者写作本书的基本背景和开展研究的基本认识。林业在生态产业化进程中占有重要地位，国外国内生态林业与民生林业的协同发展都进入新的阶段。森林作为陆地上最大的生态系统，是人类生存的生态屏障。林业既是生态建设的主体，是具有明显公益性的基础性产业，又是国民经济的重要产业，也是社会发展的重要基础。近三十年来，世界上传统林业正在向现代林业转化，其经济活动内容出现了以下几方面的扩展：一是从林木采伐扩展到林木培育和森林维护；二是日益强调森林的多功能综合利用；三是日益重视山区开发、林业建设与当地农民之间的血肉联系，以林业与乡村经济协调发展作为最终目标。在我国，林业已被提到战略全局的高度来部署和推动，形成了"五级书记抓林改""五级书记抓造林"的声势，中国人工林面积已居世界第一。但根据2017年6月国家林业局局长张建龙在全国森林资源管理工作会议上的介绍，中国森林面积增速明显减缓，大部分森林单位面积蓄积量低。时至今日，森林资源危机和经济危困的"两危"局面仍然困扰着林区。我国生态公益林供给不足和生态性贫困并存，没有形成再生产和扩大再生产的自我发展循环。事实证明，要破解"国家要生态、地方要财政、农民要致富"三者之间的矛盾，唯一的出路在于对生态资源进行产业化开发和经营，培育以生态服务价值为核心，生态商品生产、交易和消费相结合，以生态型产业体系为支撑的生态服务型经济。把生态环境建设同调结构、转方式和扩大内需结合起来，提高林业生产集约化经营水平，把林业建设成为富县裕民的支柱产业。

本书把研究视界放在环首都地区有着多方面的考虑，也具有特殊的研究价值和意义。关于环首都地区的空间范围学界有多种划分。从广义上看，可包括河北全省和天津全市乃至更大范围。从狭义上讲，则可以首都北京为核心，包括天津市的武清区、宝坻区、蓟县三个区县，加上河北张家口、承德、廊坊、保定、唐山、秦皇岛六个地级市。后者，区域面积达14.55万平方公里，约占全国的1.52%；总人口5617万人，约占全国的4.19%。环首都更为直接的地区是京冀交界地区、廊坊北三县。以林业为例研究环首都地区生态产业化问题，一是推进京津冀协同发展重大国家战略的需要。2015年4月30日，中共中央政治局审议并通过的《京津冀协同发展规划纲要》指出，要有序疏解北京非首都功能，在京津冀经济一体化、生态环境保护、产业升级转移等重点领域率先取得突破。北京与河北山水相连，空气互通，是生命共同体。有关京津冀三地功能定位，赋予河北最多的就是生态。环首都地区生态承载力薄弱、生态产品供给不足是短板，生态环境总体上处在极不稳定的脆弱状态，需要长期的、大规模的人工修复和自然修复。急需在风沙源区开展植树造林和退耕还草工程建设，以防风固沙，涵养水源，改善以森林生态系统为主体的生态环境。在国家经济补偿能力有限的情况下，要解决森林保育缺乏长效资金支持的困境，必须鼓励和支持民间资本投入生态建设之中。通过生态产业化，将林草生态链转化为产业链和就业链，这样才能真正融入京津冀协同发展的行动目标中。生态产业化是提高京津冀生态建设效益的必由之路。二是推进实施脱贫攻坚计划和全面建成小康社会重大战略的要求。多年来，在环绕首都的承德、张家口、保定等地区，存在一个贫困程度较大的呈C字形的连片区。环首都贫困带作为我国少有的生态脆弱区、特大城市水源保护区和生态涵养区、经济贫困区三重耦合区域，面临着典型的生态性贫困问题。环首都贫困带的形成，是恶劣的自然条件和不可持续的开发方式共同导致的，是生态恶化型抑制和保护压力型抑制双重效应的结果。该地区经济落后和生态恶化的趋势长期得不到扭转，症结在于生态建设与产业开发相割裂，生态资源转化为物质财富的路径不畅。由于片面强调林业的生态功能，相对忽视其经济功能，导致林业发展乏力，难以调动起地方政府和当地居民的积极性。环首都贫困带多处在山区，希望在山，致富靠林，林业在环首都脱贫攻坚战中具有不可替代的优势。生态产业化是破解环首都贫困带难题的必由之路。三是环首都地区林业资源独特，在生态产业化方面的积极探索与实践，取得了闻名全国的成就，具有典型性和代表意义。塞罕坝林场建设是生态产业化的典型体现，为建设生态文明、推动绿色发展理念深入人心，推动美丽中国建设作出了突出贡献。弘扬塞罕坝精神，走生态产业化道路，是实现生态与经济双赢的唯一选择。

本书在分析环首都地区开展生态产业化建设的背景、意义和阐释生态产业化有关概念与理论的基础上，深入探讨了生态产业化的实现条件、发展模式、可行路径与机制、政策。通过对环首都地区生态林业建设已有探索和典型案例的评价、总结与分析，以生态与产业化相结合为研究主线，探讨如何实现林业生态效益、经济效益与社会效益的统一，探讨如何构建政府主导、企业经营、市场运作、社会参与的长效生态建设机制，并重点研究、分析了森林旅游和生态林业脱贫问题。

全书共有五章。

第一章阐述本书研究的背景与意义。党的十八大提出生态文明建设的新目标、新思路，国外国内传统林业向现代林业转变的趋势，是开展环首都地区生态林业研究的主要背景。本章通过对林业生态产业化的实践、理论研究现状及其存在问题的讨论，阐述了环首都地区实施生态产业化战略的必要性，指出开展这一研究的重要意义与价值。

第二章探讨生态产业化的概念和理论依据。首先对生态产品、生态产业、生态资本运营等若干重要概念的含义、相互关系，生态产品的供给特性进行梳理分析，进而对生态产业化的基本内涵和理论依据进行阐述。通过对现代林业的可持续经营观、森林生态产品的公共物品属性及其供给方式的阐释，尝试回答森林生态公共产品的市场化提供为何可能，森林生态产业化的实践动力源自何处这些问题。

R. Costanza（1997）开创的生态系统服务功能理论、弗里德曼开创的公共服务市场化思想以及由此衍生的自由市场环境主义等理论，新公共管理、多中心治理等理论，为生态产业化提供了理论支撑。生态产业化的经济学本质是生态资源资产化，在"人化的自然"系统中，生态服务靠自然力和人为要素的投入共同实现。生态产业化是一个复杂的系统工程，需要有管理体制和机制上的创新作为保障，为此，应制定鼓励非公有制林业发展、支持全社会办林业的有力政策，构建多元经营主体（农民及其自治组织、营林企业、加工企业、地方政府等）相互协作、共同支撑的混合治理机制，特别是要完善社区林业，实现林业产业链各环节均衡发展和价值链增值。

第三章探讨环首都地区林业生态产业化。从环首都地区林业发展概况、林业产业化典型案例分析入手，总结环首都地区已取得的经验，剖析典型案例，研究环首都地区林业生态产业化模式、方向与路径，针对环首都地区林业产业化所存在的问题，提出对策建议。环首都地区作为森林资源相对丰裕地区，具备发展林业产业的先天优势。环首都地区在大规模生态环境建设中，涌现出若干有影响力的林业生态产业化典型，例如塞罕坝精神、黄羊滩"三位一体"治沙模式等。环首都地区林业产业已由以造林营林单一产业为主，向着种苗业、造林营林、加工、森林旅游等多种产业转变，非木材林产品日益成为林业的主体，生态林业与民生林业逐步兴起。在产业链的延伸方向上，木材培育产业、优势特色经济林产业、林下经济、森林生物质能源产业、碳汇林业、森林旅游等，被实践证明是潜力巨大的生态林业经济增长点。

第四章专题讨论环首都地区森林生态旅游问题。阐述了森林旅游的内涵、主要产品形式与发展趋势，通过对环首都地区森林旅游发展历程的简要回顾，对若干森林旅游开发案例的评析，以及对环首都地区森林旅游业发展进行 SWOT 分析，提出促进环首都地区森林旅游业发展的对策建议。森林旅游是绿色产业的重要组成部分，是林业产业中最具活力和发展潜力的新兴产业。笔者认为，当前应积极推进森林旅游与文化等产业融合发展，创新森林旅游产品的开发运营机制，以国家公园试点为抓手理顺管理体制，加强区域合作以推动京津冀森林旅游的协同发展。森林旅游的本质是生态旅游，环首都地区森林旅游必须加强环境监管，控制和完善相关设施建设，建立游客参与机制，加强游客管理，加强与旅游代理商等各方面的合作；必须构建长效的社区参与机制，包含"决策制定中的参与"机制和"旅游利益的分享"机制，使林区居民生计的可持续性和林区居民对生态保护的参与力度都得到提高。

第五章讨论环首都地区林业减贫。通过梳理林业减贫的有关理论，分析了环首都地区生态贫困的类型、现状及其成因，探讨环首都地区基于可持续生计的林业减贫策略，并以丰宁县农户可持续生计调查为例进行实证分析，提出环首都地区林业减贫的制度分析与对策建议。造成林区贫困的原因有多种，但根本原因在于资源开发的产业化程度低，丰富的林业资源尚未转化成产业优势，林农难以从经营林业中得到应有的收益。环首都生态功能区分布着大量贫困人口，这是生态恶化型抑制和保护压力型抑制双重效应的结果，应在可持续发展的框架内，制定符合区域特点的扶贫与环境保护政策。一是以林业重点工程为依托，加快贫困地区的植树造林步伐，改善贫困地区的生态状况；二是深化集体林权制度改革，大力发展林下经济、经济林产业、野生动植物种养业、森林旅游业等特色优势产业，加快农民脱贫致富步伐。可持续生计思想对减贫战略极具启示意义，其实质是一种人类社会与自然环境协调相处的发展观，并为丰宁县农户可持续生计调查与分析所证实。生态扶贫的制度保障在于合作型反贫困机制的建立。

本书以生态经济学为理论基础，主要采用了理论演绎、案例分析、田野调查、统计分析等研究方法，努力尝试在生态产业化理论构建、林业资源可持续利用的机制、实践路径与政策等方面提出新见解。其一，在生态产业化理论构建方面，以森林为例，对生态产品的概念及其供给特性进行了剖析，阐释了森林生态产品的公共物品属性及其供给方式，指出生态产业化的理论依据在于生态资本运营，关键在于正确认识和处理生态产业化与生态安全的矛盾。为了实现森林生态产业化，需要进行制度创新，构建由政府—市场—社区有机组合的多元化林业治理结构。其二，在环首都地区生态产业化的实践层面，总结了若干典型案例，特别是对塞罕坝林场及其"再造三个塞罕坝"工程的成功经验进行了详尽总结，对草原天路开发、白石山生态旅游等案例进行了剖析。其三，在森林旅游方面，对于环首都地区森林旅游发展进行了战略层面的 SWOT 分析，提出促进森林旅游与文化产业融合发展，以国家公园试点为抓手理顺管理体制，通过加强环境管理来减弱森林旅游的负面环境影响，加强森林旅游中的社区参与等方面的政策建议。其四，在生态扶贫方面，对于生态环境特别是森林资源与贫困的关系进行了系统的文献梳理，剖析了林区贫困的成因，阐释了跳出生态贫困陷阱的林业减贫政策指向。采用英国国际发展机构建立的可持续生计分析框架，面向农户发放调查问卷，进行了生计资本测度及其比较，以及环首都地区农户生计策略与生计结果分析。

第一章

环首都生态产业化提出的
背景与意义

第一节 研究背景

党的十八大报告将生态文明建设与经济建设、政治建设、文化建设、社会建设并列，提出"五位一体"建设中国特色社会主义的总体布局。"十三五"规划是第一次将绿色发展作为独立内容进行布局的首个五年规划，标志着绿色发展从理念走向实施，从表层走向深层，从国内走向国际。习近平总书记指出，走向生态文明新时代，建设美丽中国，是实现中华民族伟大复兴的中国梦的重要内容。近年来，习近平总书记在各类场合有关生态文明的讲话、论述、批示超过60次。"绿水青山就是金山银山""小康全面不全面，生态环境质量是关键""看得见山、看得见水、记得住乡愁"等生动的论述，阐释了生态文明理念，确立了生态文明原则，描画了生态文明愿景。

自工业革命以来的人类活动超越了生态系统承载力，导致严重、深刻的生态危机和人类生存危机，从而引发了全球可持续发展浪潮。我国改革开放之初，面对物质匮乏和急迫的经济增长问题，加之资源和环境免费无限可用的传统观点，经济优先原则在事实上占据着支配地位。1983年，我国把环境保护确定为基本国策，1994年出台了《中国21世纪议程》，把可持续发展确定为国家战略。然而，在一个相当长的时期内，生态保育一直处于"说起来重要，干起来次要，忙起来不要"的状态，"宁要金山银山，不要绿水青山"的事情仍屡见不鲜。结果，西方国家100多年分阶段逐步出现的环境问题几十年内在我国呈集中式爆发，致使资源环境约束成为我国经济社会发展的短板、瓶颈。上述现象产生的原因之一，便是绿色发展的先进理念没有找到一条通向现实的有效途径。

习近平同志的"两山论"，生动形象地阐释了经济发展与环境保护之间的辩证统一关系，使生态优先、绿色发展这一先进理念找到了现实的路径。早在2005年，时任浙江省委书记的习近平在安吉县余村考察时指出，我们追求人与自然的和谐、经济与社会的和谐，通俗地讲是要"两座山"，既要金山银山，又要绿水青山，绿水青山就是金山银山。2013年9月，习近平总书记在哈萨克斯坦纳扎尔巴耶夫大学发表演讲并回答学生们提出的问题时指出："我们既要绿水青山，也要金山银山。宁要绿水青山，不要金山银山，而且绿水青山就是金山银山。"①2015年5月25日，习近平在浙江舟山农家乐小院考察时表示："这里是一个天然大氧吧，是'美丽经济'，印证了绿水青山就是金山银山的道理。""两山论"包含三个由浅到深、有机统一的命题："既要金山银山，又要绿水青山"，强调生态环境和经济社会发展相辅相成、不可偏废，要把生态优美和经济增长"双赢"作为科学发展的重要价值标准；"宁要绿水青山，不要金山银山"，强调绿水青山是比金山银山更基础、更宝贵的财富，在某些特定时空情境下，当生态环境保护与经济社会发展产生冲突时，必须把保护生态环境作为优先选择；"绿水青山就是金山银山"，强调优美的生态环境既是自然财富，又是社会财富、经济财富。绿水青山作为核心竞争力，把生态环境优势转化为生态农业、生态工业、生态旅游业等生态经济的优势，形成一种浑然一体、和谐统一的关系，这是更高的境界。"两山论"为生态产业化提供了直接的理论依据。

森林作为陆地上最大的生态系统，是人类生存的生态屏障。林业

---

① 《习近平总书记系列重要讲话读本》，学习出版社、人民出版社2016年版。

既是生态建设的主体，是具有明显公益性的基础性产业，又是国民经济的重要产业，也是社会发展的重要基础。一方面，在我国，林业已被提到战略全局的高度来部署和推动，形成了"五级书记抓林改""五级书记抓造林"的声势，中国人工林面积已居世界第一。然而必须看到，我国林木蓄积量等质量指标仍远远低于世界平均水平，林地生产力低下，不同程度地存在着"年年造林不见林"的问题。另一方面，在我国林业发展重点由木材利用向着生态利用转变的历史过程中，生态公益林（以下简称"生态林"）营造与市场经济的衔接问题日益突出。根据李周2000年的研究，我国302个森林资源丰富县的贫困率高于全国平均水平，时至今日，森林资源危机和经济危困的"两危"局面仍然困扰着林区。2017年6月，国家林业局局长张建龙在全国森林资源管理工作会议上介绍，监测结果表明，中国森林面积增速明显减缓，大部分森林单位面积蓄积量低。目前，林地逆转已成为当前森林资源管理所面临的突出问题，主要原因在于农民开荒种地使集体林逆转为耕地，经营性开发项目违法侵占国家级公益林，等等。

我国生态公益林供给不足和生态性贫困并存的问题，根源在于公益林建设缺乏长效的动力机制，没有形成再生产和扩大再生产的自我发展循环，没有形成全社会建设生态林业的体系。事实证明，要破解"国家要生态、地方要财政、农民要致富"三者之间的矛盾，唯一的出路在于对生态资源进行产业化开发和经营，培育以生态服务价值为核心，生态商品生产、交易和消费相结合，以生态型产业体系为支撑的生态服务型经济。这是巩固扶贫成果的重要保障，也是经济社会可持续发展的要求。具体而言，应当承认生态环境的资本属性，通过产业化运作，变资源为资产，变资产为资本，从而破解财政投入的资金"瓶颈"。同时，把生态环境建设同调结构、转方式和扩大内需结合起来，提高林业生产集约化经营水平，推动林业向高产优质高效方向发展，把林业建设成为富县裕民的支柱产业。为鼓励市场力量的参与，必须改革林业管理体制，从林权制度改革、采伐限额管理、森林生态服务市场建立等方面做好配套改革。

近三十年来，世界上传统林业正在向现代林业转化，其经济活动内容出现了以下几方面的扩展：一是从林木采伐扩展到林木培育和森林维护；二是日益强调森林的多功能综合利用；三是日益重视山区开发、林业建设与当地农民之间的血肉联系，将林业与乡村经济协调发展作为最终目标。在生态林业与民生林业协同发展的崭新阶段，林业产业化体现出其重大意义。

其一，林业产业化有利于推进林业的两个根本转变——林业增长方式向质量效益型转变，传统林业向现代化林业转变。林业产业化通过延伸产业链，与市场接轨，促进了第一、二、三产业有机结合与协调发展，极大地增强了林产品的价值实现能力和增值能力，可避免林业因单纯出卖原料而造成的利益损失，提高了林业经营质量、规模效益和市场竞争能力，是增强林业自我积累、自我发展能力的现实选择。

其二，发展农村林业，不仅是生态工程，也是扶贫工程、富民工程、就业工程。由于自然和历史的原因，林业在很长时期内仍然以手工和体力劳动为主。因此，林业产业化有利于安置大量的农村剩余劳动力，起到稳定山区、稳定农村的重要作用，是增加财源、帮助林农增收致富的有效途径。并且，在产业化链条中，生产技术的规范化、标准化有利于激发林农的市场经济意识，有利于促进林业劳动者生产技能和整体素质的不断提高。

其三，有利于促进生态平衡、改善环境。推进林业产业化，可增加植被覆盖，减缓旱涝等自然灾害，提高生态承载力，减少土地肥力的流失，形成林业与种植业、畜牧业相互促进的良性循环。同时，产业化提高了林农的收入水平，会减少因生计所迫对森林资源的被动消耗，从而使森林调节气候、改善环境的功能得以充分发挥。

第二节 研究综述和研究意义

林业承担着生态建设和林产品供给的重要任务，具有生态、经济、社会和文化等多种功能。传统的林业理念偏重于林木采运业，造成林业发展与森林生态保护的脱节。鉴于此，贫困林区纷纷提出"生态建设产业化"的战略。所谓生态产业化，就是按照社会化大生产、市场化经营的方式来提供生态服务，从而建立起生态建设投入与效益的良性循环机制的过程。当前，生态产业化已成为许多地方政府的热衷话题和践行主题。然而，与实践中的热度相比，理论研究较为滞后。

国家林业局工程师刘冰等（2003）提出"三北"防护林四期工程应实践生态产业化道路；[①] 刘颖琦、邓元慧、郭名（2009）构建了西部生态脆弱贫困区产业联动模式。[②] 对于碳汇林业、森林旅游、林下经济、政府购买等生态产业化的具体路径，以及林业制度的改革，近年来出现了一大批研究成果[③]，但很少上升到生态产业化的高度对其实现路径、机制和政策进行综合集成研究。现有研究要么偏重于技术工艺研究，而忽视经营运作的系统性研究；要么注重单因子研究，而忽视生态建设的发动、组织、协调、运营、管理、加工、流通、销售等环节的综合集成研究。目前，有关生态产业化的概念模糊不清，理论依据未得到深入阐释，理论界对哪些生态服务功能可以市场化、可行性如何、应该采取何种交易方式、市场化以后可能造成的生态影响、应该制定怎样的生态安全准则等的研究几乎还是空白。在实践中，对生态产业化的现实路径缺乏统筹安排，激励、约束与监管机制缺位。对生态产业理解的泛化乃至庸俗化，导致出现一些地方打着"生态产业"的旗号行生态破坏之实的现象，影响了生态产业化的健康发展。

---

① 刘冰、洪家宜：《对三北四期工程实践生态产业化发展道路的思考》，《防护林科技》2003 年第 1 期。

② 刘颖琦、邓元慧、郭名：《西部生态脆弱贫困区产业联动模式研究》，《科学决策》2009 年第 2 期。

③ 诸如李怒云《中国林业碳汇》，中国林业出版社 2007 年版；于开锋、金颖若《国内外森林旅游理论研究综述》，《林业经济问题》2007 年第 27（4）期；邹积丰、韩联生、王瑛《非木材林产品资源国内外开发利用的现状、发展趋势与瞻望》，《中国林副特产》2000 年第 1 期；陈绍志《公益林建设市场化研究》，博士学位论文，北京林业大学，2011 年。

鉴于此，一些学者对"生态产业化"提出质疑。实际上，上述问题正是由于缺乏正确的理论指导和监管缺位所造成的，应通过推进生态产业化的进程来逐步加以解决，而不能因噎废食。

针对环首都生态性贫困这一"老大难"问题，各界已有大量研究，提出了多种促进生态与经济协调发展的思路。譬如，王卫、王丽萍（2001）从自然地理学视角对首都生态圈可持续发展的透视，[①] 樊杰（2008）对京津冀都市圈区域综合规划的研究。[②] 有人从生态补偿角度提出征收生态税费、横向转移支付、异地开发等设想[③]，有人从战略高度提出"环首都生态特区"方案[④]，还有人提出建立京津冀生态—经济合作机制[⑤]，还有流域水权分配与交易、府际合作治理等思路。这些研究从不同侧面揭示了该区域所面临的主要矛盾，但未能围绕生态服务供应链这一核心建构起科学的理论平台。并且，许多研究将焦点放在"区域"层面，其实施依赖于中央政府的牵头和推动、北京市政府的大力支持和跨行政辖区的协商谈判，相对忽视了基层社区和农民的自主性，忽视了民间资本的介入和市场力量的发挥，从而无法革除政府过度管制所带来的一系列弊端。

与生态转移支付、生态税费等方式相比，以市场为导向对生态资源进行产业化开发经营，变外部"输血"为自身"造血"，是环首都地区提高区域内生发展能力的长效手段，是破解贫困——生态脆弱耦

---

① 王卫、梁丽萍、高伟明等：《首都生态圈可持续发展透视：冀北地区可持续发展状态、问题与对策》，河北人民出版社 2001 年版。

② 樊杰主编：《京津冀都市圈区域综合规划研究》，科学出版社 2008 年版。

③ 如阮本清、魏传江《首都圈水资源安全保障体系建设》，科学出版社 2004 年版；郑海霞《中国流域生态服务补偿机制与政策研究——以 4 个典型流域为例》，学位论文，中国农业科学院，2006 年。

④ 如孔令春《在"大北京"框架下努力建设"首都生态特区"——关于承德经济功能定位及生产力布局战略性调整的构想》，《经济工作导刊》2002 年第 16 期；李岚、高智、罗静等《消除环京津贫困带 促进京津冀区域协调发展研究》，《中国环境保护优秀论文集》，2005 年。

⑤ 如钟茂初、潘丽青《京津冀生态—经济合作机制与环京津贫困带问题研究》，《林业经济》2007 年第 10 期；刘桂环、张惠远、万军《京津冀北流域生态补偿机制初探》，《中国人口·资源与环境》2006 年第 4 期。

合地区生态保护、居民脱贫与财政增收之间矛盾的必由之路，也契合了中央、北京、河北三方的利益需求，便于以此为条件争取中央和北京市的支持。一些学者已开始关注这一问题。例如，王岳森等（2008）分析了京津水源涵养区水资源—生态—经济系统的动态反馈机制，提出了京津水源涵养区"生态—市场经济模式"构想，并就生态建设公司的定位、使命和运作模式进行了初步讨论；[①] 张贵祥（2010）以官厅水库为例，研究了首都跨界水源地经济与生态协调发展的模式与机理，讨论了水源保护区可持续产业发展的方向。[②] 环首都经济圈生态产业化已探索出多种路径，包括林下产业、森林旅游、碳汇林业、非公有制林业等，其增强贫困地区内生发展能力的作用得到初步验证。遗憾的是，这方面的文献大多限于对环首都县域特色产业的零散报道，缺乏理论升华与提炼，也缺乏深入系统的分析。目前的生态产业化是一种"自下而上"的方式，缺乏系统的顶层设计和有力的政策支持，导致进展缓慢和盲目无序发展两方面问题并存。亟须加强理论研究，明确其合法合理性，将其上升至战略高度，在此基础上完善顶层设计，加强政策扶持与引导，逐渐优化。

本书以环首都经济圈森林开发为例，深入探讨生态产业化的理论依据、实现条件、可行路径与机制政策，这一研究具有以下几方面的理论价值和现实价值：

1. 阐释生态产业化的理论依据，探索森林多功能经营模式，可以深化生态资本运营理论及现代林业理论，推进林学与经济学的融合发展。

2. 引入生态与产业化相结合的战略思维方式，探讨对生态产业化的顶层设计，旨在解决"由谁造、为谁管、谁经营、谁受益"这些根本性问题，实现林业的生态效益、经济效益与社会效益的统一，

---

① 王岳森：《京津水源涵养地水权制度及生态经济模式研究》，科学出版社 2008 年版。

② 张贵祥：《首都跨界水源地经济与生态协调发展模式与机理》，中国经济出版社 2010 年版。

从而为我国林业改革与发展、为现代林业体系的建立提供决策参考。

3. 目前，生态建设对资金和技术的强烈需求与投入严重不足之间存在矛盾，尚未建立起适应市场经济的政策环境、制度环境，生态建设行为得不到有效的激励、保障和约束。生态产业化旨在以市场化方式解决生态林的外部性溢出问题，其推广和完善有助于矫正政府过度管制所带来的一系列弊端，构建政府主导、企业经营、市场运作、社会参与的长效生态建设机制。

4. 对环首都地区生态产业化的多种可行模式的阐释，有助于为破解环首都贫困带生态与经济两难问题提供新思路，为生态—经济双优耦合系统的建立提供示范，为京津冀协同发展战略的落实提供决策参考和机制保障。

第三节　环首都地区实施生态产业化战略的必要性

环首都地区生态产业化战略，是推动生态文明建设、京津冀协同发展、全面小康社会建设和实施脱贫攻坚计划等重大战略的共同要求。

一　生态产业化是提高京津冀生态建设效益的必由之路

2015 年 4 月 30 日，中共中央政治局召开会议，审议并通过《京津冀协同发展规划纲要》。该纲要指出，要有序疏解北京非首都功能，在京津冀经济一体化、生态环境保护、产业升级转移等重点领域率先取得突破。自此，京津冀协同发展上升为重大国家战略。北京与河北山水相连，空气互通，是生命共同体。京津冀三地功能定位，赋予河北最多的就是生态。针对区域生态承载力薄弱、生态产品供给不足的短板，急需在风沙源区开展植树造林和退耕还草工程建设，以防风固沙，涵养水源，改善以森林生态系统为主体的生态环境。

自 20 世纪 90 年代以来，环首都地区依托京津风沙源治理、21 世纪首都水资源可持续利用、"三北"防护林、退耕还林等一系列重点生态工程，实现了森林面积和蓄积率的较快增长，沙化和荒漠化土地分别减少 417 万亩和 270 万亩，局部地区的生态状况得到明显改善。然而，传统的营林工程譬如京津风沙源治理、"三北"防护林工程等，均以中央政府为主导，依靠地方政府来组织。虽然取得了一定的成效，但由于忽视农民的自主参与和民间资本介入，存在资金来源单一、效率低下、重建设轻管护等问题，导致出现"边治理边破坏"现象。长期以来，林业所有权虚置，林业建设的内在动力不足；单纯依赖国家投资，建设资金不足；责权利不统一，造林主体缺乏内在积极性；运行机制不活，不能调动全社会力量办林业等深层次原因，造成林业发展速度不快、质量不高，特别是大规模的荒山绿化进度慢、成效差。

目前，环首都圈生态环境总体上仍处在极不稳定的脆弱状态，仍需要进行长期的、大规模的人工修复和自然修复，生态建设面临三大挑战。一是国家主导的生态工程先后到期或接近尾声，造林面积大幅减少，同时采伐的高峰期到来；二是退耕还林补助政策的激励作用逐渐弱化，国家免征贫困县农业税和粮食直补等惠农政策的实施降低了营林的比较收益，退耕区农民普遍存在复耕意愿，多年生态建设的成果有可能毁于一旦；三是受国际金融危机和建筑市场萎缩的影响，自 2008 年下半年起木材价格大幅度下降，部分人造板企业停产，进而影响到上游农民的造林积极性。

针对以上问题，必须转变思路，另辟蹊径，运用产业化的办法来抓生态项目。在国家经济补偿能力有限的情况下，要解决森林保育缺乏长效资金支持的困境，必须鼓励和支持民间资本投入生态建设之中。众多实例表明，受降低成本、获取新的收入、改善公共关系、减少自然灾害风险等多种利益的驱动，许多私营公司、个人、非政府组织及社区都有积极性参与到林业建设中来，这就为育林和森林维护业的持续发展提供了市场动力。通过生态产业化，将林草生态链转化为产业链和就业链，则退耕还林还草所遇到的一系列问题就能迎刃而解。① 以世界城市—区域为目标的首都经济圈，有条件也应当成为我国生态产业化的示范区。

二 生态产业化是破解环首都贫困带难题的必由之路

多年来，在环绕首都的承德、张家口、保定等地区，存在着一个贫困程度较大的呈 C 字形的连片区。环首都贫困带作为我国少有的生态脆弱区、特大城市水源保护区和生态涵养区、经济贫困区三重耦合区域，面临着典型的生态性贫困问题。2001 年开始实施的森林生态效益补偿政策，2000 年开始实施的退耕还林政策，加之"十一五"期间张家口、承德两市开展产业扶贫，分别解决了 28.8 万和 20.5 万贫困人口的脱贫问题。然而，由于当地自我发展能力很弱，一些已脱贫的人口极易因灾、因病而返贫。目前，按照国家人均年收入 2300元的最新扶贫标准，环首都扶贫攻坚示范区 9 个县尚有贫困人口近百万。这些人口分布在首都周围，相对贫困问题日益突出。个别不法分子甚至跑到邻近县区偷盗、抢劫，在一定程度上影响了首都地区的和谐与稳定。抓好环首都扶贫攻坚示范区建设，是缩小北京与周边地区的落差、实现包容性增长和共同富裕的要求，也是一项政治任务。

环首都贫困带的形成，是恶劣的自然条件和不可持续的开发方式共同导致的，是生态恶化型抑制和保护压力型抑制双重效应的结果。② 一方面，生态环境恶劣、服务功能低下，导致土地承载能力弱，现有耕地中绝大部分是旱涝难保收的中低产田，存在生态恶化型贫困现象。另一方面，因承担京津水源保护和生态涵养的需要，资源的开发利用受到限制，导致生态抑制型贫困。该地区经济落后和生态恶化的趋势长期得不到扭转，症结在于生态建设与产业开发相割裂，生态资源转化为物质财富的路径不畅。一方面，一些扶贫措施客观上造成了对生态环境的负面影响；另一方面，由于片面强调林业的生态功能，

---

① 鲍文：《生态产业化与退耕还林还草》，《国土与自然资源研究》2010 年第 3 期。
② 张佰瑞：《我国生态性贫困的双重抑制效应研究——基于环京津贫困带的分析》，《生态经济》2007 年第 5 期。

相对忽视其经济功能，导致林业发展乏力，难以调动起地方政府和当地居民的积极性。

目前，环首都地区生态工程建设正处于攻坚克难和巩固成果阶段。要克服双重抑制，必须摆脱扶贫与生态建设相割裂的惯性思维，努力探索一条生产发展、生活富裕、生态良好的发展新路。环首都贫困带多处在山区，希望在山，致富靠林，林业在环首都脱贫攻坚战中具有不可替代的优势。首先是资源优势。环首都贫困县大多分布在山区、沙区，土地瘠薄，粮食产量较低，而人均山地多于耕地，为"靠山吃山"提供了基础条件。其次是功能优势。森林具有防风固沙、涵养水源、保护农田等多重效益。森林的合理分布可以为农田水利基本建设和农业生产提供良好的生态保证，是农村生态环境建设的主体和基础。丰宁县把"京津风沙源治理工程"和实施"防风固沙"农业标准化示范区有机地结合在一起，项目区内的"三跑田"变成"三保田"，粮食产量翻倍，是一个范例。最后是产业优势。承德市是河北省林业产值最大的地区，张承两市是河北省干果生产的重点市。因此，政府部门应把林业发展摆在突出位置，通过木材、板纸、果品、食用菌等的生产和加工以及各类生态服务业的发展，促进农民增收脱贫。要解除对林业经营的体制性束缚，通过全社会广泛参与，通过对现代科技手段的充分利用，保护和培育森林资源，高效发挥森林的多种功能和多重价值，满足首都经济圈日益增长的生态、经济和社会需求。

第二章

生态产业化的概念和理论依据

第一节　生态产品的概念与特性

党的十八大报告在提到加大自然生态系统和环境保护力度时强调，要"增强生态产品生产能力"，这是一个新表述、新要求。物质产品、文化产品和生态产品是支撑现代人类生存和发展的三类基本产品。改革开放以来，我国经济快速发展，物质产品的供给能力有了大幅提高，文化产品的生产能力也在快速进步，但相对而言，提供生态产品特别是优质生态产品的能力提升得较慢，一些地方甚至在减弱。从需求方面而言，随着人民生活水平的提高和文明层次的提升，对物质产品的需求相对减弱，对优质生态产品的需求越来越迫切。生态产品已成为我国最短缺、最急需大力发展的产品。[①] 京津冀建设世界级城市群，生态支撑能力弱是其最大的短板。而生态产品既不可替代，又不能进口。因此，提高生态产品的供给能力，满足社会和人们对生态产品的迫切需求，成为可持续发展的关键。

一　生态产品的概念

要弄清楚生态产业化的概念，需要厘清生态产品、生态产业、生

[①] 《林业局局长贾治邦表示生态产品已成最短缺产品》，《人民日报》2007 年 1 月 24 日。

态资本运营几个概念的含义，进而探讨它们之间的关系。

关于生态产品，目前还没有权威和确定的定义。通俗地说，生态产品指的是维系生态安全、保障生态调节功能、提供良好人居环境的自然要素，包括清新的空气、清洁的水源和宜人的气候，也包括绿色农产品。① 中央财经领导小组办公室副主任杨伟民指出："之所以说生态产品也是产品，是因为随着资源减少、环境弱化，甘甜的水、清新的空气等生态资源的价值日益凸显。如果说生产粮食的载体是庄稼，那么'生产'空气的载体就是森林。"虽然空气不是劳动产品，但保护森林也就相当于"生产"空气。生态产品难以像普通商品那样被归类和管理，它的提出更多的是一种理念，强调人与自然生态之间的关系。笔者认为，生态产品应成为生态经济学的基础概念。既然我们把生态文明提高到了与物质文明、精神文明等量齐观的高度，那么，生态产品也应与物质产品、精神文化产品一样引起高度重视。

国际上并无"生态产品"这一概念，但有一个比较接近或相关的概念——生态系统服务（Ecosystem Service）。所谓生态系统服务，指人类从生态系统中获得的所有收益。美国生态学家 Costanza（1997）将生态系统提供的"产品"（goods）、"服务"（services）或"功能"（functions）统称为生态系统服务。② 它包括四大类服务：供给服务（食物、淡水、木材、燃料）、调节服务（调节气候、净化水质等）、文化服务（美学、精神、教育等方面）、支持服务（养分循环、土壤形成、初级生产）。这些服务与人类福祉的组成要素（如安全、维持高质量生活的基本物质需求、健康等）具有紧密的联系。人类在享用这些服务时，要像享受市场上提供的其他服务一样支付费用，用于养护和恢复生态系统的功能，防止对生态系统的透支。

从物质形态上看，生态产品包含两大类：一类是有形生态产品，比如绿色农产品、原木等；另一类是无形的生态产品，比如清洁空

---

① 《把建设生态文明摆在更加突出位置》，《农民日报》2012 年 11 月 26 日。

② Costanza, R., et al., "The Value of the World's Ecosystem Services and Natural Capital," *Nature*, 1997: 387.

气、吸收污染物质、净化大气等。有形生态产品能够相对容易地将产权界定清晰，从而和一般的物质产品一样可通过市场交换来实现其价值；而清新空气、清洁水源等无形的生态产品具有显著的外部性和公共产品特征，不是传统意义上的商品，其价值测定非常困难，在目前的社会经济系统中，其交换只是个别的、偶然的、不完全的、不顺畅的。推进生态文明，应重点研究并解决无形生态产品价值或价格的确认方法，减少市场失灵，增强人们提供无形生态产品的动力。

二 森林生态产品的概念

林业作为一项重要的公益事业和基础产业，具有多种功能。林业不仅提供人们生产生活所需要的木材、纸浆、家具、林果、花卉等物质产品，也提供森林观光、森林休闲、森林文学、森林艺术等文化产品，更提供包括改善生态、净化空气、涵养水源、保持水土等在内的生态服务。① 由于林地面积不足，森林质量低下，生态产品严重短缺，我国生态安全已成为严重的问题。北京林业大学校长尹伟伦教授（2007）指出，要将林业承担的三类产品（物质产品、文化产品、生态产品）协调发展作为社会主义和谐社会建设的重要内容，将提高生态产品供给能力作为一项基本国策。②

西北农林科技大学的学者高建中认为，森林产品可分为有形产品和无形产品两大类。前者主要是对林木资源的利用，包括立木、非木质产品（林果、饲料、药材等）、野生动物（包括皮、毛等）等；后者包括森林生态景观以及森林生态产品。③ 森林生态产品是一种无形的特殊产品，包括农田防护、水源涵养、防洪固沙、保持水土、净化空气、富氧、固碳等（如图2-1所示）。

广义的定义则指出，所谓森林生态产品，是指经营森林生态系统

① 魏可钟：《发展生态产品：林业的紧迫历史任务》，《中国林业》2007年第2B期。
② 尹伟伦：《提高生态产品供给能力》，《瞭望新闻周刊》2007年第11期。
③ 高建中：《论森林生态产品——基于产品概念的森林生态环境作用》，《中国林业经济》2007年第1期。

为社会提供的能满足生态需求的有形和无形产品的总和。基于环首都地区的区情，本书采用广义的概念，认为森林生态产品包括森林有形产品和无形产品，这样，本书所提到的"森林生态产品"，在外延上等同于高建中所称的"森林产品"。①

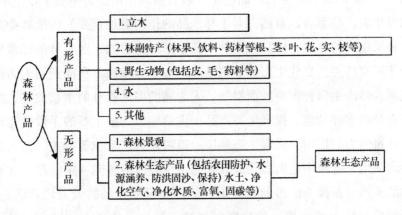

图 2-1 森林生态产品的内涵

森林生态产品这一概念的提出，具有如下意义：其一，强调森林资源的消耗性和可再生性，提示我们可以从改善生产条件方面来提高森林产品的供给数量与质量；其二，明确了森林服务的有价性，强调了价值实现与补偿的重要性；其三，强调森林资源的满足需求性，使人们关心生产者和消费者等市场主体的权利和义务。因此，这一概念符合市场经济条件下现代林业观的要求。

三 生态产品的供给特性

在市场经济条件下如何增强生态产品供给能力？要回答这一问题，需要研究生态产品的生产过程。

其一，按照马克思的生态观，生态产品是由自然生产力和社会生

────────────

① 高建中：《论森林生态产品——基于产品概念的森林生态环境作用》，《中国林业经济》2007 年第 1 期。

产力共同作用而生产出来的。"经济的再生产过程不管它的特殊的社会性质如何，在这个部门（农业）内，总是同一个自然的再生产过程交织在一起。"① 蔡聪裕、陈宝国（2011）认为，生态产品的生产者是自然界，生态产品的生产能力主要取决于自然资源资本的存量及其积累。② 人类的劳动对生态产品的生产起着协助作用，而不起主导作用。相对于农产品而言，自然力对于林产品的作用更加重要。传统林业是一种采集式的林业，以从天然林中获取木材为目的，对森林的经营完全依靠自然力。现代生态林业则是以生态学为基础，在能预见人为措施对森林产生何种影响的前提下，人工辅助促进森林的生长发育，发挥森林的多种功能。提高生态产品的供给能力，最主要的手段是充分发挥自然力的作用，采取生态移民、退耕还林、禁牧等措施，使人为活动从生态空间中退出。在森林生态系统逆行演替到一定阶段，在森林的天然更新极为困难的条件下，就需要采取积极的人力培育措施，以辅助自然力的作用，尽快恢复植被。例如，美国20世纪30年代"黑风暴"之所以能得到根治，是因为实施了弃耕、休牧、返林、还草等"人退"的办法，而非大规模植树。③ 中国的森林恢复大多采取了种植较易、评估较简的单一树种造林方式，这一方式虽然进展较快，但大面积的人工纯林林种单一，林分结构简单，自然抵御病虫害能力差，缺乏完整功能的生态系统所需的多样性，无法应对气候变化，也无法像真正的天然林那样提供净化的空气和水。今后，应把增加优质林产品放在突出位置，增强林产品与生态服务供给的适应性和针对性。1992年，里约环发大会之后，国际上开始推崇异龄、混交、复层、近自然的多功能森林，力图模仿自然法则来恢复退化天然林和改造人工林，这是一种有前景的"人工天然林"或"天然人工林"。

① 《马克思恩格斯全集》第24卷，人民出版社，第398—399页。
② 蔡聪裕、陈宝国：《生态需求调动的必要性及有效途径》，《管理学刊》2011年第6期。
③ 蒋高明：《美国人怎样守护他们的家园》，人民网—中国经济周刊，2007年11月19日。

其二，与工业产品与服务不同的是，森林生态系统所能提供服务的数量或质量绝不是无限度的，而是取决于其系统内部结构。在力图增强森林生态产品的供给时，需要考虑森林生态系统的承载能力，或者说森林生态系统满足服务需求的能力。例如，北非的阿尔及利亚为防止撒哈拉沙漠的不断北侵，从1975年起沿撒哈拉沙漠北缘大规模种植松树，号称世界级造林工程(绿色坝项目)。但由于没有弄清楚当地的水资源状况和环境承载力，盲目用集约化的方式和外来物种进行高强度的所谓生态建设，结果使生态建设变成了生态灾难，沙漠依然向北扩展着。20世纪七八十年代，我国在水土条件较差的地方盲目种植乔木，不但成活率无法得到保证，而且生长缓慢，成为"小老头树"，这是违背自然规律的必然结果。环首都北部地区大多数属于林牧、林农生态交错带，由于水资源不足的制约，应跳出单纯追求森林面积和覆盖率的误区，注重林水协调管理，在林种选择方面做到"适地适树"。

生态产品的前两个供给特性提示我们，在建设现代化生态林产业时，应普及一系列生态学原理。一是生态系统中生物互利和共生原理，如营造混交林，在纯林中引入共生互利树种和生物，改善我国大面积纯林不良结构，提高稳定性；二是生态系统能量转化和物质循环原理，比如发展立体林业，做到乔灌草、林果粮药茶等多层次利用能量和物质；三是食物链网状结构原理，如在林内放牧、养蜂、种植食用菌、药材等；四是生态平衡与多样性原理，可开展林地多种生物生产，使生态系统得以繁荣稳定。

其三，森林生态产品生产过程的自然联合性和整体性。林业的生产过程大多是多种产品的联合生产，典型的如生态景观—历史—文化—游憩相结合的生态产品。据测算，森林无形产品的价值是其有形林产品价值的6—8倍。① 根据生态产品的多功能性，经营者可

---

① 吴水荣、马天乐:《森林生态效益补偿政策进展与经济分析》,《林业经济》2001年第4期。

以制定合理的捆绑销售策略，把良好的生态系统作为产业发展的先决条件，通过市场机制提升生态环境质量。例如，发展生态休闲牧场，提供常年植被覆盖；在培育防风固沙林、水源涵养林的同时，通过林下经济、林副产品资源的售卖来增加林农的收益。简而言之，要增强生态产品的供给能力，必须充分认识和遵循经济规律和市场规律。

第二节　生态产业化的理论依据

一　生态产业化的基本内涵

所谓产业化，其基本含义是指形成一个产业的过程。所谓生态产业化，是指将生态环境的开发利用作为一个产业来发展，通过以生态资源服务价值为核心的产业整合，构建生态服务型经济，以增强生态产品的供给能力。

为了解决生态建设与经济发展之间的矛盾，从 21 世纪初开始，我国中西部一些贫困—生态功能区纷纷提出"生态产业化"口号。然而，学术界并未对这一概念进行严格定义，现有的概念在使用上较为混乱，急需正本清源。在我国，"产业化"在以下两种情境中常被提及：一种是对教育、文化、卫生医疗、体育等社会事业的"产业化改革"进程的总结。在这里，产业化是指原本由财政负担的活动转向通过市场机制实现再生产，并常与市场化、社会化概念混用。[①] 例如，科研产业化，是指将科研成果变成批量生产的商品。又如，在城市垃圾处理业中，产业化是市场化的基础，良好的市场机制又能反作用于该产业，推动其发展。[②] 另一种是用在"农业产业化"中，强调农工商、产供销一体化经营。这里的"产业化"，其核心内涵是生产的连

---

① 李艳丽：《社会事业产业化、市场化、社会化概念及关系辨析》，《烟台大学学报》（哲学社会科学版）2008 年第 2 期。

② 刘静、刘延平、李越川：《以产业化和市场化促进城市垃圾处理业的发展》，《北京交通大学学报》2005 年第 4 期。

续性、产品的标准化、生产过程的集成化。

国外一般从生态服务有偿使用的角度理解生态产业化。生态服务付费(Payment for Ecosystem Services)，也称生态服务补偿、环境服务补偿(PES)、环境服务市场(MES)，是指创建经济激励机制，建立环境服务供给者和受益人之间的联系。按照购买者的不同，生态服务付费可分为使用者付费和政府代理付费两种方式，前者被认为是生态产业化的典型方式。这种含义的生态产业化，依据的是生态经济学原理，关键是宏观层面的制度创新，其机理是生态服务由无偿享用的资源转变为需付费购买的商品，生态服务的价值通过市场来实现。

本书采纳吴晓青等(2002)的定义，生态建设产业化道路的基本含义是坚持以市场为导向，以效益为中心，以科技为支撑，实行市场化运作、专业化分工、规模化生产、区域化布局、企业化管理和产销一体化经营。[①] 这里的"产业化"，兼采社会化大生产、市场化经营两种基本含义。

根据《国民经济行业分类》（GB/T4754 - 2002），林业产业是一个横跨三次产业的综合产业，涉及第一产业森林资源培育业、第二产业森林工业和第三产业森林服务与环境产业。国家林业局、国家统计局于 2008 年下发的《林业及相关产业分类(试行)》，将林业及相关产业界定为依托森林资源、湿地资源、沙地资源，以获取生态效益、经济效益和社会效益为目的，为社会提供(也包括部分自产自用)林产品、湿地产品、沙产品和服务的活动，以及与这些活动有密切关联的活动的集合。根据这一界定，将林业及相关产业分为林业生产、林业旅游与生态服务、林业管理和林业相关活动四个部分，共 13 个大类、37 个中类和 112 个小类（详见表 2 - 1）。

---

① 吴晓青、陀正阳、洪尚群：《生态建设产业化道路的再思考》，《云南环境科学》2002 年第 3 期。

表2－1　　《林业及相关产业分类(试行)》关于林产业的划分

第一层次 (四个部分)	第二层次(13大类)	所属产业
林业生产	森林的培育与采伐活动	第一产业
	非木材林产品的培育与采集活动	
	林业生产辅助服务	
林业旅游与 生态服务	林业旅游与休闲服务	第三产业
	林业生态服务	
林业管理	林业专业技术服务	
	林业公共管理及其他组织服务	
林业相关 活动	木材加工及木制产品制造	第二产业
	以木(竹、苇)为原料的浆、纸产品加工制造	
	以竹、藤、棕、苇为原料的产品加工制造	
	野生动物产品的加工制造	
	以其他非木材林产品为原料的产品加工制造	
	林业其他相关活动	

从林业产业链的角度看，林业生态产业化或林业产业化(forestry industrialization)，是指以森林资源为依托，以市场为导向，对林业主导产业实行区域化布局，规模化生产，建立产供销贸工林一体化生产经营的体制和复合产业体系，实现林业自我发展的良性可持续循环。林业产业化的特征：一是资源依托性。由于林业产业化的基础是森林资源，在当前及今后一个时期里，重中之重是森林经营。① 二是产业关联性。林业产业化的载体是各条产业链，它要求在原来单一的森林培育与采伐活动的基础上进行横向和纵向拓展。林产品加工业作为林业主导产业和增值产业，是林业产业结构升级和转型的关键，如木材加工业不仅具有带动营林和木材采运业发展的前向推动作用，而且具有促进木材加工产品销售和服务业发展的后向拉动作用；果品加工业

---

① 森林经营是各种森林培育措施的总称，包括森林抚育、林分改造、护林防火、病虫害防治、副产品利用、采伐更新等各项生产活动。

不仅具有带动苗木培育、果树栽培基地发展的前向推动作用，而且具有促进果品储存、保鲜、销售和服务业发展的后向拉动作用。三是生态性和公益性。林业产业化的目的是形成产业之间的密切联系和协作、有机构成的产业组织体系，使各产业间利益分配趋于合理，从而提高林业的附加值，增加林农收入，从根本上扭转林区"大资源、小产业、低效益"的现状，建立起生态建设投入与效益的良性循环机制，把绿水青山变成金山银山。

二　生态产业化的目标与准则

（一）生态产业化的三重目标

环首都地区林业产业化的总目标是，统筹扶贫开发与生态建设两大任务，通过培育生态产业体系来提高区域内生发展能力，助力京津冀协同发展。具体地说，林业产业化经营的主要目标包括三个方面。

1. 经济目标：为京津冀地区提供优质的森林经济产品，带动环首都地区产业转型升级。通过林业产业化，以燕山山脉、太行山山脉沿线丰富的森林资源为基础，培育林业经济的新增长点，通过地区特色产业的合理化布局和市场化、规模化、一体化经营，形成各区域的优势产业和支柱产业，将生态财富转化为经济财富，并为我国生态产业的创新发展提供样板。

2. 生态目标：更好地担负起京津冀地区生态屏障的重任。多年来，林业的发展模式单一，将经济、社会与环境割裂开来，要么只注重发展森林经济而忽视森林资源保护，要么只注重森林生态效益保障而放弃经济效益。林业产业化经营，旨在建立起结构合理、产业密切联系、生态功能稳定的产业体系，消除京津冀地区生态产品供给短板。

3. 社会目标：适应全面建设小康社会、和谐社会的奋斗目标的需要，促进林农走上脱贫致富的小康之路。林业产业化经营，就是要改变林业产业组织不合理的状况，通过纵向一体化经营，使农民从加工、销售环节分享利益，通过农民、营林组织、加工企业等联合、协作进入市场，提高驾驭市场的能力，最终形成多元化合作治理机制，破解"国家要生态、地方要财政、农民要致富"三者之间的矛盾。

（二）林业产业化的准则

1. 森林资源开发与保护并重的准则

林业产业化是以提高经济效益为根本目的的，而森林资源是实施林业产业化的基本要素。合理的产业发展模式能促进森林资源的可持续利用，而不合理的森林资源经营行为则会造成森林资源的破坏，甚至会连带性地引起地区严重的生态环境问题。因此，林业产业化必须做到资源的开发利用与环境保护并重。

2. 因地制宜发挥区域优势的准则

环首都地区具有不同的自然地理条件和森林资源特点。因此，需要选择适合本地特点的林业产业化模式，尤其是主导产业的选择要与区域森林资源及环境相协调。只有这样，才能充分发挥森林资源的多种效能，所生产的森林生态产品才具有更好的经济效益和市场竞争力。

3. 依靠科技提高产品价值的准则

延长林业产业链、提高产品附加值离不开先进的科学技术，林业产业化必须具有林业生产手段现代化、林业生产技术科学化和林业生产组织管理科学化。要提高林业产业从业人员的科技素质，以先进的木材科学技术、木材深加工技术、非木质产品加工技术推动森林资源加工企业的发展。

4. 以市场为导向的准则

现代林业产业化发展需要适应社会主义市场经济的要求，以市场为导向从事生产经营活动，充分调动企业、农户参与市场竞争的积极性。政府的角色是提供开放的市场环境，避免过多的行政干预。

5. 以林农为主体，实施多元化治理的准则

这一过程伴随着利益群体的博弈，最终提升林农作为弱势群体的话语权和收益权。

三 生态资本运营

目前，生态产业化在实践中开展得如火如荼，但很少上升到生态

资本运营的高度进行认识和评价。笔者认为，生态产业化的经济学实质是将生态环境作为一种特殊的资本——生态资本来运营，以实现其保值增值。生态—经济退化危机的本质原因，是由于未能构建良好的生态—经济互动系统，导致生态服务功能的价值未得到实现。要解决这一危机，必须基于生态环境质量要素所具有的资本属性，努力实现生态资本运营，使良好的生态服务实现经济效益，而经济发展又为生态建设提供了进一步的物质和金融支持。在贫困—生态脆弱—重要生态功能区三重耦合区域进行的生态产业化开发、"造血型"生态补偿等探索，都是对生态资本运营的实际运用。

（一）生态资源的资产化管理

随着人类开发活动的增强，自然生态要素由富余转向稀缺，其属性由免费取用的天赐"自然物"演变为有价的经济资源，进而转变为生态资产。在传统经济学中，资产是指可以给人们带来预期经济收益的有形或无形的财富。[1] 最新的资产定义是：有用的、稀缺的、具有权利归属的从而为某个或某些经济主体所拥有或控制的资源。[2] 生态资产是指自然环境中能为人类提供福利的一切自然资源，包括化石能源、水、大气、土地以及由基本生态要素所形成的各种生态系统。[3]

按照《森林法》的规定，森林资源，包括森林、林木、林地以及依托森林、林木、林地生存的野生动植物和微生物，其中，以林地和林木为主体。根据联合国《综合环境经济核算体系（SEEA）》新的资产分类，森林资产包括土地资产、物质资产、生态资产、无形资产四类。除了林木之外，丰富的林下资源、旅游资源、休疗养资源乃至林区品牌，均是可观的优质资产。森林资源资产的形成，是自然再生产和社会再生产综合作用的结果。

与一般的资产相比，森林资源资产至少具有以下三个鲜明特征：

---

[1] 葛家澎：《资产概念的本质、定义与特征》，《经济学动态》2005 年第 5 期。
[2] 覃家琪、齐寅峰：《资产与企业资产的经济学分析》，《财经科学》2007 年第 7 期。
[3] 高吉喜：《生态资产资本化：要素构成·运营模式·政策需求》，《环境科学研究》2016 年第 3 期。

其一，是自然增值性。林权主一旦拥有森林资源，即使不进行交易，森林在自然力的作用下也会不断增值，而不像其他资产那样，若不经营或使用就无价值体现，甚至还会贬值。其二，森林资源的生产周期长，投资回报期也长，客观上造成特定投资者与不特定受益者之间的弱市场化流转。其三，森林资源资产是一种具备双重属性的资产：排他性和公共性兼顾。按现代产权经济学理论，所有资产都可以分为三大类：私人性资产、公共性资产和介于两者之间的俱乐部资产。林地和林木是私人性资产，而其提供的生态服务是公共性资产（即满足社会公共需要的资产），且这种公共品利益的受体范围广泛，无法采取俱乐部模式。

我国是世界上人均自然资产最为稀缺的国家之一，但是除土地之外，其他生态资源鲜少被作为资产来看待，现有生态资源管理制度还没有按资产运营规则对生态要素进行经营与管理。长期以来，我国森林资源的管理不考虑森林资源的资产属性，只进行森林资源实物量核算而缺乏价值量核算，森林建设中只计投入不计产出。作为大多数林业企业的最主要资产，森林资源一直被无偿使用，价值量无法得到明确反映。目前，我国森林面积和蓄积的增长，多为中幼龄林，其价值无法与同量的成、过熟林相比，因此，"双增长"并不一定意味着森林资源资产的保值和增值，甚至可能隐藏着森林资源价值的大量流失。此外，森林资源因没有进行资产化管理，使林业生产和再生产资金无法正常循环，严重影响了社会资金进入林业建设中。因此，实施森林资源资产化管理是公益林市场化建设的基础条件。

将森林资源作为资产进行经营管理，是一项复杂的系统工程，必须以林业分类经营和森林资源的有偿使用为基础，同时注重其实物量和价值量的双重管理。生态资源资产化管理有三个基本目标[①]：所有者权益得以明确；生态资产自我积累增值性得以确保；产权流转性得

---

① 谢高地、曹淑艳：《发展转型的生态经济化和经济生态化过程》，《资源科学》2010年第32(4)期。

以确保。主要管理策略包括：第一，按照生态规律和生态资源生产实际，对生态资源开发利用到生态资源保护、恢复、更新等生产、再生产活动，按照经济规律进行投入与产出管理；第二，在加入人工劳动的生态资源中，把原来生态资源业生产和再生产的事业型转变为经营型；第三，对天然生态资源实行有偿使用制度，将开发利用权逐步推向市场，将其收益再次投入生态资源再生产中；第四，建立生态资源核算制度、规划制度、补偿制度和监督制度，最后形成以生态资源价值促进生态资源增长、发展生态资源业的良性循环，为社会提供更好的生态服务和良好的生态环境。

（二）生态资产资本化

亚当·斯密认为，资产可以划分为两个部分：一部分用于目前的消费，另一部分用于创造收入，即为资本。① 简而言之，资本是指具有增值性、用于价值增值过程的资产。流动性、增值性与有偿性是生态资本的重要属性。生态资产与生态资本的实体对象是一致的，但只有将生态资产盘活，成为能保值或增值的资产，才能成为生态资本。保值即保持生态资本的数量和品质特征不降低，增值就是使生态资本产生出更多的经济和社会价值。

当资源变得稀缺并具有明确的产权之后，即可变为资产，这一过程被称为资源资产化；资产用于增值创造收入时即成为资本，这一过程被称为资产资本化。生态资产通过人为的开发和投资盘活转化为生态资本，运营形成生态产品，最终通过生态市场实现其价值。生态资源丰富地区之所以会出现生态贫困现象，是因为生态资产得不到有效保护，关键原因就是没有考虑到自然资源可以作为资本用来增值。生态资产的资本化，是指利用生态资产价值及其消费形态的转变，实现生态资产转化为生态资本并使长期整体收益实现最大化的目标，使经济发展和生态保护并行不悖，使生态保护和反贫困在现实中实现统一。

---

① 亚当·斯密:《国富论》，华夏出版社 2015 年版，第 10—30 页。

自然界中的绝大部分生态资产，例如生态公益林、自然保护区与造林，都具有资产化成为生态资本的可能。完成从生态资产到生态资本的最终转变，需要通过生态市场。在我国，生态市场尚处于萌芽阶段，但可以培育与创建"类生态市场"。关键是从体制上保障生态资产的所有权，放活经营权，从而激活资产所有者的经营意识，促进生态资产更多、更充分地转化成为经济的生产要素，成为生产的有偿资本。

生态资产资本化的途径，有直接利用、间接利用、使用权交易、生态服务交易、发展权交易等方式。直接利用就是对生态资产直接加以利用，或者对某个生态生产要素进行深度开发，生产出生态产品，进入市场获取经济利益，以经济利益带动对生态资产的保护，最终形成良性循环。浙江省安吉县对竹子产品的深度开发就是一个很好的例子。间接利用是通过对生态资产共生功能的开发，推进生态治理，提升区域价值，以开发收益反哺生态建设。比如生态资产与房地产的整合一体化，让房地产因为生态而增值，随后投入更多的资金用于生态保护。使用权交易是指通过生态资产的使用权交易，将资产使用价值转化为交换价值，实现增值的目的。近年来，通过林权制度、草权制度与山权制度等改革，我国完善和建立了生态资产交易制度与市场，让生态资产所有者能够通过转让、租赁、承包、抵押、入股等形式交易生态资产使用权，盘活既有资产，实现生态资产价值的最大化。①碳汇交易、可转换的土地开发权，是典型的基于市场机制的生态服务交易方式。生态旅游景点门票价格中也有相当一部分是生态服务提供者收取的生态服务费。生态补偿则是政府或第三方干预下的生态服务收费与付费机制，生态功能区与生态受益区之间的生态补偿，往往包含着发展权交易的内容。

生态资产资本化的几个环节，依次是前期投资、生态资本运营、价值实现、生态建设。其中，生态资本运营，是为实现生态资本的保

① 李苑：《生态资源怎样转化为生态资产？》，《中国环境报》2014年8月4日。

值增值所采取的一系列运筹和经营活动。生态资本运营的前提是生态资源产权界定清晰,机理是通过生态技术支撑,将生态资本转变为生态产品和服务,再通过生态消费实现其交换价值,直接结果是形成生态产业链。黄爱民、张二勋剖析了环境资本运营的具体运作过程,认为环境资本运营是有效解决环境问题的市场运作方法。只有在市场上,环境资本才能发挥出它固有的经济、生态双重功能,只有利用市场的力量才能以尽可能低的花费达到保护环境的目的。[①] 与生态转移支付、生态税费等方式相比,生态资本运营有助于矫正政府过度管制所带来的一系列弊端,是提高区域内生产发展能力的长效手段。

四 正确认识和处理生态产业化与生态安全的矛盾

由于生态产业化关涉到一个区域、国家乃至人类的可持续发展,对于生态产业化的必要性与可行性,意即"应不应""能不能"产业化的问题,需进行认真系统的讨论。

我国关于科教文卫等社会事业改革,存在着"可以产业化""不能产业化"和"可以部分产业化"三种观点。赞同产业化的人士多从经济学视角把产业化理解为一种市场化的资源配置方式,认为产业化具有必然性;反对者则把社会事业产业化理解为向营利性产业的彻底转变,指出其违背社会事业的公益性和福利性;"部分产业化"观点多以是否营利作为区别标准,认为产业化是有程度和范围限制的,需谨慎对待,加强风险防范。例如,成思危指出:"营利性事业完全有可能并应当实现产业化,但非营利性事业则不应也不能实现产业化。"[②] 第三种思路得到了各事业领域改革者的认同。[③]

从实践上看,是否采用"生态产业化"的提法,主要取决于是否

---

① 黄爱民、张二勋:《环境资本运营——环境保护的新举措》,《聊城大学学报》2006年第2期。

② 成思危:《中国事业单位改革——模式选择与分类引导》,民主与建设出版社2000年版,第19页。

③ 李艳丽:《社会事业产业化、市场化、社会化概念及关系辨析》,《烟台大学学报》(哲学社会科学版)2008年第2期。

会引起歧义和误导，是否符合改革的初衷。从我国林业发展所面临的两大现实矛盾看，生态产业化势在必行。首先，生态建设与林农脱贫致富、林区财政增收之间的矛盾极为尖锐。生态建设具有公益性特征，在市场经济体制下，公益林建设的政府包揽模式难以成为一种长期管用并有效率的机制。亟须通过改革使生态效益价值化、市场化，生态消费有偿化，以弥补财政资金的不足，更好地发挥经营主体的能动性、创造性，化解生态建设与经济发展之间的矛盾。其次，分散性小农生产与规模化、集约化生产之间的矛盾，要求生态建设实现规模化生产、区域化布局、组织化管理和产销一体化经营，以提高资源配置效率。而生态产业化包含着社会化大生产、市场化经营两种含义，目前尚难以找到其他更为合适的提法来概括生态建设中的上述含义。

引入生态产业化方式虽然存在一些市场机会和美好前景，但在现实中也面临着许多挑战。如何协调区域生态安全与民间资本获利之间的矛盾，如何确定生态产业化的边界，是生态产业化所面临的最大难题。在实际操作中，一些地方借生态产业化之名，行大开发大破坏之实，比如，在国家自然保护区非法建设旅游、交通设施，并出现"修建—拆除—再修建—再拆除"的怪圈。一些学者认为，由于生态产业化与其公益性的本质极易发生冲突，在当前生态保护技术、体制、观念仍不尽完善的情况下，应慎提生态产业化。[①] 笔者认为，出现上述问题的根本原因在于指导思想上的偏差，市场化导向超过了生态优先导向，同时，监管措施跟不上，未能遏制资本的过度逐利化倾向。因此而否定"生态产业化"的提法甚至否定其正当性、必要性，是一种因噎废食的做法。

要把生态服务的公益性与市场机制衔接起来，应坚持以下原则：对公益性生态产品的经营主体给予大力支持和保护，对能够由市场配置资源的，要充分发挥市场机制的作用。同时，政府要扮演好监管者角色，做到统筹规划，合理开发，采育结合，管护结合，通过强有力

---

① 文雯：《慎提生态产业化》，《中国环境报》2009 年 10 月 21 日。

的经济手段、法律和行政手段来抵制资本逻辑的无限扩张，避免过度的生态资产资本化。要将关键生态资本譬如国有一级公益林排除在生态产业化之外，对生态公益林应坚持生态优先、严格保护的原则，选择最优的生态资本运营路径以及有效的监管机制。

第三节　森林生态产业化的理论阐释

一　现代林业的可持续经营观

森林资源不仅是林木，而且是多种生物（包括植物、动物、微生物）的复合体，还是一个有机生态系统。因此，对森林资源的利用至少包括对木材、非木材林产品（Non-timber Forest Products）和森林生态效益的利用，它们大致分别对应着森林的经济、社会和生态功能。在林业的三大功能和三大效益中，生态效益处于基础性地位；林业的经济效益，是指通过林业经营活动所获取的货币收益，它是被理性人真正重视的那部分效益；社会效益，主要是指林业所提供的就业机会，即当地生活福利改善方面的效益。

（一）国际上林业发展观的历史演变

人类对森林各种功能的需求是不平衡的。在史前文明时期，原始人类主要依靠对非木材林产品的直接采集来满足其衣食住行的基本需求。到了农耕文明阶段，受农本思想的影响，林业服务于农业发展，这导致了历史上多次大规模的毁林开荒。工业革命以来，世界林业发展大致经历了破坏森林—保护和恢复森林—改造和发展森林三个阶段，[①] 或者说以木材生产为主阶段、生态或环境林业阶段、多功能林业阶段。目前发达国家的林业已进入第三阶段，表现为森林资源稳定或上升，转向集约经营、多种目的、综合开发，发展中国家的林业尚处于第一和第二阶段的初期。20 世纪 70 年代末，世界银行林业部林业发展战略从以工业用材林为主，调整为"发展林业有利于环境保护

---

① 魏宝麟等：《走向 21 世纪的林业》，《世界林业研究》1989 年第 2（1）期。

和满足社区人民需求"。可以看出，现代林业的本质是生态林业和民生林业，各国都把发挥森林的多种效益，实行永续经营作为长远的战略目标，并强调生态与经济的协调发展以及对社会就业的贡献。它是对传统林业的螺旋式上升、否定之否定。

从20世纪90年代起，在生态系统可持续经营指导下的现代多功能林业成为国际林业发展的主流，有106个国家开展多功能森林经营，全球多用途林面积已达到森林总面积的34.6%。联合国粮农组织积极倡导森林多目标利用，并将多用途林定义为：用于木材产品的生产、水土保持、生物多样性保存和提供社会文化服务的任何一种组合的森林，任何单独的一项用途都不能被视为明显地比其他用途更重要。

发展中国家走的是另一条多功能林业的道路，即所谓的"社会林业"。"社会林业"一词是印度国家农业委员会（NCA）于1976年提出的，其内涵是鼓励贫困人口生产薪材、饲料等林产品以满足自身所需，以减轻"生产林"（production forestry）的负担。1978年第八届世界林业大会（主题是"森林为人民"）以后，世界林业的焦点从传统的生产性林业转移到以农村综合发展为主的林业活动上。一些国际组织，如联合国开发计划署（UNDP）、世界银行、联合国粮农组织、德国技术合作公司、加拿大国际发展研究中心等，资助发展中国家开展社区林业项目。社区林业的一个重要内容是对非木材产品的开发和利用。过去，林业的主体是木材生产经营，习惯上将非木材林产品称为"林副产品"（minor forest products）。随着现代林业学的不断发展，利用森林取得经济产品已超越了木材产品的狭隘界限，由单一树干利用发展为全树利用，并开始转向全林、全方位利用。世界粮农组织（FAO）将非木材林产品定义为从森林及其生物量中获得的各种供商业、工业和家庭自用的产品。FAO在《森林、树木与人》的报告中提出，不仅要重视木材、薪材和木炭等显而易见的林产品，而且要认真考虑那些常被忽视的非木材林产品（non-timber forest products），包括水果、纤维、油料、树胶、蘑菇、野味、药材以及大量其他产品的多种效益。① 因为它们对于贫困山区的农民起着粮食安全保障、就业和收入保障等重要作用。

（二）中国的林业发展观

新中国成立后，我国开展了包括群众性植树造林在内的各种造林活动。但当时对林业的认识仅仅局限于获取木材收益，为此建立了许多森工局来采伐大片的森林，对防护林缺乏全国统一规划。从 20 世纪 70 年代后期起，随着森林资源的持续减少和生态环境的日益恶化，我国改变了过去单一生产木材的传统思维，加强了林业生态体系建设。1978 年，党中央、国务院从中华民族生存与发展的战略高度，作出了在我国风沙危害和水土流失最严重的西北、华北、东北建设"三北"防护林体系工程的重大决策，开创了我国重点林业生态工程建设的历史先河，标志着我国林业建设开始步入木材生产与生态建设并重的新阶段。1994 年，林业部制定了《中国 21 世纪议程林业行动计划》，为林业确立了兼顾生态效益、经济效益和社会效益的发展方向。进入 21 世纪以来，我国启动了天然林资源保护工程、退耕还林工程、京津风沙源防沙治沙工程、"三北"和长江中下游地区等重点防护林建设工程、野生动物植物保护及自然保护区建设工程、重点地区速生丰产用竹林基地建设工程六大林业重点工程，标志着林业从"生产性林业"全面过渡到"可持续林业"。随着林业生态工程的开展，各大林区纷纷下调采伐限额，过去以采伐森林、卖木材为生的林区陷入经济危机。人们把目光投向了非木材产品。2002 年，林业部门系统表述了中国林业的五大历史性转变：由以木材生产为主向以生态建设为主转变；由以采伐天然林为主向以采伐人工林为主转变；由无偿使用森林生态效益向有偿使用森林生态效益转变；由部门办林业向全社会办林业转变②。2003 年，中央出台《关于加快林业发展的决定》，在国家层面确定了以生态建设为主的林业发展战略，把加强生

---

① FAO, More Than Wood Special Options on Multiple Use of Forest 1997 （1999 – 11 – 01） [2006 – 01 – 15]，http：//www. fao. org/docrep/v2535e/v2535eoo. htm.

② 周生贤：《中国林业的历史性转变》，中国林业出版社 2002 年版。

态建设、维护生态安全、弘扬生态文明确定为林业部门的主要任务。在 2011 年 9 月首届亚太经合组织林业部长级会议上，时任中共中央总书记的胡锦涛同志明确提出发展多功能林业。2012 年，林业部门首次将改善生态和改善民生作为林业转型升级的核心，树立生态林业、民生林业两大旗帜，提出从生态、民生、法制、科技、开放五个方面建设现代林业。① 2016 年印发的《林业发展"十三五"规划》提出，到 2020 年，实现"国土生态安全屏障更加稳固""林业生态公共服务更趋完善""林业民生保障更为有力""林业治理能力明显提升"四个方面的主要目标。

我国于 20 世纪 90 年代开始实施森林分类经营制度。由于认识到天然林资源的危机和后备木材资源的重要性和紧迫性，我国开始了第六大林业重点工程——部省联合营造速生丰产用材林、利用外援资金发展速生丰产林和所谓的"一亿亩速生丰产林规划"。而前五大林业重点工程的实施，是生态林业的典型模式。按照森林的商品性和社会性，《森林法》规定的五大林种被划分为生态公益林（简称"公益林"）和商品林两大类型（具体划分详见表 2-2）。

表 2-2　　　　　　　　森林分类区划林种一览表

	林种类	林种组	林种
森林	生态公益林	防护林	①水源涵养林；②水土保持林；③防风固沙林；④农田、牧场防护林；⑤护岸林；⑥护路林
		特种用途林	①国防林；②实验林；③母树林；④环境保护林；⑤风景林；⑥名胜古迹和革命纪念林；⑦自然保护区林
	商品林	用材林	①一般用材林；②短轮期用材林；③速生丰产用材林
		薪炭林	①薪炭林
		经济林	①油料林；②特种经济林；③"三木"药材林；④其他经济林；⑤园地中的经济林

① 赵树丛：《全面提升生态林业和民生林业发展水平　为建设生态文明和美丽中国贡献力量——在全国林业厅局长会议上的讲话》，《林业经济》2013 年第 1 期。

2001 年，我国政府颁布了第一个《国家公益林认定办法》，将江河源头、江河干流、重要湖泊和库容 1 亿立方米以上的大型水库周围自然地形第一层山脊以内或平地 1000 米范围等 12 种类型的森林划定为国家生态公益林。后经 2004 年、2009 年两次修订，划定了享受国家生态补偿政策的国家级公益林的范围。国家公益林在 2009 年之前又叫重点公益林，全国重点公益林约占全国林业用地总面积的 37.2%，按照保护等级分为三级。一级公益林应采取特殊保护政策，二级公益林应采取重点保护政策，三级公益林可采取一般保护政策。各省根据生态区位和公益林建设、保护要求，也相继划定了地方公益林。目前，我国大多数地区属于商品林、公益林两种单功能林在空间上机械组合的情形。

从以上政策回顾中可以发现，我国林业在坚持实行分类经营的同时，逐渐接受了多功能林业的理念。在理论上，每一处森林、每一株树木都是多功能的。多功能林业的本质是要综合考虑自然禀赋及人类需求，突出森林的某一项或几项主导功能，在可持续经营理念的指导下进行森林经营，生产最佳组合的产品和服务，满足公众的多样化需求，实现生态、经济和社会多重组合效益最大化。多功能林业并不排斥具体经营对象或区域的单一功能经营。但由于林业分类经营和多功能林业毕竟具有不同的特征和不同的政策取向，有必要对它们在中国的适用性做进一步分析。

20 世纪 70 年代，美国的 M. 克劳森、R. 塞乔博士等提出"林业分工论"，主张把森林资源按用途和生产目的划分为服务于环境和游憩的公益林、服务于工业的商品林两大类。在这一理论影响下，各国均实行了以保护天然林、发挥生态效益为主，以发展人工林、提供木材为主的林业分类经营制度。"林业分工论"是在人类对森林某种功能的需求远远超出自然生长下森林的承受能力而提出的，它适用于林产品和生态需求大、森林资源少而分布不均的地方。一旦人类对森林单方面的过度需求得以满足，林业的分工将不再明显，将会转向发展多功能的生态林业。多功能理论主张对林业的经济、社会、生态三大效益加以一体化经营，这一模式的发展需要具备一定的条件，如森林资源丰富而均匀、木材和生态压力不大、集约化程度高、国家经济实力雄厚、国家采取经济扶持措施等。目前，发达国家对木材的需求远远低于资本主义发展初期，已不再依赖森林提供薪材，林产工业所需的基础原料木材，基本上由天然林转向人工速生林的培育。林业产值比重极小，一般只占国民生产总值的1%—2%，① 林区也不存在人口问题，其对生态、娱乐、休憩等方面的需求则越来越多，多功能林业是这一阶段的产物。实际上，目前只有德国、日本等少数国家真正做到了森林经济、社会和生态三大效益一体化经营模式。

在过去十年里，中国政府采用六个不同的造林计划，在森林保护和恢复上的投入已超过5000亿元人民币（约700亿美元），新培育林地面积超过800万公顷，取得了举世瞩目的成就。2016年全国林业产业总值首次突破6万亿元，16年间增长了15.6倍。但是，我国生态产品和林产品仍十分短缺，木材对外依存度近50%，其他绿色优质林产品也供不应求。② 林业除了生产木材、保护环境、提供休憩场所这三大目的之外，还承担着为农民提供薪材，促进山区经济发展，帮助农民脱贫致富等多项任务，对木材和薪材的需求远大于发达国家，而且林业科技与发达国家相比也有较大差距。鉴于我国人口、木材需求和生态保护的矛盾突出，现阶段我国林业不适于照搬发达国家的多功能林业，只能走"林业分工论"的道路。

我国倡导林业产业化，就是要将作为商品产业与作为社会公益事业的林业区分开来，按照不同的规律实行分类经营管理。商品林以生产有形的林木产品为主，以发挥经济效益为主，可以推向市场作为商品性基础产业来发展；公益林则以提供无形的公益性产品为主，由以国家投资和补偿为主。单/少功能森林仍有存在的合理性，如相当数量的杨树、桉树、杉木速生丰产林，各种经果林，自然保护区，农田

---

① 黄东、谢晨、赵金成等：《澳大利亚多功能林业经营及其对我国的启示》，《林业经济》2010年第2期。

② 黄俊毅：《林业成长"参天大树"尚需时日》，《经济日报》2017年1月25日。

防护林，山地或旱地灌木林等，仍然要保持目前的经营状态。然而，认为"生态公益林不能采伐，商品林就是单纯的木材利用"这种想法，又对人与森林的关系予以绝对化了，是将林业的经济功能（以木材为主）和生态功能对立起来的传统林业观。2017年4月，国家林业局、财政部对《国家级公益林管理办法》和《国家级公益林区划界定办法》进行了修订。修订后的这两种办法规定，一级国家级公益林原则上不得开展生产经营活动，严禁打枝、采脂、割漆、剥树皮、掘根等行为。其中，集体和个人所有的一级国家级公益林，以严格保护为原则，根据其生态状况需要开展抚育和更新采伐等经营活动，或适宜开展非木质资源培育利用的，应当符合《生态公益林建设导则》等相关技术规程的规定，并按一定程序实施；二级国家级公益林在不影响整体森林生态系统功能发挥的前提下，可以开展抚育和更新性质的采伐，可以合理利用其林地资源，适度开展林下种植养殖和森林游憩等非木质资源开发与利用，科学发展林下经济。这意味着要把维持森林生态稳定的最低要求作为约束条件，在避免生态性灾难的约束条件之下寻求木材利用与生态利用的最佳耦合状态。

在坚持分类经营的同时，在林业发展战略和发展规划上应体现出多功能林业的理念。淡化分林种营建和经营森林的做法，加强或新设诸如低效林改造、林下复合经营等工程内容，把工程评价指标从偏重造林面积转到偏重森林结构和功能改善上来。生态公益林可以通过经营方式的转变发展成多功能森林。① 还可以将用材林改造为生态—用材双功能林，结合轻度间伐，在林下栽植或播种数个乡土观赏树种，对防护林则进行近自然化的经营。② 在退耕还林工程中，应采纳接近自然林业主张的适地适树、利用乡土树种营建混交林、避免采伐的主

---

① 樊宝敏、李智勇：《多功能林业发展的三个阶段》，《世界林业研究》2012年第5期。

② 同上。

张，同时借鉴社会林业的做法，[①] 从地下到地上全方位地改善和利用森林生态系统。同时，建议在一些地区进行试点，尝试改变将森林分为公益林、商品林和多功能林的做法。世界自然保护联盟（IUCN）与北京林学会和国际非政府组织"森林趋势"合作，对密云地区进行了全流域评估，准备在密云县和河北省进行大规模森林的恢复行动。其重点放在"功能型森林"上，核心目标就是通过提供多样化的树种以满足不同土地利用者的需求，培育出具有自我维持功能的森林和园地。

二 森林生态产品的公共物品属性及其供给方式

（一）森林生态公共产品的市场化提供何以可能

森林的各种生态服务功能具有不同的经济学属性。一般来说，森林生态服务或者说生态公益林本身是一种具有正外部性的公共产品。公益林究竟属于纯公共产品还是准公共产品？不同学者对此给出了不同的答案。李岩（2004）认为，公益林是纯公共物品，具有效用的不可分割性、消费的非竞争性和受益的非排他性三个特征。[②] 而王南（2002）认为，由政府投资并经营的公益林，其消费中包含着竞争性成分，因此公益林为准公共物品。[③] 陈钦、黄和亮（1999）根据生态服务功能进行了划分，认为防风固沙、调节气候等生态功能属于公共物品，而水源涵养、森林景观功能则不严格满足非竞争性、非排他性的特征，因此，防风固沙林属于纯公共物品，水源涵养林属于准公共物品。[④] 笔者赞同陈钦、黄和亮的看法。简而言之，按照森林分类经营原则，生态公益林（简称"生态林"）和商品林具有不同的公共物品属性，因而存在私人生产的可能性。这构成了生态产业化的技术可

---

① 刘勇：《从多功能林业的兴起看我国林业的发展道路》，《北京林业大学学报》（社会科学版）1992 年增刊。

② 李岩：《林业产业的公共性与林业的税费改革》，《学术交流》2004 年第 4 期。

③ 王南：《公共林业的性质与外部性问题解决途径的探讨》，《林业经济问题》2002 年第 22（3）期。

④ 陈钦、黄和亮：《试论林业外部性及补偿措施》，《林业经济问题》1999 年第 3 期。

能性。

自萨缪尔森提出公共物品理论以来，提供公共物品一直被认定为是政府的职责。但是，在政府供给公共服务的模式下，产生了大量的腐败和低效率现象。弗里德曼提出了公共服务市场化思想。从20世纪70年代开始，西方国家纷纷进行公共服务市场化改革，引入市场机制、竞争机制和价格机制，允许非公有制经济主体参与到公共服务的供给中来，以提高公共服务供给的效率。公共产品市场化既是社会发展到一定历史阶段的产物，又是一国市场经济体系完善程度的重要标志。① 生态公共服务的市场化思想，构成了生态产业化的理论依据之一。在现实当中，由私人投资林业建设往往要有效率得多。

况且，森林需求与供给之间存在巨大的资金缺口。据莱斯雷（Leslie）2005年的预测，全球对森林生态服务的总需求由2003年的9000亿美元增加到2010年的10500亿美元、2020年的14200亿美元、2030年的19600亿美元和2040年的25600亿美元，特别是对森林碳服务和生物多样性服务的需求显著增加。② 偌大的生态服务供给成本将给国家财政带来巨大压力。因此，鼓励和支持多元化主体（私营公司、个人、非政府组织及社区）参与到林业建设中来，成为大势所趋。

（二）非国有公益林悖论及其激励机制设计

在政府激励措施缺位的情况下，非国有机构和个人从事生态公益林建设的动力不足，因为投资无法通过市场获取回报。具体原因有四：第一，经营生态林没有多少木材收入。为保证林木达到一定的郁闭度和成林规模，一般都禁止或限制对生态林的采伐。第二，生态公益林是一种公共物品，其消费具有非排他性，人们在消费此类商品时往往都有不付费的动机。这就造成生态林的经营回报大部分以生态正

---

① 邢建国：《公共产品的供给及其治理》，《学术月刊》2007年第8期。

② Leslie, A., "Estimating the Current and Future Demand for Forest Products and Services," *Tropical Forest Update*, 2005(1): 14–16.

外部性的形式为社会所得，营林的收益远远小于社会边际收益，因而供给总是处于严重不足的状态；相反，人们毁林造田、种植经济作物的激励非常大。① 在当下的中国，森林生态服务的价值属性还没有得到大众的普遍认同，"谁受益，谁付费"的观念尚未建立，对受益者征收补偿费或税用于对林木经营者进行补偿的做法，难以被公众所接受。第三，对生态产品进行估价非常复杂、难以实现。第四，同其他产业相比，林业的投资周期长，经营风险大（收获在很大程度上受制于外部条件，如天气、土壤、病虫害、火灾、空气污染等，树木的长期管理水平及未来的林权归属与权利范围等都存在不确定性），因而极易导致企业经营的动力不足、造林和管护的积极性不高。由于以上原因，非国有公益林本身内含着诸多悖论，其发展难以持续。以美国为代表的发达国家，普遍对林业实行分类经营制度，呈现出国有林以实现生态效益为主、经济效益为辅，私有林以实现经济效益为主、生态效益为辅的格局。

政府若想在建设生态林这样的公共事业中充分发挥私人企业的效率优势，就必须对其行为形成足够的激励。解决森林生态效益外部效应及市场失灵问题，归纳起来主要有三种机制：其一，确立公共支付体系。这种机制源于森林生态服务的公共物品特性，促使政府或公共机构为森林服务支付酬劳。具体形式可以由国家给予公益林经营者以生态补偿、补助，或者政府对终端生态产品进行购买。其资金主要来源于税收、对受益者强制征收费用及发行证券。其二，构建开放式贸易体系。譬如建立碳汇市场、水文服务市场。其本质是单位或个人为达到严格的环境标准（如水质标准或排污标准），而在权衡成本的前提下向其他单位和个人购买森林环境服务。这种机制的实施需要有健全的环境法律和规章、强有力的管理和高效的监控体系予以配合。其三，订立企业自主协议。由市场上潜在买方（即森林生态服务的用

---

① Just, R. E., Antle, J. M., 1990, "Interaction between Agricultural and Environmental Policies: A Conceptual Framework," *American Economic Review*, 80(2): 197–202.

户)在公共服务机构(如经纪、保险、认证、咨询、研究等机构)的配合下与潜在的卖方(森林所有者、经营者)进行广泛、自由的磋商,从而达成交易协议。在以上三种方式中,政府介入程度逐渐减弱,其中,第一种途径是庇古税理论的应用,后两种途径则以科斯定理为理论依据①。在实践中,究竟哪种办法最优,取决于哪一种制度安排的交易成本最低。

公共支付体系是国内外解决林业外部性的主要途径。其中,生态补偿是政府为了向社会提供生态公共服务而限制、剥夺林木所有权的行使(限伐或禁伐),对由此给林木所有者所造成的损失进行经济补偿。基于自然资源开发利用的动态效率模型的分析表明,如果没有任何补偿,私人营林者不会按照社会最优的方案组织生产,结果是森林生态产品供给不足,生态安全难以得到保障。② 若要扭转这种局面,就需要给予生态林的经营者一定的补偿和补助。政府要首先补偿给营林者自由经营时的利润与限伐后的利润之间的差额,在补偿过后仍然达不到社会平均利润率时,应再给予其一定额度的补助,至少应保证其能够得到平均利润率,③ 这足以激励其提供足够的森林生态产品。与政府收购生态林制度相比,林木补偿制度的最大优势是,在林木的整个生产过程中都可以利用私人经营的高效率。在政府经营效率低、管护成本高的情况下,这种方式避免了政府购入生态林后不能予以很好管护的损失。林木补偿制度也有其弱点,即对私人生产行为的监督是一项艰巨的任务,若不能进行有效监督,私人营林者在获取补偿后依然以个人最优的方式生产,过早地砍伐

① 石德金、余建辉、向建红:《市场经济条件下生态公益林投融资体制研究》,《林业经济问题》2006 年第 26 (5)期;王世进、黄知中:《构建我国公益林生态效益市场补偿机制初探》,《农业考古》2009 年第 6 期;杨新华:《生态公益林商品化思考》,《河南林业科技》1998 年第 3 期;陈钦、刘伟平:《公益林生态效益补偿的市场机制研究》,《农业现代化研究》2006 年第 5 期。
② 姜昕、王秀娟:《森林的最优采伐决策模型——一个新的林业经济政策分析框架》,《林业科学》2013 年第 9 期。
③ 徐晋涛、陶然、徐志刚:《退耕还林:成本有效性、结构调整效应与经济可持续性——基于西部三省农户调查的实证分析》,《经济学》(季刊)2004 年第 4(1)期。

树木，就不能达到鼓励环境正外部性生产的目的，政府还要额外支付一笔补偿费，造成双重损失。①

三　森林生态产业化的实践动力

受长期以来计划经济体制的影响，我国森林生态建设存在几大矛盾和困难。在解决这些矛盾的过程中，出现了生态产业化的选择。

一是生态建设投入严重不足与资金、物质强烈需求之间的矛盾。公益林的建设投入以及森林生态效益补偿资金严重依赖于中央和地方政府，资金渠道单一，既加重了政府的财政负担，又使得资金的落实常因财政状况的波动而得不到保障。② 在实践中，公益林造林补助加上生态效益补偿资金，远远抵不上建设成本，公益林经营投入得不到落实，林区道路、森林防火、病虫害防治等基础建设投入匮乏。这也是造成公益林质量低、效益差、林地生产力低的主要原因。

二是政府对生态建设全过程的较深干预导致高成本、低效率。长期以来，我国政府同时扮演了公益林产品的组织安排者、生产者和监管者三重角色，在公益林建设中资金筹集、项目制定、安排资金、造林组织甚至施工等一系列工作都是由政府主导的，而种什么、怎么种、谁来造、谁来管（经营）、谁受益等问题在很多情况下都不够清晰。

生态项目建设完全由政府出钱补助、经费层层划拨、由国家出资组织实施的模式，暴露出行政管理成本过高、经营管理粗放、建设项目效益差等问题。为了服从于"一刀切"式的任务安排，常常不顾实际情况而盲目采用工程措施，一些原本可以通过自然恢复来达到生态效益的地方也进行所谓的生态建设工程，不仅没有获得预想的结

---

① 姚顺波：《林业补助与林木补偿制度研究——兼评森林生态效益研究的误区》，《林业科学》2005 年第 41（6）期。
② 雷玲、徐军宏、郝婷：《我国森林生态效益补偿问题的思考》，《西北林学院学报》2004 年第 19（2）期。

果，而且由于在施工过程中对环境形成了新的扰动，反而加重了对生态环境的破坏。① 更有甚者，有些地方造"示范林"，不惜一切代价保护一小块林地，结果造成更大范围的破坏。由于忽视农民的自主参与和民间资本介入，导致组织管理成本高昂、资金使用效率低下、重建设轻管护、边治理边破坏等一系列问题，形成"年年种树不见树"的局面。林业局（厅）作为主管业务部门，掌握着来自国家的植树造林项目和资金，既是管理者又是项目评估者。项目操作过程中缺乏有效的监督机制，为寻租留下隐患。大量的资金稽查、检查、审计活动，反映出我国公益林建设资金使用存在很多问题，投资效益低下。

一言以蔽之，在市场经济条件下，公益林建设的政府包揽模式难以成为一种长期管用的机制。李周等（2009）在回顾了中国林业改革30 年历史之后总结道，林业改革的过程也是产业发展生态化和生态建设产业化的过程。②

提高生态服务的供给效率，可以引入民间资本进行生产经营，政府只是作为出资者，承担监督审核职能。一种可行的方案是由政府招标，在合同中明确规定生态林的建设标准，中标的个体或企业经营者只要通过了工程验收，就可以依约获取相应的报酬。这种方法的好处是可以最大限度地节约造林成本，此外，营林方获得了政府收购承诺和预付的定金，这必将大大激励民间资本和林农提供生态产品的积极性。高妍、张大红（2007）认为，公益林的市场化经营，就是要打破政府垄断和部门封闭，使更多的社会组织或个人通过竞争，进入公益林的供给行列中，把公益林的建设和经营由完成国家任务变成与其自身利益及区域经济发展密切相关的事业。③ 宋劲松（2005）提出了"公益林培育的市场化"理念，即公益林产品由市场主体生产，再由政府

①　刘正恩：《河北坝上生态退化现状、原因及对策措施》，《生态经济》2010 年第 1 期。

②　李周、许勤：《林业改革 30 年的进展与评价》，《林业经济》2009 年第 1 期。

③　高妍、张大红：《对北京市公益林市场化经营的思考》，《教师教育学报》2007 年第 5（4）期。

采购合格产品。① "先干后买"模式的优点在于，监管主体与生产主体相分离，可以实现质量的硬约束，对终端生态产品的质量可控性更强，同时，投资效益更高、风险小。②

三是生态建设经济效益与生态效益时有矛盾，甚至造成森林资源丰富地区的普遍贫困状态。多年来，公益林不允许通过商品形态进行交换，使再生产失去了经济保障。公益林大多分布在江河上游经济欠发达地区，为了单一的生态保护，山区到处种植很多年都不能让农民增收的杉树、松树、枫树和灌木、杂草等，农民无法靠山养山吃山，每亩只有15元的生态补偿，导致"上游维护，下游受益""前人栽树，后人乘凉"的现实，加剧了区域经济发展的不平衡。③

21世纪前后，不少欠发达地区为摆脱生态建设困境，喊出了"生态产业化"的口号。例如，2003年云南省率先提出，林业要走生态建设产业化、产业发展生态化的路子。在此之前，地处陕北地区的延长县"围绕林业办农业"的逆向开发思路，与"生态产业化"有异曲同工之处。它是通过大面积退耕还林来改变生态环境恶劣的状况，以林果致富，思路中所说的林业，是指"山水田林路综合治理，乔灌草合理搭配，林工贸系列开发"的大林业。贵州省金沙县（2010）采取四大措施来推进生态产业化发展：积极发展木材经营加工；积极发展特色经济林、果、药、茶产业，逐渐向规范化、规模化推进；积极建设速生坑木林；着力打造森林旅游。山西省石楼县2011年提出汇集民智民力，开发五大产业（经济林产业、种苗繁育产业、林下开发产业、造林服务产业和生态旅游产业），举全县之力把石楼打造成为吕梁山上的生态产业化强县。

四是分散性小农生产与规模化、集约化大生产之间的矛盾。随

---

① 宋劲松：《论我国森林资源培育的市场化》，《林业经济》2005年第（18）期。

② 中国科学院：《关于21世纪初加快西北地区发展的若干建议》，《地球科学进展》2000年第15期。

③ 崔殿君、毛齐来、白忠义：《生态林市场化存在的问题及对策》，《防护林科技》2010年第3期。

着集体林权制度改革的深入推进，我国个人或家庭为单位开展人工造林的比例已达60%。造林主体和林业经营的主体大部分是刚解决温饱的农民，以单家独户为主的经营模式在短期内会促进林业发展，但家庭经营"细碎化经营特征明显"①，决策主体分散、林木产权分散，导致生态规模小，生态建设成本高。首先，在经营水平方面，由于规模小而分散，森林病虫害防治、林业基本建设等难以实施，林业科学技术难以推广普及，国家政策难以传达，难以提高林业的经营水平和风险承担能力。其次，在产品竞争力方面，木材等林产品具有体积大、运输困难的特点，规模经济特征明显。而分散的小农户缺少组织化优势，森林经营成本偏高。在应对市场方面，对于一个缺乏社会资本和相关经验的农户来说，需要花很多的时间、精力和成本来获得林产品市场信息和采伐审批信息。并且，个体的农户往往无法进入全国性的林产品市场体系，他面临的是一个区域性市场甚至是非常狭小的乡村林产品市场，这类市场常常处于买方垄断的结构下，农户在交易谈判中因缺乏联合而处于弱势地位，被迫接受因买方垄断所形成的低价，更难以提供拳头产品，难以创出品牌。

五是林业产业链条中的营林业、加工制造业和第三产业相对割裂（营林业效益比较低，其后续的木材加工和销售等环节所占的附加值较高），企业、消费者、行业中介以及政府等不同主体间缺乏有效协同。产业经济学中普遍存在的"微笑曲线"，在林业中同样存在。产业链的两头——技术环节和营销环节，包括后续的林产品加工和销售等环节，占据了利润的大头，而曲线底端的生产环节，是整个价值链中附加值最低的部分。这一客观现象导致处于产业链中段的广大农民难以获得较高的效益。

林业的特点和国内外的经验证明，要使农民能从加工、销售环节

---

① 贺东航、朱冬亮、王威等：《我国集体林权制度改革态势与绩效评估——基于22省（区、市）1050户农户的入户调查》，《林业经济》2012年第5期。

分享利益，实现林业产业的持续发展，就必须走规模化、专业化、集约化的经营之路。也就是说，林业产业应当以市场为导向，实行区域化布局、专业化生产、企业化管理、一体化经营、社会化服务，把产加销、林工商、经科教紧密结合起来，形成一条龙的经营体制。只有这样，才能延伸林业产业链，使林产品不再以初级形态，而是以最终形态进入市场，大幅度增加林产品的价值。方式可以是企业与林农合作经营，按所采伐的出材量或其他分配方式进行比例分成，也可以由农民联合合作经营或联合管护经营。

实践表明，以企业化、市场化为核心的生态产业化道路是生态建设的必由之路，是破解深层次矛盾和问题的法宝。生态产业化路径的探索，一是有望为解决公益林建设资金不足问题提供长效机制；二是提高公益林建设资源配置效率，避免传统政府行为所导致的效率低下；三是可以提高林农的积极性；四是为我国林业改革与发展提供决策参考，为实现生态与经济良性循环提供机制和政策保障。

第四节　面向生态产业化的制度创新

生态产业化是一个复杂的系统工程，需要有管理体制和机制上的创新作为保障。

一　林业产权结构与森林的可持续利用

林权是森林资源产权的简称，是以森林资源所有权为核心的开放式权利束。林权在有形财产部分主要指的是林地产权和林木产权。林木一般指在生长过程中的活立木，林地是指覆盖林木的土地。

最有效率的林权必须是与森林生态系统的自然属性相适应的、有利于森林可持续利用的林权。由于森林经营周期长达几十年，而私有林摆脱不了对短期投资的偏好，因而有观点指出，森林经营的属性本质地要求公有化。共有产权（如国有，集体、社团、公司、合作实体等所有）使得森林经营质量最好，因为这种产权的时间优惠最低。① 据 FAO(2011)统计，地球上 80% 的森林为公有②，18% 为私有，2% 为其他。东欧国家曾采用单一的国家所有制模式，经济转型后私有林有所增加，但国有林仍然占重要地位。并且，保留下来的国有林管理水平没有下降，而私有化森林的违法采伐和放弃经营现象则较多。同时，我们也发现了另一种现象，这就是在欧美、日本等大多数发达国家，私有林超过 50%③，并且在 20 世纪 90 年代以来的林业分权改革中，国有林进一步被私有化或分散给私人企业经营管理。

美国森林原来大部分为联邦、州和地方政府所有，20 世纪初，通过准许私人拥有森林的法律，以优惠政策将土地转到私人手中，现在私有林占 2/3，公有林占 1/3。④ 私有林主是造林和木材生产的主体，私有林因提供生态和社会效益而受到的损失由政府分担；各级政府拥有并管理的公有林地不用于商业经营，主要承担生态和社会责任，亏损由财政补贴。林业法律规定了"国有林社会公开招标制度"，以规范采伐活动，采伐公司中标后须严格按照要求采伐，采伐后再利用招标制度雇请公司植树造林。德国森林所有制形式有三种：一是公民个人所有的私有林地，占全国森林的 46%；二是联邦和各州政府所属的国有林，共占 34%；三是教会、公司团体、市镇政府所有的社团林，占 20%。⑤ 其中，私有林的经营状况最好，其木材径级大，人工费用少，企业愿意经营，又增加了就业岗位。欧盟不允许国有企业经营私有林，主要依靠林业专业合作组织即私有林协会经营，林主与协会签约，对森林经营提出

---

① 侯元兆、吴水荣：《私有化不是林权改革的方向》，《中国地质大学学报》（社会科学版)2007 年第 4 期。

② 联合国对"公有"和"私有"森林的定义不同于我国，仅包括国家和地方政府所有，社区和土著所有被联合国定义为"私有"。

③ FAO, State of the World's Forests 2001. Rome：FAO, 2001：56.

④ 杨海：《论美国林业经济多功能可持续发展的先进经验》，《林业经济》2006 年第 8 期。

⑤ 徐成立、李云飞、王艳军：《德国的林业政策和经营模式对河北木兰林管局林业发展的启示》，《河北林果研究》2009 年第 24（1）期。

明确要求；① 协会聘用采伐经理来制定森林经营方案，政府给予免费咨询；国家对私有林经营给予政策扶持、引导和监督管理。

经验表明，私有林对于尽快恢复森林植被、提高森林覆盖率有明显效果，但对于提高森林质量和森林资源利用效率的成效则有待观察。林业产权与营林质量的关系是复杂的，尚需进一步探寻其中的关键中介变量及其作用。

林地产权包括林木和林地的所有权、经营权、承包权、处置权及收益权等。林地产权更为重要，因为林木是林地经营的产品。在我国，林木的产权问题随着"谁造谁有"的制度已尘埃落定，林地产权问题则因土地公有制度而成为弱市场化流转的症结所在。如何在现有的土地公有制基础上制定公平而有效的林地产权制度，是历次林业改革的重要任务。我国《宪法》和《森林法》规定："森林资源属于国家所有，由法律规定属于集体所有的除外。"现有生态资源产权结构的最大弊端可以概括为"双主体"虚位（指生态资源的产权主体虚位与责任主体虚位）和"三权"混淆（指生态资源的所有权、行政权与经营权混淆）。② 名义上属于国有的国有林，实际上实行属地管理，一般由各级地方政府委托给国有林业企业进行经营管理。各级地方政府以行政权、经营权管理代替所有权管理，出现争夺权力而相互推卸责任的现象，导致国有林产权的虚置。目前，绝大多数国有林业单位经营效益低下，甚至处于亏损状态，急需进行分类转制。由于历史原因，我国很多集体林地和林木产权归属不清，对各种产权关系缺乏明确界定，造成林权纠纷迭起，既不利于生产要素的自由流动，也导致生态资源得不到应有的保育和管理。集体所有的土地依照法律属于村农民集体所有，但在实际操作中，对谁是集体土地所有权的代表存在分歧，所有权实际上处于虚置真空状态。

---

① 印红、吴晓松、刘永范等：《不断改革探索现代林业发展之路——德国林业考察报告》，《林业经济》2010年第（11）期。
② 谢高地、曹淑艳：《发展转型的生态经济化和经济生态化过程》，《资源科学》2010年第32（4）期。

产权明晰是调动林业生产经营主体的基本前提。在理论上，当林地林木所有权和经营权清晰地界定给了林农或林业企业之后，产权拥有者便会以森林效益的综合利用为宗旨，将森林生态服务作为一种副产品来自愿供给，应在法律上明确各产权主体的权利与义务（详见表2－3）。国家作为集体林地的管理者，拥有最终的管理权，集体拥有的是林地所有权(以村民委员会作为所有权主体较为合适)，林农或其他经营者拥有使用权。国有林场转制后应实行政企分开，明晰和落实经营者的经营权利、责任和利益，建立森林资源资产监管制度，确保国有森林资源资产的保值和增值。应通过签订林地承包合同等形式，明确所有者与经营者之间的权利与义务关系，集体有权向承包者收取林地承包费，承包者在合同规定的范围内拥有林地经营权，并获取其经营所得。尽快解决好历史遗留下来的林地权属争议问题，及时办理林权证书，维护山林权证作为森林、林木、林地使用权唯一凭证的法律依据，维护投资造林业主的合法权益。在此基础上，建立产权交易中心，建立和完善资产评估市场，以降低林权流转成本，促进林权最佳配置结果的实现。

表2－3　　　　　**国家、集体、农户的权利与义务界定**

	国家(拥有管理权)	集体(拥有所有权)	经营者(拥有使用权)
权利	税收的权利； 征用范围内的征用权； 采伐限额管理权； 对林地开发的规划权	对集体林地出租、抵押等权利； 对征占林地收取地租的权利； 对限期不开发利用林地的回收权； 对农户合同履行的监督权利	使用期内实际占有权； 上缴税收、地租后的收益权； 使用期内转包、抵押等权利； 森林生态效益补偿权
义务	产前、产中、产后服务	林业基础设施建设义务	履行合同义务

资料来源：转引自陈绍志《公益林建设市场化研究》，博士学位论文，北京林业大学，2010年。

目前，世界各国的森林通常都是多种所有制形式并存。经验表明，在一些情况下，私有化是可以接受的：一是在原有的无林地上营造商业人工林；二是私人经营经济林木；三是林主的经济实力较强和经营规模足够。[①] 1992 年联合国环发大会后，私营企业越来越注重对环境和社会的责任。在此背景下，许多国家的政府将国有林私有化，或修改森林使用权协议，一些政府则将直接管理森林的责任下放给私营部门。政府在卸下直接管理森林的职能后，开始扮演条例、标准制定者和仲裁者的角色，对私营部门的决策责任制定了严格的指南或限制措施。林业行业实施私有化的原因主要是：其一，政府不适合直接参与商用林业；其二，商用和非商用林业活动分开，可以提高效率；其三，私有化可以提高经营透明度；其四，出售国有森林资产可以获得税收；其五，可以提高国家林产工业结构的效率；其六，可以减少公共财政的负担；其七，可以增加开发资金。

长期以来，我国森林资源的培育是以"全社会办林业"为指导思想的。即对于国有林场，由国家投入来进行森林资源的培育；对于集体林业用地，则由村民"以工代赈"等形式进行森林资源的培育；对于公民来讲，则以义务植树的形式进行；企业法人投资造林较少，影响森林资源的培育与发展。[②] 20 世纪 90 年代之后，生态建设原动力不足的挑战，催生了"四荒"拍卖、退耕还林等制度创新，标志着生态产业化的初步探索。民营林业以其产权主体明确、利益关系直接、管理机制灵活等优势，加快了国土绿化进程，既建设了生态屏障，又部分地解决了农民生计问题。

在国家实施的第六大林业工程——速生丰产用材林工程中，改变了前五大林业工程均由国家投资建设的政策和做法。2003 年 6 月，中共中央、国务院作出了《关于加快林业发展的决定》，提出"全国动员，全民动手，全社会办林业"的基本方针，明确规定放手发展非公有制林业，落实"谁造谁有，合造共有"的政策，非公有制林业的经营者享受各种林业税费减免政策。该决定一经出台，极大地激发

---

① 侯元兆、吴水荣：《私有化不是林权改革的方向》，《中国地质大学学报》（社会科学版）2007 年第 4 期。

② 宋劲松：《论我国森林资源培育的市场化》，《林业经济》2005 年第（18）期。

了民营企业和公众参与造林的积极性，各种林业经营方式纷纷涌现，合作托管造林是最受关注的一种，仅 2004 年 9 月北京市就先后成立了 20 多家林业托管公司。

所谓合作托管造林，是一些民营企业运用市场机制和资本运作手段探索出的非公有制林业经营发展的新模式，即志愿投资造林的法人或自然人，以合同方式购买一定单位的林木，享有该林木的产权，再以合同方式委托专业公司对其进行管护，专业公司对服务结果作出承诺的林业经营模式。① 这种形式源于欧洲的林业发达国家，以政府为委托方、专业公司为受托方。在我国合作托管造林则是由造林公司通过租赁、承包或其他方式获取林地使用权及林木所有权，再转让给志愿投资造林的社会零散投资者来进行的。合作托管造林这种新型运作模式，突破了以国有企业为主的传统模式，解决了国家育林造林资金短缺问题，解决了企业、个人造林规模小、成本高、缺乏技术和管理等难题，可以放大专业化企业的技术优势和管理优势，对于国家、投资者、企业和农民都是有益的。当时河北正定和晋州两处基地的农民把产量低的沙土地租给河北富瑞斯特科贸有限公司种植速生林后，不仅可以获得 7 年租金，还可以受雇于公司对其种植的林木进行管护，获得管护收入。数据统计表明，农民把土地租给造林公司比自己耕种的收入提高了 3 倍。② 然而，由于部分造林公司为追求短期利益进行夸大宣传、虚假宣传，甚至以高额利润为诱饵进行非法集资或变相传销，一时间成为公安部打击经济骗局的重灾区，2004 年底，林业局发出专门通知，提示合作托管造林的风险，这个新生事物因缺乏规范而夭折。

合作托管造林本身没有问题，出现波折的根本原因在于企业缺乏自我约束机制，公众缺乏风险意识，加之政府监管不到位。其出路在于加强行业监管、认证与评估，建立保障投资者利益的机制。随着市

---

① 黎祖交：《"合作托管造林"要规范运作》，《绿色中国》2005 年第 1A 期。

② 林冬梅、李玉霄：《合作托管造林模式的 SWOT 分析与发展建议》，《安徽农学通报》2008 年第 6 期。

场发育的完善，企业、组织和个人诚信度的提高，包括"托管造林"在内的民营林业经营方式将会逐步走上规范化的道路。

二 多元化林业治理结构

政府、市场、社区是森林治理的三种主要机制，各有其优劣势和适用性，在现实中，这三种机制被综合使用，形成多层次、多样化的森林治理体系。

（一）政府管制的弱化

从第二次世界大战结束到 20 世纪 70 年代末期，国有化和控制命令是大部分发展中国家森林资源管理的主要方式，国家直接负责管理大部分公有森林。20 世纪 80 年代以来，世界森林治理变迁的共同特征是从管制向治理转变，出现林业分权趋势。

非法采伐、难以控制的毁林等国际公认的问题被日益归咎于软弱的施政结构，加之更为广泛意义上的政治趋势，驱使许多国家进行林业分权改革，以摆脱中央集权式的决策体制和直接由政府实施森林项目。所谓林业分权，就是把某些森林管理职能和林权（森林的所有权、处置权和收益权等）让与地方政府或其他非政府机构。据估计，全球有超过 60 个发展中国家从中央政府向地方政府、社区、农民转移了不同程度的森林资源权属，[1] 森林分权改革成为许多发展中国家提高可持续森林管理、去管制化、赋权、改善民生的政策选择。各国林业机构普遍实行分散化、重组和缩小编制（downsizing）的办法，政府管制的范围和强度不断弱化，其职责更多地转向产权保护、执法、冲突调解、维护公平等方面。[2]

我国森林资源培育的市场化程度还较低。在政府行为方面，与耕地和草地的经营管理相比，中国森林经营管理的计划色彩较重，权利

---

① Agrawal, A., Ashwini, C., Hardin, R., "Changing Governance of the World's Forest," *Science*, 2008：1460-1462.

② 龙贺兴、张明慧、刘金龙：《从管制走向治理：森林治理的兴起》，《林业经济》2016 年第 3 期。

与义务的不对称性严重；林业主管部门对森林利用的管制过度，对森林经营者的需求反应过慢，例如，过分限制乃至干预林业经营权，过于呆板的限额采伐管理制度影响了商品林的生产按市场规律进行，以森林的公益性来否认林木财产权的正当性，以建立自然保护区、建设公路为由征用林地而没有给予合理补偿等。目前进行的林业分权改革，旨在赋予基层政府和当地林业部门更多执行政策的弹性，赋予林业经营者以自主权。还要推进生态工程建设招标、日常经营托管与政府采购等市场化方式，以增强造林营林的活力。

Ferguson 等（2004）对亚太地区 21 个国家的林业分权进行分析后得出的结论是："分权不是一种万能药，也并不总是有效的或公平的。"① 我国的国有林业早就实行了属地管理，在这一点上是全球分权化最为彻底的国家，但并不能解决国有林业质量效益低下的问题。因此，政府管制的弱化绝不等于政府职责的减轻，森林主管部门问责制在许多方面仍需加强。

（二）森林生态服务市场蓬勃发展

环境科学家将主要的森林环境服务划分为水文服务、生物多样性保护、固碳、森林景观或美化环境四个方面，并在各方面推动了环境服务市场的建立。从 20 世纪 90 年代起，美国森林趋势组织（Forest Trend）、世界银行（World Bank）和国际热带木材组织（ITTO）等机构就林业生态功能的多种价值实现方式进行了案例研究。

森林的水文服务是森林环境服务中最具有直接经济价值的一项。世界大约40%的大城市依靠保护区和多功能森林提供饮用水。实践证明，在流域可持续管理中，投资于森林水文服务市场远比投资于水利设施更经济、更有效。水文服务市场化有如下几种途径：一是自发的私人交易，例如，法国天然矿泉水公司皮埃尔·维托（Perrier Vittel）向上游的土地所有者付费，以便换取上游的奶农和林场主提供环

---

① 吴水荣：《国外国有林管理体制及对我国的借鉴》，《世界林业研究》2005 年第18（2）期。

境服务，达到改善饮用水水质的目的。又如，哥斯达黎加水电公司通过当地 NGO 资助上游土地所有者造林，以便为水力发电提供稳定的水流。二是公共支付体系。例如，在纽约市流域管理计划中，为了达到净化水质的目的，通过税收、纽约市公债、信贷基金、补贴、采伐许可证、差别土地使用税、开发权转让、创建非木产品市场和木材认证等方式向上游林场主提供补偿。三是开放式的交易体系。澳大利亚为减少土壤盐碱化，新南威尔士州林务局向下游使用水灌溉土地的农民征收"蒸腾作用服务费"用于造林。每年每公顷征收 40 美元，征收 10 年，用于在私人和政府林地上重新造林。私人林场主获得补助，但所有权在政府手中。通过该项目的实施，进行了大规模重新造林，包括种植脱盐植物和其他多年生深根植被。

生态景观服务是最成熟的市场。共有七种商品类型，分别是进入权(access rights)、包价旅游 (package tourism)、照相许可 (photographs permits)、生态旅游、维护土地利用方式、管理合同与租用土地。其中，包价旅游与生态旅游在内容上有重叠部分。目前共有 13 种支付机制，分别是门票、使用费、直接谈判、纵向一体化、信托基金、NGO、政府、零售市场、合资(以生态景观资产入股)、票据交易所、拍卖、出售土地使用权、个人中介。

碳汇交易。森林是陆地上最大的储碳库和最经济的吸碳器。每增加 1 公顷林地可吸收 5.77 万吨的碳排放量，相当于每公顷建设用地碳排放量的 85.34%。自《联合国气候变化框架公约》及 2001 年《京都议定书》签署以来，森林吸收的碳被计入减排额度并得到大多数国家的认可，为确立 CO_2 排放权交易制度奠定了法律基础。以清洁发展机制(CDM) 和 REDD + 为代表的环境服务市场，既可以帮助发达国家以较低成本履行减排义务，也可以帮助发展中国家推进可持续森林管理。全球 CDM 项目一般适用于大型造林工程，其平均交易价格高于自愿交易项目，但由于技术规则、市场容量、管理运行与程序的复杂性以及不确定性等因素，CDM 造林/再造林项目数量不多，涉及资金有限，在碳汇交易中所占的比例和交易量都比较小。在现阶段，世界银行

"森林碳伙伴关系"与联合国 REDD 项目已经成长为国际森林环境服务市场的重点渠道，预计到 2020 年，全球 REDD + 的投资有可能达到 300 亿美元。2009 年，中央"一号文件"提出"碳汇林业"这一概念。中国绿色碳汇基金会是国务院批准的中国首家以应对气候变化为主要目标的全国性公募基金会，是帮助中国企业自愿减排，并增加碳汇，以较低成本让企业提前存储碳信用的平台。碳基金专门管理企业、社团以及个人为开展林业碳汇造林营林、森林保护与经营、植被恢复、生态修复、沙漠化防治以及碳贸易研究等活动捐赠资金，以确保引导社会公众通过正确渠道自愿参与造林增汇活动。

生物多样性保护市场是一个新生的市场。据统计，每年用于生物多样性保护的资金达上亿美元，投资方大部分是欧美的开发银行或者基金会。案例有中美洲的湿地补偿制度等。国际上，许多私人机构对生物多样性的保护有兴趣，特别是对一些具有文化价值的物种进行栖息地的保护，因此，私人机构是生物多样性保护的主要提供者。

森林认证是一种促进森林可持续经营的市场工具，由国际上一些企业、环境和社会方面的非政府组织共同发起。它鼓励人们购买贴有独立认证者出具的认证标签的林产品，这一标签告诉消费者他们所购买的产品来自经营良好的森林。森林认证起因于国际社会对森林问题的关注。20 世纪 90 年代初，鉴于许多国家由于政治经济基础薄弱而导致森林资源被破坏，一些国际环境组织及其同盟对各国政府所采取的森林政策感到失望，他们希望从国际进程和政府政策之外寻找改善森林经营的新途径，便于 1993 年创建了森林代表委员会，发起了森林认证[1]，其使命是实现世界森林满足当代人的需要而不损害下一代人的社会、生态和经济权益。[2] 目前，森林认证已广泛应用于森林可持续管理和木材贸易，对于森林可持续经营产生了积极的影响。

---

[1] Cashore, B., Gale, F., Meidinger, E., et al., "Confronting Sustainability: Forest Certification in Developing and Transitioning Countries," *Environment*, 2006, 48(9): 6 - 25.

[2] Forest Stewardship Council. FSC Principles and Criteria for Forest Stewardship. Approved 1993, Amended 1996, 1999, 2002, 2009. http://www.fsc.org.

　　中国的森林生态服务市场化程度尚处在萌芽状态，主要表现为公共支付主导方式下的一些流域服务、景观服务、碳交易等市场化案例。总的来看，森林所提供的大部分环境服务尚未进入市场，也没有纳入私人部门决策体系，影响着森林经营者提供环境服务的意愿。各类森林生态服务市场发展不平衡，其中，景观游憩功能已实现市场化，具有排他性；固碳释氧、涵养水源、防护土地和保育土壤等功能具有市场化趋势（间接排他性）；净化空气、生物多样性、防风护沙等功能则尚未市场化（不具有排他性）。[①] 应积极探索和开发我国森林生态服务的补偿途径，如碳汇信用交易、流域服务交易、强化企业和个人的社会责任等，实现森林生态系统多种功能的货币价值。

　　国外经验表明，要保护和扩大森林资源基础、繁荣林区经济，必须增强市场意识，努力降低森林环境服务市场构建的初始交易成本（包括计量服务成本、谈判成本、建立支付安排的制度成本、监测和实施成本等），为生态服务的供给者与需求者搭建直接交流的平台。对于生态系统的物产服务功能，要大力发展产品市场并全面取消交易管制，从而实现其产出价值；对于同时具有产品产出功能和非物质性服务功能的生态服务，尽可能以实物产品形式捆绑补偿其无形价值；而对于主要提供非物质性服务的生态系统，则在补偿资金来源上以募捐、权证、彩票和基金等形式实现多元化，在支出上引进企业进行市场化运作并组织社会监督。可以预期，森林生态服务市场将在各国不断成长。

　　政府应主导生态服务市场的构建，并为其提供良好的运行环境。

　　一是组织科技力量进行系统研究，形成多数人认可并且较为完善的生态资产评估标准，科学地规定交易量的测定方法，制定合理的定价体系。由于森林服务本身具有无形性、多效性和区域差异性，对其进行准确的计量评价有一定的难度。环境保护部南京环境科学研究所

---

　　① 王文英、刘丛丛：《森林生态服务市场的构建及运行机制研究》，《中国林业经济》2012 年第 1 期。

主持的"中国生态交错带生态价值评估与恢复治理关键技术"项目，构建了包括生态资产占有、耗损、流转在内的区域生态资产评估技术方法与核算框架体系，为指导全国各地编制自然资源资产负债表提供了科学依据。

二是通过立法建立明晰合理的产权制度安排，构建起有利于生态服务投资的激励机制，鼓励私人部门进入生态服务市场。

三是制定财政、验证、监督、咨询等体系来保证市场机制的有效运行。例如，森林经营者往往面临着自然环境风险、政策风险、市场不确定性而导致的风险以及技术风险、资金风险等。因此，引入森林商业保险制度能够显著地分散营林风险。

四是政府直接参与到市场之中，作为森林生态服务的购买人和市场支付机制的催化剂。在市场供求关系失衡等特定情况下，政府可以进入市场参与交易，从而影响市场价格，当然，这种参与应该是适度且谨慎的。

需指出的是，森林产权即使在最为自由化的国家里也是不完整的，森林等生态系统服务的市场化在全世界都没有完全实现。根据Landell-Mills（2001）[①]总结回顾，全球森林生态服务市场已有287个典型案例。然而，与森林作为生态资产和生态产品可能形成的巨大市场相比，287例交易实在是微不足道。生态服务的非竞争性、非排他性、正外部性等特征，以及生态服务产权问题、生态服务计价困难、交易成本过高等多种原因，使得森林生态服务市场缺失成为一个全球性问题。鉴于此，在努力构建森林生态服务市场的同时，也须认识到其局限性，注重用其他手段来弥补其缺陷。

（三）以社区为基础的森林管理

1. 社区林业：林业治理的第三条道路

社会林业（social forestry）是20世纪70年代初在发展中国家兴起

① Landell-Mills, N., Bishop, J., Porras, I., Silver Bullet or Fools' Gold—A Global Review of Markets for Forest Environmental Services and Their Impacts for the Poor. Instruments for Sustainable Private Sector Forestry Series. IIED, London, 2001. http://www.iied.org/enveco.

的一种新的林业经营形式，后来大多改称社区林业（community forest-ry）①。社区林业是森林良治（good governance）的一种手段，可以作为我国林业系统良治改革的切入点。②

传统林业项目强调规模开发、规模经营、集中连片、大户承包，实现最大的生物量生产，争取超额利润；主要采用行政和法律手段推行林业发展计划，用严格的技术和经济指标来衡量林业生产的成效。传统林业隐含的假设前提是，森林资源大幅度减少是因为农民大量利用木材修房、砍伐薪柴以及过度利用林下资源。因而，为了保护生态环境，必须禁止农民利用森林资源，实行森林的分类经营。尽管传统林业观重视了自然力量的约束，但其最大的弊端是忽视了林业活动的主体——社会行为，忽视了广大村民对森林的依赖和要求，无法实现林业"三大效益"的和谐。在发展中国家造成的后果是，一方面，社区居民参与很少，社区居民不能采集非木材林产品，村民或社区的土地退化严重；另一方面，政府管理森林资源困难，政府投入难以维持。

美国新制度主义政治学的带头人之一埃莉诺·奥斯特罗姆（Os-trom，2010）通过对公共资源私有化和政府管制的反思，从理论和实证的角度阐述了运用非国家（集权）和非市场（私有化）方案解决公共事务的可能性，认为"人类社会中的自我组织和自治，实际上是更为有效的管理公共事务的制度安排"。③ 千百年来的实践表明，当森林成为周围居民社会、经济、文化的一部分的时候，森林就得以持续和

---

① 国外文献中和在实践层面对社区林业有多种称谓。按林业经营的主体类型不同，称为"村社林业"（village forestry）、以社区为基础的森林管理（community-based forest manage-ment）、"集体林业"、共同林业、"农户林业"（farmer's forestry）、"农场林业"（farm forest-ry）；按经营目的的不同，称为"为地方发展的林业"（forestry for local development）、"农村发展的林业"（forestry for rural development）、"乡村林业"（rural forestry）；以群众参与性为特征来表述，称为"参与性林业"（participatory forestry）、"联合森林管理"（joint forestry management），等等。

② 李维长：《社区林业在国际林业界和扶贫领域的地位日益提升——第十二届世界林业大会综述》，《林业与社会》2004 年第 12（1）期。

③ ［美］埃莉诺·奥斯特罗姆：《公共事务的治理之道》，上海三联书店 2003 年版，第 25 页。

保留；当森林成为外部发展的原材料和获利的商品时，森林就会减少和消退。因此，应把森林看作社区农民赖以生存的资源，看作社区农民社会、经济、文化不可分割的组成部分，而不是为商业利益进行掠夺式开发。

在 1978 年召开的以"森林为人民"为主题的第八届世界林业大会上，"社会林业"概念被正式确认。之后，许多国家的林业重点从传统的生产性林业转移到以农村综合发展为主要内容的林业活动上。在国际上，以社区为基础的森林管理有两大趋势：第一，国家以法律形式确定或保护社区或原住居民对林地的传统所有权；第二，国有林在所有或经营管理上逐渐社区化或私有化。与 20 世纪 80 年代相比，超过 2 亿公顷森林的权属不同程度地向地方社区和组织进行了转移。[①]越来越多的政府要求木材采伐公司拿出一部分利润，以效益补偿的形式专门用于当地社区的发展。以社区为基础的森林管理作为政府和市场之外的第三条道路，得到了世界各地森林、渔场、牧场等案例的验证。[②]

社区林业的最重要特点是突破了传统林业局限于生物技术领域的现状，突出了人的主体性和社会性，从以技术为导向(technology-dominated)转变为以人为导向(people-centered)[③]，从严格限制社区居民进入等强制性方法转向社区参与等开放、民主的方法。具体区别如下：(1)传统林业认为，森林以生产木材为主要目的，林业部门作为国家的一个产业部门，往往以完成国家下达的造林计划和需要的商品材为目标，忽略社区居民与森林广泛而又密切的联系，甚至把社区居民排除在森林之外。社会林业把森林视为社会生态系统，不仅注意增加森林的数量，提高森林涵养水源的能力，增强生态功能，而且不断为人

[①] White, A., Martin, A., Who Owns the World's Forests? Forest Trends, Washington DC, 2002.

[②] Ostrom, E., "Beyond Markets and States: Polycentric Governance of Complex Economic Systems," *The American Economic Review*, 2010, 100(3): 641–672.

[③] Wainwright, C., Wehrmeyer, W., 1998, "Success in Integrating Conservation and Development? A Study from Zambia," *World Dev.*, 26(6): 933–944.

类发展提供食物、能源、建材、饲料，促进社区经济发展和提高人们生活质量。二是传统林业是单一的部门办林业，林业部门孤军作战；社会林业的主体是社区村民、政府和其他利益团体，是多部门、多元化的林业活动。三是传统林业往往靠行政组织的权威性，林业的生产经营活动是单一的政府行为，居民是在行政组织指挥下被动地从事林业生产活动。社会林业充分尊重当地村民的意愿，村民参与林业计划、决策、经营与管理，村民参与林业活动的直接目的是获得长远利益和近期利益。可见，社会林业是民众直接参与并直接受益、摆脱贫困的林业①（参见表 2 - 4）。

社区林业的基本优点是，其一，有助于充分发挥社区居民保护森林资源的积极性，使其运用乡土知识、习惯法、乡村民约等宝贵资源，低成本地实现对森林资源的"社区保护"（community-based forest conservation）。按照林业经济学中的轮伐期理论，当林农"资源即财富"的意识达到一定程度时，可以把轮伐期无限延长，产生森林保护的自发动力。和全球化的现代性知识相比，地方性知识往往具有高超的先验生存智慧，是"大音希声，大象无形"。轮作农业、风水林等，是当地居民对其所处自然环境的认识，并经过了长期的实践检验，为当地资源的保护作出了巨大贡献。例如，在中国 56 个民族中，西双版纳傣族是具有栽培薪炭林传统的唯一民族。他们从不砍伐森林做薪材，却发展了一种叫"铁刀木"的人工薪炭林技术。这类人工薪炭林容易栽培、管理，便于采伐、运输、储存，使用时不需再加工，树干萌发力强，无病虫及动物侵扰的影响，木材易燃，热量大、用量节省。这种人工栽培薪炭林是傣族一项特有的传统栽培技术，为村民们普遍采用，成为傣族农业生态系统中的一个重要组成部分。其二，有助于满足乡村人口的基本需求，恰当、公正地分配利益，发展乡村经济，改变农村贫困面貌，遏制毁林动机，促进林业与农业协调发展，促进社区可持续发展。

---

① 杨顺成：《发挥社会林业的扶贫效能》，《林业与社会》1995 年第 6 期。

表 2 - 4   社区林业和传统林业的区别

传统林业	社区林业
集权管理	分散管理
收入取向	资源取向
生产导向	可持续发展导向
单一产品	多种产品
目标驱动	过程导向
单一决策渠道	参与式决策过程
惩罚规则	能力规则
控制农民	扶持农民
部门控制	农民参与机制
自上而下	自下而上
宏伟的蓝图	可行的计划
利用	更新
过程简单	过程复杂

　　将森林交给社区管理，有两种模式：一是利益分享模式。它是指由政府控制权力，得到当地人合作的模式。社区居民一般通过当地社会服务机构，从森林中获得利益和获得就业机会。另一种是权力分享模式。这是指政府减少对当地社区的控制，并且将一部分权力移交给当地社区，帮助当地社区在其管理的土地上或森林中获得生活来源和增加收入。实践证明，这两种模式最终都提高了当地社区居民的生活水平，但只有后一种分权模式才能使当地社区更好地保护森林和维持生计。

　　目前，在南亚、东南亚、非洲、拉丁美洲，社区林业得到了大力倡导。印度把社区林业作为国民经济总体发展规划的重点工作之一，林业局免费提供苗木、肥料和技术，林业工作者采用多用途且速生的树种，施行混交密植、短轮伐期（或中短轮伐期混合配置）和集约经营。人工林在头五年多由林业局雇护林员负责管护，抚育工作则雇农民进行，一般在造林五年后将人工林移交给附近的村委会管护。印度的社区林业在造林时多以薪炭材树种为主，在一定程度上缓解了"薪炭林危机"，减轻了因过度樵采所造成的毁林现象，对于保护农田、改善生态环境、提供就业机会、增加人民收入等起到了显著作用。①

---

①　李维长：《社会林业促进印度林业与乡村经济综合发展》，《世界林业研究》1991年第 1 期。

在 1988 年以后，印度逐步在全国建立了联合森林管理（Joint Forest Management，FJM）机制。政府将部分已退化的国有森林的权属转让给社区，鼓励地方社区自主管理，改善退化的森林。经过一段时间的经营，政府得到了恢复活力的森林、基于木材及其他资源生产的财政收入，而社区则可以进入原来明令不许他们进入的森林采集非木林产品，还可从木材销售中得到应得的份额。① 又如，韩国被联合国列为 20 世纪森林绿化的成功典范之一，其经验在于社区林业理念的贯彻。韩国政府在治山绿化运动中把国土绿化和增加收入联系起来，大力营造板栗、核桃、枣树、甜橙、木瓜、洋槐等绿化和经济兼用树种，把速生树与慢生树比例定为 7∶3，通过实施"全村育苗""全村共同植树"事业，确保优良树苗的成活率，解决烧柴问题，增加农户收入。

2. 我国应推行社区林业

新中国成立后，我国林业发展大体上推行了德国和苏联以木材为中心的经营模式和以自然科学技术为主导的森林经营管理体系，国家投入大量资金来植树造林和保护森林资源。其优点是便于发挥政府提供公共产品的组织优势，但其弊端也是明显的。一是忽视了林业与其他行业尤其是农业发展的交互影响，忽略了农村社区和广大民众的智慧和力量，导致农民从事林业生产经营不积极。由政府组织规划、实施的林业项目，大都采取高度集中的"自上而下"的决策，这种决策多倚重于宏观、全局、长远利益，往往忽略微观、局部和近期利益。比如实施荒山造林项目，在国家总体规划和省、县总体规划的基础上，以林业工程技术人员为主，乡、村干部协助，划定造林范围、选择树种、规定抚育管护措施等。通常可以看到，在 1000 亩地块以上的范围，林业技术人员规划相同的造林树种。但是，在这么大范围内，林地的权属可能是不同的，不同农户对林木的需求和愿望不同，统一造林不能满足其愿望。二是对森林进行消极保护，认为保护就是

---

① Behera Bhagirath, Engel Stefanie, "Institutional Analysis of Evolution of Joint Forest Management in India: A New Institutional Economics Approach," *Forest Policy and Economics*, 2006, 8(4): 350 – 362.

原封不动。由于社区群众千百年来形成的不可持续的生产生活方式未得到改变，建立保护区后，农民生计与森林资源利用处于对立关系之中，造成森林资源丰富的地区贫困问题突出。三是成效低。在政府决策、上级组织、集中出工、产权共有的传统模式下，树栽下去后成活率如何就无人问津了，山区开发工程极可能搞成华而不实的"形象工程"甚至"腐败工程""豆腐渣工程"。在目前的工程造林中，存在着基层单位用同一块样板地来应付上级检查的现象，也有基层挪用、截留专项资金的问题。

《中共中央、国务院关于加快林业发展的决定》指出，集体林业产权制度改革"不管采取哪种形式，都要经过本集体经济组织成员的民主决策"。通过集体林权改革，实现了所有权和承包经营权在形式上的"两权分离"，将集体林的使用权下放给农民，放活了经营模式。然而，政府的分权管理政策在地方和社区并没有得到真正贯彻，各地在执行政策时随意性很大，获取利益最大的往往是地方精英和某些中间环节，广大农户并没有从中获得多少利益，有时甚至助长了腐败的风气。①

社区林业概念自20世纪80年代中期从国外引入，在一些国际组织的支持下，各地开展了一系列社区参与及社区共管项目实践，证明社区共管可以作为建立发展协调型关系模式的一个有效途径。

因太行山植被减少，涵养水源的能力降低，80年代后期"华北明珠"白洋淀的水面逐渐萎缩以至干涸。90年代初期，中德合作的白洋淀上游集水山地生态造林项目被引入，这是河北省第一个以现金投入的外国无偿援助项目，也是河北省第一个在生态造林工程中引入参与式方法的国际合作项目。项目区包括唐县、易县、涞水、涞源四个县的几百个村。这些区域的山场大部分于1982年以后曾承包到户，政府提出过限期绿化的要求，但是除一小部分山场营造了一些林木以外，大部分山场仍荒芜如初。德援项目引入参与式造林方法，取得了

---

① 郭广荣：《森林分权管理规划及其应用前景》，《林业与社会》2004年第12（1）期。

"山青、水绿、人富"的多赢结果。

涞源县银坊镇合婚台村"项目计划研讨会"的实例，为我们提供了一个参与式造林的生动样板。在造林开始阶段，县项目办和村民就项目实施的有关问题进行讨论：（1）造多少林合适？县林业局项目办安排人工造林5000亩，封山育林2000亩，村民们经过讨论，认为可行。（2）村里目前存在什么问题？村民们认为缺少资金和树苗，项目办工作人员告诉村民，这是一个德国政府无偿援助的项目，树苗由他们统一发放。村民们对此表示满意。（3）怎样做具体的规划设计？大家提议：采用农户申请和村委会讨论的方式确定造林户，谁有积极性谁就参与；首先确定按地块面积划分小班，然后按小班划号落实到户主。关于栽植树种的讨论最为热烈，经过充分酝酿，大家一致决定栽植山杏、刺槐、油松、侧柏等。（4）存在林牧矛盾吗？村里在造林前有几户养山羊，养羊使农户获得了经济收入，但山羊对山上植被的破坏却是严重的。村民一致的意见是制定《村规民约》，不允许进项目区放羊，如果养羊就采取舍饲。① 参与式项目为县乡林业技术员、村干部、农民、养羊户提供了一个自由发表见解和意见的平台，通过官员、技术人员与村民的平等协商，有助于建立融合的干群关系和诚信关系。

涞源县下北头乡杨家川村是一个有174户人口的小山村。1999年，该村被列入"德援"项目区，开始进行参与式造林。为保质保量地完成造林任务，他们在县乡村干部的帮助下，对1202.7亩山场进行踏查，并规划出了10个小班。通过宣传动员、召开村民代表会和村民大会，有76户要求承包荒山。大家讨论后决定采取"抓阄"的办法来选择承包户和承包的地块。经过广泛的发动和酝酿，群众开发荒山的热情很高。后来以每个小班5—6户为一组，吸纳了50多户农民进山造林。

事实证明，我国一些地方试点的参与式林业项目极受农民欢迎，

---

① 冯小军、张晓光、陈占辉：《"参与式"是山区开发提高成效的切实选择——对中德合作河北省造林项目的调查与分析》，《林业与社会》2002年第5期。

见效明显，原因就在于激发了农民自主参与、自我管理的积极性，并且通过健全技术服务网络，提高了造林成活率和保存率，提高了农民自我脱贫的能力。目前，社区林业带来的"赋权与创新"，大多是在国外（国际组织、非政府机构）援助项目中体现出来的，而在政府实施的林业项目中仍然罕见。当前存在的社区集体经营、农民个体经营、合作经营等组织形式，或者缺乏受广大社区成员拥护的组织管理机构，或者缺乏切实可行的管理制度或乡规民约，许多社区没有从森林资源管理中受益。此外。国外的参与式扶贫方法在引入我国的过程中也暴露出一些问题。由于中国特殊的国情与社会结构，乡土社会对"参与式"方法产生了"抵制"。参与式发展理念，实质上是要求平等和均衡的权力结构、社会关系结构，而这在中国乡土社会中很难实现。乡土社会中的个体是在重重力量与关系包裹下的个体，而西方社会中的个体则没有受到什么结构和社会关系的裹挟。因此，参与式理论及其方法在中国需要进行"本土化"改造。如何形成社区群众自我组织、自我发展、自我服务的社区林业发展机制，彻底改变农村贫困现状，成为亟须探讨的新课题。

　　未来我国发展林业的道路要从传统林业向社区林业转轨，要把林业纳入乡村发展的总体规划中。[①] 环首都地区林业建设的主战场将转向广大农村，剩余造林绿化的地区具有点多、面广、线长、作业分散的特点，并且管护任务远比造林任务繁重。再有，现有的森林多分布在边远山区，群众的生活相对贫困，对森林的依赖性较大。要保护好现有的森林，就必须解决当地群众的生计和发展问题，变"要我护林"为"我要护林"。以上因素决定了环首都地区必须把工程造林与社区造林相结合。一方面，为了给京津冀地区协同发展提供生态支撑，要继续开展"三北"防护林系统、京津风沙源治理二期等造林和水源涵养工程建设，京津保城市间生态过渡带等重点地区绿化工程，张家口坝上退化林分改造。另一方面，森林资源的经营和保护将

---

① 杨从明：《关于社区林业在中国发展的再认识》，《林业与社会》2004 年第 2 期。

更多地依靠林业社区本身。

借鉴社会林业的理念和国际经验，环首都经济圈应从以下几方面改进林业经营的思路：

首先，政府部门、科研人员要转变观念，由过去的"为乡村及群众管理森林"转变为"和乡村群众共同管理森林"，由官办林业走向民办林业。林业管理部门要积极介入社区林业发展，并给予政策、财政和组织上的支持。一是落实社区群众的经营自主权，做到"七权"到位（知情权、发言权、决策权、实施权、经营权、使用权和所有权）。社区林业发展的核心是当地不同利益群体的积极参与过程。应以民主和赋权为主要内容，创造条件使林农以主人翁的姿态参与到项目决策的全过程中来，在充分了解项目经营形式、投资标准、劳务费补贴金额等信息的基础上，自主决定是否参与项目、自主选择造林类型和树种、自主决定参与的造林面积（详见表2-5）。二是落实社区群众的收益分配权。为此，要在积极保护森林资源的基础上开展灵活多样的生产活动，实行牧林结合、农林间套种、大力发展立体林业，国有森林资源附近的社区群众也有权参与和其生产生活相关的一切森林资源的经营管理活动并从中受益。

表2-5　　　社区林业评估法与传统造林设计法的主要不同点

传统造林规划设计	社区林业评估法
单一的发展模式，大规模生产木材，长轮伐期，同龄林经营模式	多样化的发展模式。除生产木材外，还生产其他林副产品，并发展养殖业
"自上而下，层层落实"的工作路线，由行政组织作出决策	"自下而上"的工作路线，以农户为主导，与项目管理者共同作出决策
规划设计完全由政府包办代替，没有群众参与，无法调动群众的积极性	农户直接参与到规划设计中来，既是执行者又是受益者，将项目当成自己的事办
规划前的调查以参考老旧资料为主，不进行现场勘测	综合参考旧资料、访问农户，结合现场勘测的自然地理条件等
收益分配不落实，尤其是集体荒山造林，多由领导决定	与农户协商确定收益分配比例，农户意见得到充分表达

资料来源：参考许正亮、李新贵等《试论世行贷款贫困地区林业发展项目建设》，《中南林业调查规划》2001年第4期。

其次，大力培育农村社区自治组织。社区林业通常以社区作为基本的森林决策和管理单位，其核心是社区的集体行动和地方制度。[①]"社区"是指由同质人口组成、关系亲密、守望相助、具有人情味的一个团体，且这个团体多是在长期的社会生活中自然形成的。[②] 农村社区不仅是一个地域概念，而且是农民生产的承载体和生活共同体。要带来森林的良好管理和生计改善，就必须发挥民众的力量，通过组建合作社、扶植林业科技示范户等方式，探索有效的林区自治组织，既突破计划经济体制下开发荒山时群众"出工不出力"的问题，又避免了家庭经营中出现的"自己干，无人管"的问题。

最后，通过工程实施，建立一体化的产业发展体系，拓宽封山禁牧之后农牧民的就业门路和收入渠道。为解决烧柴问题，要大力推进农村和牧区的能源革命，把农村能源转到天然气和沼气上。不解决人民的长远生计问题，林草资源还是得不到保护。

社区林业也存在若干制约因素，包括产权不清、分配机制不明确等。[③] 此外，尽管当地人对他们使用的非木材林产品的种类、分布、生境和生长规律等具有丰富的乡土知识，但往往对森林生态系统的演替规律缺乏足够的知识，特别是由于历史上森林资源的丰富，他们有可能把森林看作无穷无尽的资源库而毫无节制地开采，导致一些市场销售较好的资源趋于枯竭。因此，加强对农户的培育和培训是开展社区林业必要的配套措施。

（四）混合治理

生态恶化的主要原因是人类的掠夺性生产经营行为，其制度根源是外部性和与此相关的市场失灵，包括产权制度模糊、价格扭曲、市场缺位。由于委托代理关系的复杂化、地方政府及其官员的自利性选择，政府政策失灵很明显，表现在公共物品供给的低效率、寻租腐败

---

① Agrawal, A., Gibson, C., "Enchantment and Disenchantment: The Role of Community in Natural Resource Conservation," *World Development*, 1999(27): 629~649.

② 滕尼斯：《共同体与社会》，林荣远译，商务印书馆1999年版。

③ 刘璨：《国外社区林业发展新动态》，《林业经济》1998年第4期。

等现象上。实践表明，由政府单中心建设生态·经济双优耦合系统模式逃脱不了失败的厄运，单一的市场、社区机制均不能解决复杂多样的自然资源问题，这推动了多中心治理的兴起。

马克思说过，人们追求和奋斗的一切，都同他们的利益相关。美国学者曾提出"政治林业"（political forestry）概念①，意即森林资源的开发利用决策和实施过程，是不同利益群体的博弈过程，如同政治行动一样。尽管所有相关群体都认同应该保护优美环境，但不同的人群或组织对保护目标的理解是存在差异的。比如，社区群众与林业主管部门对保护目标的理解明显存在差异，即使在同一群体中，由于文化、知识、传统、经验以及对资源利用需求的不同，对保护目标的认识也不尽相同。基于对这些差异的认同，在自然资源管理中应倡导不同利益群体、部门和个人共同平等的参与性，尽量通过协商和交流取得共识，而对差异则给予柔性管理空间。这种多样性和灵活性能够保证不同群体或组织对整个保护过程的主动参与和透明、公开、公正的相互监督。实际上，构建生态服务市场的原动力，正来自于环境保护或管理所产生的利益和成本分配的不平衡。② 生态产业化的过程，也是一个利益再分配的过程。生态产业化道路需要由政府、企业、林农、中介组织、非政府管理组织等多个利益相关群体共同践履，只有混合治理机制才能保证各群体充分协商，实现利益共赢。联合国1997年的报告《分权化治理：强化以人民为中心的发展能力》概括了追求善治的15项核心理念，包括公民参与、依法治国、政府透明性、回应性、授权、责任、生态环境的考虑、合作伙伴、以社区为基础等，体现出多中心治理的鲜明特点。③

在实践中，越来越多的混合治理机制产生了，如政府与市场的公私伙伴关系、政府与社区的共同管理、市场和社区的合作伙伴关系

---

① 沈照仁：《再谈美国木材生产、自然保护之争与林业发展道路》，《世界林业研究》1994年第6期。

② UCN, Rina Maria P. Rosales, Payments for Environmental Services and the Poor, 2002.

③ 孙柏英：《当代地方治理》，中国人民大学出版社2004年版，第27页。

等，以发挥多种机制的协同作用。① 例如，社区林业并非由社区群众
"占山为王"，而是要由外来项目开发人员与当地人民群众建立起密
切的伙伴关系，变封闭的单一管护型为开放式的多种经营型，通过政
府引导、企业兴办、科技催化，把生态和经济目标统一起来。

　　森林认证是一种典型的混合治理机制。它既是一种由非政府组织
主导的、市场驱动的管理工具，同时也融入了私营部门、公众和政府
的参与，从而有效促进了森林生态资源由政府直接监督管理向政府和
社会共同监督管理过渡。首先，消费者在市场上以较高的价格购买经
认证的绿色木材或林产品，间接地支持了森林经营与保护。其次，大
型企业对社会责任的主动承担，有助于提高林业管理质量。调查显
示，森林经营者在开展森林认证过程中所作的改进比其他利益方所认
识到的更多。认证企业也借此实现了经济利益，比如，突破林产品贸
易所形成的"绿色壁垒"，获得高于普通林产品的环境溢价或提高产
品的非价格竞争力，提升企业的品牌形象。② 最后，森林认证有助于
取得积极的社会效益。森林认证有关条文规定，通过认证的企业必须
优先雇用本地员工，妥善安排和优先雇用弱势群体；尊敬本地居民的
传统文化和礼仪，密切开展与本地居民的交流、合作和对话；扶助社
区集体林业的经营管理等。因此，森林认证促进了当地社区和其他利
益方的传统和法定权利的保护，改善了认证企业与当地社区的关系，
保障了企业内部职工和劳动者权益。③

　　归根结底，林业生态的多样性要求有多元化的治理主体和治理
机制。

---

　　① Lemos Maria Carmen, Agrawal Arun, "Environmental Governance," *Annual Review of Environment Resources*, 2006(31): 297 – 325. Visseren-Hamakers J. Ingrid, Glasbergen Pieter, Partnerships in Forest Governance, 2007, 17(3): 408 – 419.

　　② Nelson, John, Protecting Indigenous Rights in the Republic of Congo through the Application of FSC Standards in Forest Plans: A Review of Progress Made by Congolaise Industrielle des Bois (CIB) against FSC Principles 2 and 3. Forest Peoples Programme. 2006, http://www.forestpeoples.org/documents/africa/cono_ cib_ prog_ rev_ jan06_ eng. pdf.

　　③ 徐斌:《森林认证对森林可持续经营的影响研究》,《中国林业科学研究院学报》2010 年第 2 期。

小　结

生态产业化是指将生态环境的开发与利用作为一个产业来发展，通过以生态资源服务价值为核心的产业整合，构建生态服务型经济，以增强生态产品的供给能力。森林生态产品是以经营森林生态系统为社会提供的、能满足生态需求的有形和无形产品的总和。

我国是世界上人均生态服务最为稀缺的国家。为了提高生态产品的供给能力，需要大力发展生态产业。吸收国际上的多功能林业理念，我国林业发展的目标与重点已由木材生产转变到生态林业和民生林业。在市场经济条件下，把生态公益林营造与市场机制衔接起来，必须走生态产业化道路，也就是在生态建设活动中引入社会化生产和市场化经营，以便更好地发挥生态公益林与经济林各自的主体功能，实现对森林资源的永续利用。

生态产业化的经济学本质是生态资源资产化，特别是生态资本运营的过程。在"人化的自然"系统中，生态服务靠自然力和人为要素的投入共同实现。林地、林木资源的所有者把森林资源及其拥有支配权的生态系统当作资本对待，投入物质资本、人力资本等要素，生产出更多的生态产品，以满足消费者的生态需求。R. Costanza（1997）开创的生态系统服务功能理论、弗里德曼开创的公共服务市场化思想以及由此衍生的自由市场环境主义等理论，新公共管理、多中心治理等理论，为生态产业化提供了理论支撑。

生态产业化的顺利实现，其前提是解决好"谁投资、谁经营、谁管理、谁受益"等根本性问题。为此，应制定鼓励非公有制林业发展、支持全社会办林业的有力政策，构建多元经营主体（农民及其自治组织、营林企业、加工企业、地方政府等）相互协作、共同支撑的混合治理机制，特别是要完善社区林业，实现林业产业链各环节均衡发展和价值链增值。

在市场经济条件下，林业企业和农民（户）是森林经营的主体，受经济理性的支配，必然追求近期利益最大化。因此，一方面，制度安排必须以"经济人假设"为前提，紧紧围绕利益杠杆，激励市场主体，合理经营、利用森林资源。另一方面，资本的逻辑和生态的逻辑存在天生的矛盾，因此必须制定科学、合理的生态安全准则与监管机制，避免市场化以后可能造成的负面生态影响。

第三章

环首都地区林业生态
产业化的实践

　　要使单纯的部门林业变为真正意义上的社会林业，强化村民对林业经济的依赖性，其根本途径在于实现林业开发体系的多元化，经营机制的多样化，推进林业生产的社会化。本章从调整林业产业结构、发展社区经济角度，总结环首都地区已取得的经验，剖析典型案例，探索生态产业化方向和模式，以便促进环首都地区建成"生态产品价值实现的先行区"。

第一节　环首都地区林业发展概况

一　环首都地区林业建设规划与政策目标

　　据史料记载，历史上环首都地区曾经林草丰茂、山清水秀，但经过多个朝代的战乱和毁林开荒，由林草丰茂的牧场变成荒原和沙滩。到新中国成立前，张家口市森林覆盖率仅为3%。新中国成立后"以粮为纲"的错误导向，进一步加剧了林木的破坏。20世纪80年代官厅水库丧失饮用水源功能以及连续几年沙尘暴肆虐，使得生态安全被确立为京津冀都市圈发展的优先目标。中央和各省市持续加大生态建设和恢复力度，京津冀区域生态合作也迅即启动。

　　从80年代起，国家计委先后在环首都地区实施了《河北省京津周围绿化重点工程（"再造三个塞罕坝林场"）》项目，1999年开始实施京津风沙源治理工程，2001 年开始启动为期十年的防沙治沙六大工程。为了保证北京市在南水北调之前的用水，经国务院批准，实施了《21 世纪初期（2001—2005 年）首都水资源可持续利用规划》项目，在河北、山西等北京上游水源地实施水土保持、节水、防治污染、建设生态农业经济区等项目。2009 年 7 月，"京冀生态水源保护林建设和森林保护合作项目"启动。计划自 2009—2011 年，北京市共投资 1.5 亿元，其中 1 亿元用于在丰宁、滦平、赤城、怀来四县营造生态水源保护林 20 万亩，其余资金用于丰宁、怀来等九县森林防火基础设施建设和设备配置，三河、涿州、玉田等 12 市县（区）林木有害生物防治设施建设和设备购置。《京津冀协同发展规划纲要》提出加大密云、官厅两水库上游重点集水区生态保护和修复支持力度，加快荒山治理进程，重点推进环京六县绿化建设，到"十三五"末期完成规划 100 万亩的造林任务，建成京津冀区域第一道绿色生态屏障。2016 年 6 月，京津冀三省市签署了《共同推进京津冀协同发展林业生态率先突破框架协议》。根据协议，到 2020 年，河北要完成造林 2100 万亩，森林面积达到 9850 万亩、森林蓄积量 1.71 亿立方米、湿地面积 1413 万亩，分别占京津冀区域总量的 89.2%、86.3%、85.5%、74.8%。

为配合中央和京津冀协同发展规划的落实，河北省先后出台了多个林业建设规划，其中环首都地区是重点区域。早在 2009 年，河北省委、省政府就提出"到 2020 年全省森林覆盖率达到 35% 的奋斗目标"。河北省"十二五"规划将森林覆盖率和森林蓄积量列为约束性指标，并开始对森林覆盖率净增量实施目标考核。组织开展了省级政府防沙治沙目标责任期末综合考核，促进了地方政府问责制的建立和完善。2014 年开始实施"绿色河北攻坚工程"，确定了"每年造林绿化 420 万亩、森林覆盖率增加 1 个百分点"的目标。2015 年，河北省全面启动环京津三个 100 万亩成片森林建设工程；启动《京津保平原生态过渡带工程规划》，范围包括保定市、廊坊市、沧州市所辖 47 个县（市、区），将打造集中连片、相互贯通的大型城市森林带，实现城市园林化、城郊森林化、道路景观化、村庄花园化，基本恢复湿地生态功能，为京津冀协同发展提供生态安全保障。到 2020 年，京津保平原生态过渡带森林覆盖率将由现在的 11.84% 提高到 25.59%，林木覆盖率将达到 28.55%。《河北省建设京津冀生态环境支撑区规划(2016—2020 年)》提出，到 2020 年，河北省生态环境质量要明显好转，重要江河湖泊水功能区达标率达到 75%，森林覆盖率达到 35%；到 2030 年，生态环境质量得到显著改善，建成人与自然和谐相处、山清水秀的美丽河北。

环首都各市也提出了自己的政策目标。例如，到 2015 年，张家口市森林面积达 2046 万亩，森林覆盖率从 2000 年的 20.4% 达到 37.05%，荒漠化土地和沙化土地面积分别比 2000 年减少 575 万亩和 196 万亩。按照《张家口市多种树工作方案》，2016—2022 年计划实施人工造林 678.04 万亩、中幼林抚育管护 863 万亩、封山育林 82.05 万亩；到 2022 年冬奥会举办时，森林覆盖率提高到 50%，其中坝上达到 35%，坝下达到 65%。同时，加快恢复被矿山破坏的山体和植被，确保 5 年内基本实现"无矿市"目标。

二 环首都地区林业产业化历史回顾与现状

环首都地区森林资源的培育，长期以来以工程造林为主要方式。在我国六大林业重点工程中，河北省涉及五大工程，其中张承地区是退耕还林和京津风沙源治理工程的重点地区，也是"三北防护林"工程的核心区。

计划经济体制下环京津生态建设所取得的成就，在很大程度上靠的是冀北地区政府对"植树造林、屏障京津"的重大政治责任和历史使命的自觉承担。

作为世界四大防护林体系之一的"三北"防护林工程，被吉尼斯总部确认为"全球最大的植树造林工程"。它在一定程度、一定时期和特定区域取得了一定的成果。但是，在营造人工防护林的同时，原有植被却遭到空前的破坏，使得工程的整体效益和长远效益堪忧。张家口及承德地区坝上监测范围内的沙漠化土地比率，由 1975 年的 14.8%，增加到 1987 年的 25.56%，年增长 4.66%。[①] 究其原因，一是工程本身超出了当地水资源承载力；二是生态与经济协调机制的缺位。早期的"三北"防护林工程建设是计划经济体制的产物，采取国家补助、地方配套、民众出工的组织方式。由于资金短缺，在实践中被演绎为国家号召、政府组织、农民白干，不但没有对失地农民进行补偿，而且造林后产权不归其所有，也没有优惠资金和政策来支持农民管护森林，广大农民对生态工程建设的积极性不高，造成"边造林边破坏"。

从 1986 年起，"三北"工程提出了建设生态经济型防护林体系的指导思想，改变了单一生态型防护林建设的格局，以干鲜果品为主的经济林成为优先产业，为实施生态产业化培育了资源基础。但一家一户的生产经营格局难以抵挡市场风险，农民增产不增收的现象时有发生。1997 年，"三北"工程提出了生态建设、商品林基地建设和产业建设"三个轮子"一起转的发展思路，成立了"三北"防护林工程商品林协会，为商品林生产提供产前、产中、产后服务。为解决"三北"防护林四期工程(从 2001 年开始实施)原动力不足的挑战，国家林业局的工程师刘冰等提出生态产业化的倡议。

2000 年春天，华北地区连续 12 次发生较大的浮尘、扬沙和沙尘暴天气，北京首当其冲。在此背景下，建设"京津风沙源治理工程"迅即启动。京津风沙源治理工程是全国生态建设领域的标志性工程，五大基本制度——领导负责制、项目法人制、项目招投标制、项目监理制和资金报账制，构成了支撑工程建设的核心制度体系。河北省委、省政府在京津风沙源工程启动之初，就把生态治理和群众脱贫致富相结合，在张家口实施了以牧业为主的脱贫致富战略。在项目区加大基本草场的建设力度，推广灌草间作、林草间作，将传统放牧养殖

---

① 张力小、宋豫秦：《三北防护林体系工程政策有效性评析》，《北京大学学报》(自然科学版)2003 年第 4 期。

的山羊替换为肉质、毛质好且产羔率高的舍饲小尾寒羊,年饲养量达250多万只,不仅促进了草畜转换,还拉长了产业链条。

2000年春,退耕还林工程在张承坝上地区试点,2002年在河北省全面展开。退耕还林工程的实施,使"十五"时期成为河北省历史上造林绿化投资最多、规模最大、速度最快、质量最好的时期。各地把退耕还林工程当作"药引子",着力启动"自主的生态工程",社会各界投资林业的积极性空前高涨。退耕还林工程是有史以来实施的涉及面最广、政策性最强的国家重点生态工程,被公认为民心工程、德政工程。为解决退耕户的吃饭、能源、增收问题,保障退耕户的当前和长远生计,2008年,多部门联合制定了《河北省巩固退耕还林成果专项规划》,建设基本口粮田、户用沼气池、太阳灶、小水电,进行生态移民、林业基地建设、棚圈建设、设施种植、抚育经营、补植补造。

从80年代开始,各地通过推行拍卖、承包、股份合作制、租赁经营、反租倒包、以树入股、土地置换、交绿化押金等多种营造林机制,积极鼓励、支持和引导非公有制林业建设。其中,承包制在治理"四荒"地和经济林建设过程中的应用最为广泛;滦平县火斗山乡边营村将集体治理开发的2万亩经济林拍卖给北京部队空军某部经营管理,对分布散碎、立地条件较好的宜林"三荒",则先拍卖给家庭农户后再治理;股份合作制具有较强的示范带动效应,譬如隆化县5个农民组成股份制果园。从投资渠道看,非公有制林业投资主体既有本地的也有域外的(即外县市、外省),域外开发(社会化开发)的案例有上海三昶公司在保定易县、唐山鞋城和北新集团合股在青龙县治理荒山等。自1997年以来,随着国家重大林业生态建设工程的实行,环首都地区林业民营化进入新高潮。民营林业把宜林"三荒"使用权转变为经营资本,把原本不能利用的荒山资源开发成了聚水、保土、增肥的高效经济园。过去不少由集体"年年造林不见林"的低效林地,由个体承包后,往往能一次造林成功,并且通过科学经营,产值、效益成倍增长,拓宽了增加农民收入的渠道。目前,"三北"

防护林工程新造林90%实现了民营化；京津风沙源治理工程培植和吸引了一大批个体、非公有制经济成分投入工程建设；河北省已经实施的63.13万公顷退耕地还林，全部为民营林，荒山匹配造林中90%以上为民营林，[①] 河北省依托退耕还林工程发展百公顷以上造林大户1.15万，先后有162家企业参与工程建设，吸引社会投资达25亿元。

经过多年多方努力，环首都地区初步形成了网、带、面、点相结合，乔、灌、果、花、草相搭配，城镇、乡村绿化相统一的比较完备的森林生态安全体系，林木以保障区域生态安全和水资源安全为主的公益林为主，按主导功能分为水源涵养林、防风固沙林和水土保持林、平原农业防护林、多功能经济林、城市森林、自然保护区和特殊用途林等主要类型；初步建成了森林资源培育、木材生产加工、龙头果品基地、花卉苗木基地，林下经济、生态旅游等较发达的林业产业体系；初步形成了林业宣传基地、义务植树基地、科普教育基地等生态文化体系的雏形，林业的生态、经济、社会、文化效益凸显。

2000—2014年，张承地区林业产值呈现出逐年递增之势，增长较平稳，张承林业产值年均增长率分别为19.56%、18.68%。2002—2011年，张承林业产值占生产总值比重呈现出递减趋势，说明林业产值的增长速度落后于国民经济的增长速度，从2012年起，林业发展与国民经济实现同步增长。

从林业产业结构看，到2014年，张家口市林业第一产业、第二产业、第三产业的产值分别为52.66亿元、22.58亿元、17.02亿元，林业三次产业结构为57.08∶24.48∶18.45；承德市林业三次产业产值分别为74.59亿元、54.59亿元、3.30亿元，三次产业结构为56.30∶41.21∶2.49（详见表3-1）。可知，张承地区林业第一产值占比均在50%以上，这是由林业属于大农业的性质所决定的。就林业第三产业而言，张家口市发展势头良好，但承德市变化不大。

---

① 马宁：《退耕还林十年在河北》，《河北林业》2011年第3期。

表 3 - 1　　　　张家口、承德市林业三大产业占林业产值比重　　　（%）

区域	产业	2000 年	2008 年	2011 年	2014 年
张家口	第一产业	98.1	60.2	58.1	57.1
	第二产业	0.8	33.8	28.8	24.4
	第三产业	1.1	6.0	13.1	18.5
承德	第一产业	81.6	52.9	54.0	56.3
	第二产业	13.2	45.1	43.0	41.2
	第三产业	5.2	2.0	3.0	2.5

　　然而，现有林业还远不能满足经济社会发展的多功能需求。与京津水源涵养区和生态屏障的区域定位相比，森林覆盖率仍偏低，还有大片荒山荒坡和沙化土地未得到有效绿化。山区生态林业存在着管理与规划不合理问题，[①] 防护林建设未与体系总体建设以及当地环境和相关产业予以综合考虑、规划，没能做到宜林则林、宜农则农以及将生物措施和工程措施相结合。现有森林的结构和功能并不理想。防风固沙林和水土保持林以人工林为主，结构单一，防护和生产功能都有待提高；经济林发展中存在着过分施用化肥农药而造成土壤污染和产品质量降低的问题，其生态功能亟须提高。

第二节　环首都地区林业产业化典型案例

一　塞罕坝林场多元化经营

（一）塞罕坝林场的发展历程

　　塞罕坝机械林场位于承德市境内，地处内蒙古浑善达克沙地南缘，是滦河、辽河两大水系的重要水源地。"塞罕坝"为蒙汉组合语，意为"美丽的高岭台地"。历史上，塞罕坝曾是一处水草丰沛、森林茂密、禽兽繁集的天然名苑，辽、金时期称"千里松林"。1681

---

　　① 智素平、李晓东、刘丽红：《河北山区生态林业发展的问题与对策》，《贵州农业科学》2010 年第 38(9) 期。

年，康熙在此设立"木兰围场"，塞罕坝是"木兰围场"的重要组成部分。《围场厅志》记载，此地"落叶松万株成林，望之如一线，游骑蚁行，寸人豆马，不足拟之"。据史料记载，自康熙二十年至嘉庆二十五年的 139 年间，康熙、乾隆、嘉庆共在木兰围场"肄武、绥藩" 105 次，康熙还即兴留下过一些诗句"……鹿鸣秋草盛，人喜菊花香，日暮帷宫近，风高暑气藏。"随着清王朝的衰败，同治二年（1863）对木兰围场进行开围放垦，大批流民涌入，肆意垦荒。后又遭受日本侵略者的掠夺采伐、军阀匪寇的劫掠和连年山火，使这里的原始森林荡然无存。到新中国成立时，这里已变成了黄沙肆虐的塞外荒原，推动着内蒙古沙地沙漠南侵，风沙紧逼北京。

为阻断京津沙源，涵养水源，1962 年，国家林业部决定在围场塞罕坝建设大型机械林场。建场之始，国家计委赋予其四项具体任务：一是建成大片用材林基地，生产中、小径级用材；二是提出"改变当地自然面貌，保持水土，为降低京津地带风沙危害创造条件"的 27 字目标；三是研究积累高寒地区造林和育林经验；四是研究积累大型国有机械化林场经营管理的经验。从第一代塞罕坝人服从组织安排上坝开始，三代塞罕坝人在极其恶劣的自然条件和生存环境中，艰苦奋斗、接力传承，目前已建成集生态公益林建设、商品林经营和林产工业、多种经营于一体的林场。先后获得"河北林业艰苦创业教育基地""再造秀美山川示范教育基地""中国最佳森林公园""中国最佳旅游品牌景区""河北最美的地方""全国先进国有林场""中国沙产业十大先进单位""全国科技兴林示范林场""国有林场建设标兵"等桂冠。

塞罕坝取得的生态成就表现在如下几方面：

首先，创造了从荒原"一棵松"到百万亩人工林海的绿色奇迹。塞罕坝林场林地面积由建场前的 24 万亩增加到 112 万亩，不但成为我国最大的人工林林场，而且创造了世界最大人工林的奇迹。森林覆盖率由新中国成立之初的 11.4% 增加到 2016 年的 80%，林木蓄积量由 33 万立方米增加到 1012 万立方米，扩大了 29.6 倍，如果把人工林按 1 米株距排开，可绕地球赤道 12 圈。

其次，生物多样性得到有效恢复，森林、草原、湿地、草甸相结合的完整生态系统正稳步形成。落叶松、油松、白桦、椴树、黄菠萝等乔木树种结构分明，错落有致，榛子、沙棘、柠条、火棘等灌木应有尽有。过去多年未见的动物，如野鸡、野兔、狍子、猞狸，也重现了踪迹。据统计，塞罕坝有陆生野生脊椎动物 261 种、鱼类 32 种、昆虫 660 种、大型真菌 179 种、植物 625 种，其中有国家重点保护动物 47 种、国家重点保护植物 9 种。[①] 2002 年 10 月，河北省政府批准在塞罕坝建立自然保护区，2016 年 1 月《塞罕坝国家级自然保护区总体规划(2016—2025)》通过省级专家评审。

再次，改善了区域小气候和当地生态状况。近十年与建场初十年相比，塞罕坝及周边地区年均无霜期由 42 天增加至 72 天，年降水量由 417 毫米增加到 530 毫米，6 级以上大风天数由 76 天减少至 47 天。当地旱灾及洪涝灾害明显减少，增强了周边农区、牧区防御自然灾害的能力，保证了当地农牧业的稳产增产。50 年来塞罕坝区域气温仅上升 0.2℃，显著低于全球平均气温上升水平。据测算，塞罕坝的森林每年可吸收二氧化碳 74.7 万吨，释放氧气 54.5 万吨，可供 199.2 万人一年呼吸之用，整个生态系统每年的总碳汇量约达 700 万吨。每年可释放萜烯类物质(一种具有较强生理活性的天然烃类化合物) 10475 吨；平均空气负离子含量 2000—3000 个/c 立方米，最高峰值浓度 84600 个/c 立方米，平均含量是城市市区的 8—10 倍。

最后，圆满完成了"为首都阻沙源、为京津涵水源"的重托。塞罕坝百万顷林海有效阻滞了浑善达克沙地南侵，为环首都城市圈构筑起一道坚实的绿色屏障。国家气象资料表明，20 世纪 50 年代，北京年均沙尘天数为 56.2 天。2002—2012 年十年间，北京春季沙尘天减少七成多。内蒙古监测资料显示，浑善达克沙地流动、半流动沙丘由

---

① 谭立勇、杨金文、刘飞等：《绿色发展 从风沙源到每年 120 亿元生态服务——探寻塞罕坝精神之四》，长城网，2017 年 7 月 11 日。

2001 年的 7120 平方公里减少到 4053 平方公里，沙地外扩之势得到基本控制。塞罕坝还滋养着滦河、辽河，每年为京津地区净化输送清洁淡水 1.37 亿立方米，[①] 保障了津唐、辽西地区居民的饮水安全。塞罕坝的历史也是一部泽被京津、造福地方的历史。

（二）塞罕坝林场的产业化经营

像其他大型国有林区一样，在国家财力有限的情况下，塞罕坝林区曾长期以木材生产收入为经济命脉。1983 年转入以营林为主、造林为辅阶段，开始探索多种经营之路。1998 年国家天保工程实施后，次生林改造、天然林抚育基本停止，国家在造林项目上的投资大量减少，林场的经济来源主要靠木材销售收入，木材生产年收入一度占总收入的 90% 以上。从 2012 年开始，塞罕坝林场大幅压缩木材砍伐量，每年的正常木材砍伐量从 15 万立方米调减至 9.4 万立方米，木材产业收入占营林收入的比重从 66.3% 降到 40%。塞罕坝机械林场营造的落叶松山地防护林，目前每亩造林成本是 1200 元左右，40 年后采伐收益每亩仅 2700 多元（按照目前市场价格计算），平均每亩年收益不足 70 元。在木材收入持续下降的同时，科学利用森林资源，重点培育生态旅游、绿化苗木和绿化工程等支柱产业，加之林下种养殖、利用石质荒山等场地为发展风电提供场所等生产经营模式，几项收入已突破亿元大关，占林场营林总收入的 60%，步入了绿色可持续发展的良性循环中。

据评估，建场 55 年来，国家投入和林场自筹资金累计约 10.2 亿元。目前塞罕坝资源总价值已达 202 亿元，投入产出比高达 1∶19.8。[②] 安长明（2010）采用年金资本化法[③]和立木价值法，对塞罕坝林场土地资产和物质生产资产进行了估价。[④] 塞罕坝机械林场现有森林资源资

---

① 陈宝云：《55 年，塞罕坝蓄木成海》，《燕赵都市报》2017 年 6 月 26 日。

② 樊江涛：《塞罕坝刷新的"三观"》，《中国青年报》2017 年 8 月 8 日。

③ 安长明：《塞罕坝机械林场土地资产和物质生产资产价值核算研究报告》，《河北林果研究》2010 年第 4 期。

④ 年金资本化法公式：林地地价 = 年平均租金/投资收益率。后者参照一年期存款利率及通胀率，采用 3%。立木价值法是一种高度简化的净现值法，假定贴现率 = 森林的自然生长率，这样对各种树龄的林木都同等对待。立木价值 = 当期立木蓄积量 × 立木价格。

产总价值 148.85 亿元，其中，以林地为主的土地资产价值占 29.8%，以林木为主的物质生产资产价值占 22.9%，以森林固碳为主的生态资产价值占 42.2%；"塞罕坝"品牌资产价值已达 7.43 亿元，占 5.0%。以现有森林资产为基础，在此后每年度，塞罕坝森林所提供的生产和服务总价值为 120.58 亿元，其中，物质生产价值占 2.5%，生态服务价值占 97.5%，生态服务价值约为物质生产价值的 39 倍。[①]

塞罕坝坚持"生态立场、营林强场、产业富场"的发展战略，将万顷林海划分为国家级自然保护区、重点公益林、国家级森林公园、商品林四大经营板块，实行分类经营、分区施策。依托繁茂的森林、清洁的空气和水源，催生出森林旅游、碳汇交易、矿泉水生产等众多绿色产业，实现了绿富双赢。塞罕坝的多种经营有以下方式：

一是森林旅游。塞罕坝风光被描述为"河的源头，云的故乡，花的世界，林的海洋，摄影家的天堂""每一个画面都是一首诗"。自 1992 年开始，自发而来的游客越来越多，塞罕坝因势利导发展旅游业。1993 年 5 月，塞罕坝国家森林公园获批组建，并确定了"以林建园、以游促林、多种经营、全面发展，最终实现以园养林"的目标，委托河北省林业勘测院编制了公园发展总体规划。1999 年 6 月，通过职工出资、林场出让森林景观经营权，成立塞罕坝森林旅游开发公司，旅游公司完全按市场运作，按岗位和效益兑现职工工资，解决了林场部分下岗职工和部分职工待业子女就业问题，林场职工成为股东，还可以分红。2010 年成功控股承德市属御道口草原风景区和红松洼国家级自然保护区两大旅游景区。近几年来，塞罕坝林场累计筹集资金 1.7 亿元，完善了"吃、住、行、游、购、娱"等旅游要素，围绕"皇家、生态、民俗"三大品牌，建成了七星湖湿地公园、木兰秋狝文化园、塞罕塔、金莲映日园、滦河源头等高品位生态旅游文

---

① 侯海潮等：《基于资源价值核算分析的未来森林利用取向研究——以河北省塞罕坝机械林场为例》，《河北林果研究》2012 年第 1 期。

化景区工程。公园内各类宾馆、度假村有 120 余家，日接待能力达到 1 万人次以上，延长了游客驻留时间，由过去的"一日游"变成"两日游"或"三日游"。同时，积极探索各种营销手段，进市场、进社区、进企业，使塞罕坝的知名度、美誉度、影响力不断扩大，旅游客源市场由京津冀及周边省份拓展到全国 30 个省（区、市）。塞罕坝国家森林公园年入园人数由 2001 年的 9 万人次，增加到现在的 60 万人次，年旅游直接收入由原来的 104 万元增加到现在的 6200 多万元。截至目前，公园累计接待中外游客超过 520 万人次，实现直接经济效益近 4 亿元，年均纳税 700 余万元，每年为社会提供就业岗位 2.5 万个，累计创造社会综合效益近 30 亿元，① 有力地拉动了景区周边乡村游和县域经济的发展。目前，塞罕坝正在努力建设集生态体验游、科普研学游、森林康养游、冬季冰雪游等旅游新业态于一体的世界知名旅游目的地。

二是将绿化苗木销售和绿化工程建设作为林场的第三大支柱产业。已完成绿化苗木基地建设 8 万余亩，培育了云杉、樟子松、白桦、油松、落叶松等多品种、多规格的大量优质绿化树苗。借助塞罕坝作为我国北方最大绿化苗木基地的优势，临近机械林场的河北、内蒙古农民"贴牌"塞罕坝取得了市场好收益。依托森林旅游、绿化苗木产业，塞罕坝林场每年提供临时社会用工超过 15 万人次，创造劳务收入 2000 多万元，带动了周边农民发展乡村游、农家乐、养殖业、山野特产采集和销售、手工艺品等产业，每年可实现社会总收入 6 亿多元，为助推脱贫攻坚和绿色发展发挥了重要作用。②

三是非木质林产品采集。塞罕坝作为全国乃至世界最大的人工林林场，有丰富的山野菜、食用菌、药材、花卉等非木质林产品。因其生长范围广、过于散生、采集成本高等因素，难以进行商品化管理，

① 赵云龙：《塞罕坝：践行"两山"理论 发展生态旅游》，《中国旅游报》2017 年 8 月 31 日。
② 国家林业局党组：《一代接着一代干 终把荒山变青山——塞罕坝林场建设的经验与启示》，《求是》2017 年 8 月 15 日。

多被附近农民自行采集销售，成为其家庭经济的重要组成部分，有的人家靠采集山珍年收入就达几万元。

四是积极加入碳汇市场。据中国碳汇基金会测算，塞罕坝林场有45万余亩森林可以包装上市，根据北京碳排放权交易市场价格，交易总额可达到3000多万元。[1] 2016年12月，塞罕坝林场总减排量为475万吨二氧化碳当量的造林碳汇和营林碳汇项目获国家发改委备案，是迄今为止全国林业碳减排量最大的自愿减排碳汇项目，其中18.3万吨造林碳汇已经挂牌出售。根据碳汇市场行情和价格走势估计，造林碳汇项目和森林经营碳汇项目如果全部上市交易，可为塞罕坝林场带来超亿元的收入。[2]

五是其他生态服务业。在塞罕坝百万亩林海中，随处可见松针落下形成的厚厚的腐殖土。精明的商贩将其收集起来，装在口袋中，摆上超市的货架，作为养花"神器"，一袋9.3斤，售价15元。[3] 源自塞罕坝的伊逊山泉在北京市场上，一吨售价4000多元，超过一吨粗钢的价格。在承德市举办的第十五届中国(承德)国际经济贸易洽谈会上，一款罐装650毫升、将7升空气压缩其中的"塞罕坝牌"森林空气吸引了海内外客商的关注。

(三)塞罕坝生态产业化的经验与启示

2017年8月，习近平总书记对河北塞罕坝林场建设者感人事迹作出重要指示，指出要持之以恒地推进生态文明建设，努力形成人与自然和谐发展新格局。在塞罕坝林场先进事迹报告会上，河北省委书记赵克志指出，塞罕坝是生态文明建设的一个生动范例，也是精神文明建设的生动范例。事实上，早在1998年，时任全国人大常委会副委员长的邹家华带队考察塞罕坝时，就提到要推广优秀经验，"再造三个塞

---

[1] 中共河北省委理论学习中心组：《大力弘扬塞罕坝精神 扎实推进生态文明建设》，《求是》2017年8月16日。

[2] 曹智：《塞罕坝造林碳汇项目获国家发改委签发》，《北京日报》2016年12月19日。

[3] 樊江涛：《塞罕坝刷新的"三观"》，《中国青年报》2017年8月8日。

罕坝"。1999 年，国家发改委批复河北省"再造三个塞罕坝林场"工程，在丰宁千松坝与围场御道口、张家口塞北三地建设大型生态林场，总面积 1520 万亩，其中造林面积 521 万亩。御道口与塞罕坝相邻，牧场原来以养殖牲畜、放牧为主，规划造林的时候采取林草带模式，既有林地又有草地，打草和放牧都可以用。仅仅 18 年，御道口累计造林 66.3 万亩，与塞罕坝林海已连接成片。从苗木育苗到种植、虫害防治，都和塞罕坝保持着技术上的沟通交流。截至 2016 年底，三个林场完成造林绿化 377 万亩，森林覆盖率近 50%，在首都之北挺立起了一道绿色屏障。根据 2016 年 11 月召开的河北省第九次党代会的部署，到 2021 年，张家口塞北、承德丰宁千松坝、承德围场御道口三个林场要新增造林面积 140 多万亩，森林覆盖率将提高到 72.84%。

弘扬塞罕坝精神，从生态产业化的角度应着重以下几方面的经验与启示：

1. 尊重自然规律。对塞罕坝地区宜林的科学判断，对造林主要树种的选择决策，对适于当地的造林方法和技术的不断探索，无不体现出塞罕坝人实事求是的科学精神。1961 年秋冬季节，时任林业部国有林场管理总局副局长刘琨带队在人迹罕至的塞罕坝进行了三天踏查，为我国北方第一个机械林场选址。策马行走多时，在红松洼的原野上觅得一棵 20 多米高的落叶松。由这棵落叶松，专家们反复论证，认为塞罕坝虽然平均年降水量只有 400 毫米左右，但由于海拔高，年平均温度低，蒸发量小，有可能支持大面积片林的生长。因此，20 世纪 60 年代在这个地方设场造林，是一个正确的决策。[1] 塞罕坝有自己独特的自然生态条件和社会人文环境，尽管其技术已开始向"三北"地区输出，但要复制其成功模式，必须因地制宜，克服排异反应。当前，适于发展连片大面积人工林的自然地理条件已不可多得。学习塞罕坝精神，要因地制宜建造人工林，就必须把重点放在提升和发展现有的国有林场上。

---

[1]　沈国舫：《学习推广好塞罕坝林场经验》，《河北日报》2017 年 8 月 28 日。

将科学合理的采伐作为科学经营森林的必要手段。塞罕坝国家重点公益林遵从"自我恢复、自我调控、合理干预"的原则，科学抚育，促进公益林优化更新。商品林坚持经营和保护并重、利用和培育并举的原则，按木材市场成熟理论和近自然理论进行集约经营，保持年采伐量不超过年增长量的1/4。同时加大造林绿化力度，加大中幼林抚育力度，着力解决人工林"过密""过纯"的主要矛盾。近几年来，塞罕坝一直在扎实推进"天然林近自然改培工程"。"改培"的提法做法来自塞罕坝人的创新，在林学教科书中是找不到的。过去对天然林改造通常采取"皆伐"之后再重新造林。塞罕坝人的改培则是采用"择伐"，将天然林中白桦树的优良单株留下，其他的选择性伐掉，然后在保留的白桦树下植上樟子松、云杉。改"皆伐"为"择伐"，伐树收入减少了，但20年之后改培的天然林将形成针阔混交、复层异龄的生态系统。

2. 坚持生态优先。塞罕坝的生态地位非常重要，塞罕坝处在内蒙古高原向华北山地及平原过渡带上，是滦河等多条河流的源头，是阻挡北边风沙南侵中一道不可或缺的生态屏障。作为生态公益性林场，塞罕坝即使在"文化大革命"期间及其前后，也没有停止种树的步伐。从1964年种下自己培育并植造的第一片林子开始，到1983年，塞罕坝的有林地面积已达到110万亩。[①] 见缝插针，加大零散宜林地、石质荒山等困难立地造林绿化力度，优化树种结构，确保森林资源释放出最大的生态红利。林区自2001年起实施分类经营，将42320 hm² 森林划作生态公益林经营，占林场有林地面积的60%以上。这些森林以生态效益发挥为主旨，每年仅有少量的生态补偿费。塞罕坝人早就有绿化石质山地和荒丘沙地的想法，但资金解决不了，只得暂时搁置。2011年，木材价格、苗木价格甚至松塔价格都大幅上涨。有了资金，塞罕坝人立即自筹资金搞试验，在砾石阳坡、沙化等作业难度大的地块上开展攻坚造林。当时每亩地造林要投入1200元，

---

① 李青松：《塞罕坝时间》，《人民日报》2017年8月11日。

而国家项目投入只有 300 元，塞罕坝人依靠自我发展解决资金难题。2016 年共完成造林 3.82 万亩，其中，石质荒山攻坚造林 1.24 万亩，即将达到森林覆盖率 86% 的饱和水平。目前执行的"塞罕坝机械林场森林经营方案"依然将生态效益放在首要位置，明确提出"坚持生态效益优先，全面发挥森林的生态、经济、社会等多种效能，保障森林资源持续增长"。七星湖是塞罕坝的一处景区，一到暑期，木屋住宿的游客爆满。尽管生态旅游效益可观，但塞罕坝决不追求短期效益，坚持实行控制游客进山总数的硬性约束机制，在科学合理的环境容量内发展生态旅游产业。

3. 与时俱进的管理和技术革新。"塞罕坝精神"的动力是开拓创新。塞罕坝发展史就是中国高寒沙地造林的科技进步史。塞罕坝集高寒、高海拔、大风、沙化、少雨五种极端环境于一体，在物质和技术几乎一片空白的情况下，林场曾多次陷入困境。1963 年造林失败，塞罕坝造林工程险遭"下马"。但一代代塞罕坝人将林学理论同塞罕坝的具体实际相结合，攻克了高寒地区引种、育苗、造林等一系列技术难关，形成独具特色的森林经营生产体系和培育作业流程。变"人力密集型"为"科技密集型"，启动实施"森林防火关键技术研究""河北坝上地区樟子松嫁接红松技术研究""坝上地区人工林大径级材培育"等六大世界林业尖端课题，部分成果填补了世界同类研究空白，实现了"科技兴林"和"科技管护"相统一。塞罕坝作为中国高寒沙地生态建设的拓荒者，已经成为世界人工治沙、改善生态环境的典范。

4. 塞罕坝的成功离不开稳定的建设管理模式。塞罕坝采取的是高规格的垂直管理模式，而不是更常见的"市管""县管"。塞罕坝最初为林业部直属林场，1969 年划归河北省林业厅（局）管理至今。在垂直管理模式下，塞罕坝有了资金和人才的保障，在最困难时期也没有挪用过造林专项资金，相比同时期被下放至县一级管理、最终资金难以为继的兄弟林场，塞罕坝是幸运的。当然，垂直管理也具有副作用。由于地处国家级贫困县围场县，塞罕坝人除了建林场外还建设了小社会，道路、职工宿舍、水、暖、电、通信建设几乎全由林场自筹资金。林场办社会是不可持续的。社会职能要剥离，但何时剥离、剥离到什么程度，还要作出具体研究。

5. 发挥规模化林场在国土绿化中的带头作用。半个世纪以来，塞罕坝林场在推动国土绿化、绿色发展和民生改善中充分发挥了专业化、组织化、规模化、集约化的重要优势，勇敢地立于国家重点林区和国有林场改革的潮头。森林生态系统是一个复杂的综合系统，必须有一定规模才能形成自我调节、稳定平衡的系统，才能有效发挥生态功能。国家林业局要求各地林业部门把集约化、规模化发展作为重要经验来推广，[①] 争取通过几十年的努力，再造十几个塞罕坝。

（四）塞罕坝进一步改革发展的建议

尽管塞罕坝取得了显著的成绩，但作为国有林场，还需进一步更新观念，实行多元化经营，以更好地发挥森林资源的多重效益。以旅游业为例。一方面，由于开发建设资金来源不足、缺乏高素质的旅游开发及市场营销人才等原因，塞罕坝森林公园许多优美的景点可进入性差，存在旅游设施陈旧、旅游形式单调问题。[②] 要打造塞罕坝旅游品牌，尚需完善以下方面：一是修订旅游开发规划。1999年的公园总体规划设计已略显陈旧，在修编中应让旅游、园林设计部门广泛参与。二是要完善旅游基础设施。例如，修缮旅游干道，各景点间增加往返交通工具；适当建设高档次酒店，增加林海索道、森林小火车等项目。三是开发多样化、高品位的旅游产品，比如静养场、森林浴、森林疗养院等，增加野营、徒步越野、垂钓、水上娱乐等游乐体验活动，加强与演艺公司或歌舞团的合作，依托历史文化遗迹推出历史场景展示、民族展等民俗特色产品，开发特色旅游纪念品。

---

① 国家林业局党组：《一代接着一代干 终把荒山变青山——塞罕坝林场建设的经验与启示》，《求是》2017年8月15日。
② 温亚楠、王栋、曹静：《塞罕坝国家森林公园发展方向探讨》，《中国林业》2011年第23期。

另一方面，塞罕坝由于人为活动较为频繁，野生动物资源和种群恢复相对较慢，虎、熊等野兽在当地早已灭绝，豹、马鹿、野猪、狍子、黑琴鸡等的数量也有减少的趋势。塞罕坝机械林场的杜兴兰等（2012）提出"在塞罕坝自然保护区开发天然野生动物园"的构想。① 其理由是：项目区位于自然保护区的实验区，区域内全部土地和自然资源属于国有资产，"四至"边界清晰，无土地使用纠纷，周围常住人口少，为项目的开展提供了有利条件。总体构想是，在一个生态圈内，首先封山育林，使天然林和灌木丛恢复到最佳状态。然后在生态圈内修一条环行公路，在离公路较远处建造大量的野生动物巢穴和鸟巢，在巢穴和鸟巢附近投放大量的食物，招引野生动物及鸟类到此定居和繁衍。当野生动物数量和种群接近饱和时，向游人开放，把野生动物招引到路旁供游人观赏和拍照。入园游客必须接受人与野生动物和睦相处的素质教育，使野生动物园成为提高国民素质教育的基地。

二　塞北林场股份造林

塞北林场组建于 1999 年，下设六个分场（涉及沽源、张北、崇礼、赤城、尚义、万全六个县），共有干部职工 99 人，主要承担着河北省"再建三个塞罕坝林场"项目在张家口的实施。15 年来，共完成人工造林 128.63 万亩、封山育林 35.25 万亩，在张家口东西绵延 255 公里、南北纵跨 33 公里、方圆达 1500 平方公里的坝头沿线，由近 2 亿株植被构筑起一道乔灌木结合、多层次、立体式的绿色屏障，昔日荒山变成林海，创造了张家口乃至河北省生态建设史上的奇迹。森林覆盖率由最初的 5% 提高到现在的 57%，林木总蓄积量达 260 万立方米，项目区内林木、中药、野菜、牧草等价值达百亿元。100 多万亩森林年可吸收二氧化碳 720 万吨，释放氧气 523.9 万吨，项目区

---

① 杜兴兰、赵立群、孟凡玲：《塞罕坝自然保护区开发天然野生动物园的构想》，《安徽农学通报》2012 年第 18（12）期。

年降水量由当初的 350 毫米增加到 510 毫米，生态环境明显改善，村民的生产生活条件明显提高。

塞北林场积极稳妥地进行市场化运作，达到以林促林、以林富农、以林活场的目的。塞北林场不同于传统意义上的国有林场，也有别于乡村集体林场。建场时白手起家，首先必须解决土地问题。项目规划区 198 万亩宜林地大多为当地农民的传统放牧区，要植树必须先禁牧，而禁牧对当地农民无异于口中夺食，这是塞北林场面临的最大难题。1999 年，沽源县西坝村新栽的 1.2 万亩树苗在十多天时间里被牛羊、牲畜啃食或践踏。林场经过调研和反复实践，大胆采用了股份造林机制：塞北林场总场以投资入股、各县分场以技术和管理入股、乡镇以组织协调造林入股、农民以土地入股，林场利益以 1∶2∶2∶5 分成。这样的机制让农民成为林场的股东，每植两棵树就有一棵是农民自己的，不仅解决了造林用地问题，也激发了当地农民参与造林的积极性，林场与农民达成了"为自己造林"的共识。据统计，塞北林场项目自实施以来，累计为当地农民提供劳务、苗木等收入 2 亿多元，为当地培养了 200 多名林业技术人员，30 余家苗木专业户，50 多户农民依托良好的生态环境建起了旅游点。如老掌沟林区 2014 年为张家口市主城区提供绿化苗木 1.7 万株，当地股东收入 200 万元，户均 8000 多元。

2014 年，在张家口市委市政府的支持下，以塞北林场森林资源为资本，注册资金 3000 万元，组建了张家口塞林林业集团公司（塞林集团），包括工程绿化、林产品研发、林业投资三个子公司。塞林集团不断拓展市场运作的途径，自组建到现在，在未举债一分、没增加一人的情况下，凭借自己的技术、品牌、建设实力等，争取生态建设资金近 2 亿元，建立了景观绿化林苗一体化基地；与大型生态企业亿利公司合作组建股份公司，负责 G6 张家口通道项目建设；从塞北管理区流转土地 1 万亩，创建坝上林业科技生态园；在林场内选择 10 万亩林区，以"公司+农户"形式进行"以育代造"的周转生态苗基地建设；与北京东方园林公司进行股份合作，建设 3000 亩城市景观绿化大苗建设，塞林集团以土地，对方以资金入股。①

三　木兰林管局的全林经营模式

始建于 1963 年的木兰林管局，坐落在河北省承德市围场境内，下辖 12 个国有林场，总经营面积 160 万亩，是河北省经营面积最大的国有林场管理局。由于地处浑善达克沙地南缘的滦河上游地区，距北京 340 公里，林场担负着为京津阻风沙、涵水源的重任。

经过三代人的不懈努力，全局林场的森林覆盖率从建局之初的 15% 提升至后来的 85%，造林绿化取得巨大成就。但是在传统落后的营林模式下，森林培育质量、效益不高。到"十一五"末，该局陷入了林业资源与资金的"双重危机"：林区可采资源面临枯竭；中幼龄林面积占林地面积 60%，森林平均蓄积量仅 4.1 立方米/亩，还不到全国 5.8 立方米/亩的平均水平。经"山场大调研"和对标国内外先进林区，木兰林管局认识到问题的根源在于，传统的"皆伐"方式追求"多创收、现得利"，导致了过度砍伐这一"后遗症"。

为摆脱通过砍树卖钱增加经济来源的困境，木兰林管局主动求变，自 2010 年开始调整资源培育战略，借鉴德国先进的近自然经营理念，逐步构建起"以目标树②经营为主、全林经营"的森林经营新模式，既牢牢筑起京津第一道生态屏障，又探索了一条新的国有林场改革发展之路。

逐步摒弃了过去择优砍伐、大面积皆伐的做法，实行砍次留好、伐劣留优，培育接近自然又优于自然、功能完备的高价值森林。2010年以来，木兰林管局减少消耗优质森林资源 20 余万立方米，培育优质高价森林 61 万亩，增加林木生长量 20 余万立方米。在变革初期，木兰林管局每年木材收入由 4000 多万元下降到不足 1500 万元。为了弥补间伐所造成的资金缺口，木兰林场创新性地推出了"以副养林"

---

① 王平、钱栋：《塞北林场的成功之路》，《河北林业》2015 年第 12 期。
② 目标树经营，就是对一定区域内的树木在管理过程中加以区别对待，将长势良好的树木作为目标树进行重点培育，影响它生长的树木要么被伐除，要么被修枝。

的应对策略。他们瞄准了绿化苗木的市场需求，对云杉、油松、五角枫、柞树以及山梨树等采取拉枝、修剪等有针对性的精细化培育，将残次贬值资源打造成高价值的景观树、装饰树。仅城市绿化苗木一项，年收入就可达四五千万元，为林业改革提供了资金保障。对每年被国有林场争抢的"皆伐"指标，他们已连续 6 年主动选择减半甚至放弃。① 5 年来，木兰林场减少"皆伐"作业面积 3 万亩，森林覆盖率增加了 7 个百分点，增加林木生长量 20 余万立方米，单位立木蓄积量增加了 5 倍②，其资源从"越砍越少"变为"越砍越多"。

在德国弗莱堡大学森林生长研究所的支持下，木兰林管局改变传统的生产流程，植树前不再进行精细整地，不再割除树苗周围的灌木，而是探索推行折灌技术③，每年不仅节省了 200 多万元费用，还使幼苗成活率和保存率达到 95% 以上。在借鉴德国先进技术与做法的过程中，木兰林场因地制宜地进行本土化改造，摸索出了"近自然经营理念指导下的全林经营模式"。在目标树培育的几十年里，每 5—7 年可以采伐一次干扰树，使得近期收入有保障，近期效益和长远效益能够兼顾。

全流域经营是木兰林管局进行的又一自主创新。长期以来，基层林场通常把林地分成大致相等的基本单位，实行"小班"作业。以"小班"为单元的作业方式有灵活的优点，但不利于形成完备的森林生态系统和森林经营系统，管护空白时有出现。经过探索，木兰林管局率先在工作布局上打破林场法人单元界限，把全局林地资源规划为 50 个生态流域，按生态流域对域内林地、林木进行综合设计、集中作业，宜造则造、宜抚则抚、宜封则封，力争实现整个林区生态、经济、社会效益最大化。实行全流域经营后，光"捡"回的未绿化面

---

① 顾仲阳：《这里的好日子不靠砍树》，《人民日报》2015 年 11 月 1 日。

② 李增辉、史自强：《林地不"剃头"效益往上走》，《人民日报》2015 年 8 月 28 日。

③ 所谓折灌，就是把树苗周围灌木对折，要领是"折而不断"，灌木残而不死，既不会复壮，又能抑制底下野草生长，简单又省事。

积就有 10 多万亩。①

目前，木兰林管局成为全国森林采伐管理改革试点单位、全国森林可持续经营试点单位、全国森林经营方案编制和执行试点单位，成为"中国北方森林经营实验示范区"。其最宝贵的经验在于，应更好地借助大自然的力量帮助森林自我更新，实现"青山常在、永续利用"。

四 丰宁和隆化的国有林场改革试点

塞罕坝和木兰林管局都是国有林场的成功典型，但作为河北省直属林场，其模式具有较强的特殊性。在管理体制变更的历史过程中，河北省大多数国有林场管理局行政级别降低，由全额拨款变差额拨款或自收自支单位。目前，河北省现有国有林场 178 个，其中省属林场 18 个，市属 10 个，其余均为县属林场。随着林业指导思想全面转向以生态建设为主，国有林场的主要任务也变为培育和保护森林资源，加强生态建设。然而，与林场承担的公益性职能相对应的财政支持并未到位，国家只给林业建设投资，林场的生产、技术和行政管理人员不列编制、不给经费，一切运营经费由国有林场自我创收解决。虽然国有林场实行企业化管理，但时时受到有关部门和政府的干预，林场没有经营决策权，还不是一个完全独立的自主经营实体。由于定位模糊，国有林场陷入了"不工不农、不事不企、不城不乡"的尴尬境地，林场运行效率低下，生产经营难以维系，河北省 70% 的国有林场职工工资和管理经费得不到保障，职工贫困化现象突出。

党的十八大之后，国家发改委、国家林业局确定河北省为国有林场改革 7 个试点省之一，承德市隆化、丰宁两县的 21 个国有林场列为全国国有林场改革试点单位，2013 年 12 月，改革试点的序幕拉开。按照水源涵养功能区定位要求，承德市将国有林场全部核定为生

---

① 郭峰、李建成、李文亮：《河北木兰林管局蹲点调研（下）："木兰"创新密码》，河北新闻网，2015 - 6 - 7。

态公益型林场，明确了以市为主，市、县共管的管理体制。明确了人员编制和定位，提高了职工待遇，化解了部分历史债务，创新了发展经营机制，林场活力显著增强，职工工作积极性明显提高，基本完成各项改革任务，推进了国有林场由采伐木材获取经济利益向以保护培育森林资源发挥生态功能和服务为主。大力发展森林旅游、林下经济及特色产业。隆化县林管局依托茅荆坝国家森林公园和茅荆坝国家级自然保护区两个国家级品牌，积极发展生态旅游，目前已成为京北森林休闲旅游的一张名片；大力削减采伐限额，通过场场合作、场外合作造林以及承包经营的形式，共同开发森林资源；引进木兰林管局近自然经营方式，开展流域治理工程和目标树经营，使国有林业的林分质量和经营管理水平得到明显提高。2014 年，丰宁新增平顶山和柳树沟两处省级森林公园，丰宁草原林场请国家林业局规划设计院编制了一级狩猎场蓝图，正在积极招商，由原来的卖木材向卖景观、卖生态、卖碳汇转变。

五　黄羊滩治沙

黄羊滩位于宣化县东南部，面积 14.6 万亩，自然条件恶劣，是冀西北五大沙漠之首。这里与北京市直线距离仅 138 公里，曾是影响北京环境质量的重要沙源之一。20 世纪 70 年代，黄羊滩就开始治沙，但年年植树不见树。1986 年启动环首都绿化工程，国家拨给沙化区 1 亩地 10 元经费，后来"京津风沙源"工程规定每亩地人工造林补助 50 元。然而，1 棵树苗价格在 2—2.5 元，1 亩地要种四五十棵，补贴不过是杯水车薪。

2000 年，北京罕见地遭遇了 13 次沙尘暴，黄羊滩引起人们的高度关注。在北京绿化基金会的牵线搭桥之下，中国国际信托投资集团公司开始和宣化县共同治理这片沙地。2001 年 2 月，中信集团、宣化县政府、北京绿化基金会启动了"中信黄羊滩治沙绿色工程"，工程协议规定：中信提供资金，地方政府配套建设基础设施，北京绿化基金会负责技术支持，2001—2003 年，由中信投资 500 多万元造林 1 万亩，在绿化过程中，在任何情况下若移除滩内的一草一木都需三方同意。这种以合同形式确定公益事业中各方的义务，在国内是首创。

"企业＋基金会＋政府"的三位一体治沙模式，显现出强大的生命力。《禁牧令》首先出现在各个村口，牛羊被"请"出了黄羊滩，滩内留守的 30 多名林场工人很快投入造林大战之中，周边村民也纷纷加入进来。宣化县全县机关干部每年前来义务植树，政府的各项资金也向这里倾斜，配套打了 4 眼机井，铺设了 50 多公里管道，修了 30 多公里路。包括德国德累斯顿大学在内的 28 家科研单位和企业，前来进行沙漠治理试验，其中绝大多数取得了成功，生态垫、固体水、营养袋、活沙障等一系列先进治沙产品和技术纷纷落户这里。过去粗放的绿化方式被摒弃，春秋季固定造林的常规也被打破，一旦天气预报说要下雨，工人们都要爬起来突击造林。截至 2008 年 4 月，中信集团投入 1300 万元，宣化县投入 300 多万元，分两期出色地完成了黄羊滩治沙造林 2 万亩的任务。加上当地驻军多年的努力，以及京津风沙源治理工程所造的林地，黄羊滩已有 7 万多亩土地披上了绿装。到 2015 年底，黄羊滩有林地 10.6 万亩，森林覆盖率达 74% 以上，林草覆盖率超过 90% 。[①]

在此基础上，中信集团开始变输血为造血，以维护林地的长久管护。由宣化县政府和中信集团共同成立的中信黄羊滩生态科技有限责任公司于 2008 年挂牌，致力于发展特种养殖，打造集生态环保、科普教育、沙产业研究示范、生态休闲观光于一体的"京西第一滩"旅游景区。公司实施的"中信黄羊滩防沙治沙基地"项目正在建设中，建成后，将成为冀西北集绿化成果展览、经验交流、教学培训、科普教育于一体的防沙治沙基地。目前，这里的生态旅游已吸引了德国、马来西亚等国家的科研机构和上万名国内外游客前来观光考察，

---

① 王洪峰、朱峰、白林：《碧树万顷护京城——张家口市打造首都绿色生态屏障侧记》，新华社，2016 年 7 月 16 日。

公司运营所取得的全部利润将继续用于黄羊滩林地的管护工作和后续产业发展。① 在沙化曾经最为严重的许家堡村东，规划总面积 7000 亩的精品生态园，已建成 1000 亩，设置了花田草海、果蔬观光、清水乐园等区域，为发展生态观光游奠定了基础。

六 廊坊以多种方式吸引企业造林

历史上，永定河、潮白河、大清河等河流的多次泛滥改道和森林资源的严重破坏，造成廊坊生态环境恶劣。在 960 万亩土地中，沙化盐碱化面积达到 300 多万亩，中华人民共和国成立时廊坊的森林覆盖率仅为 1.2%。廊坊的造林绿化在 2002 年迎来快速发展期，原因在于当时农业、林业两局分家，以及 2002 年退耕还林的全面实施，防沙治沙、三北防护林等工程的展开。在 2002 年之后的几年里，廊坊每年平均造林面积达到 30 万亩，2006 年获得"全国绿化模范城市（区）"称号。为吸引企业造林，廊坊先后采取了"林板一体化"、财政奖补、引入外资管理等多种方式，积累了许多经验。

（一）建设优质高效木材生产基地，形成林业种植、加工和服务一条龙的产业群

以香河家具城、文安左各庄板厂为龙头的木材加工业蓬勃发展，全市人造板产量占全国的 1/6，已成为廊坊经济发展的八大支柱产业之一。文安县胶合板市场自 2005 年起成为全国最大的人造板生产、销售中心，年消耗木材 700 万立方米，而 2005 年全县林木年采伐量只有 3000—5000 立方米，廊坊市及周边地区年林木供应量仅为 30 万立方米，远远不能满足胶合板市场的需求②，而且木材品种只限于杨木。为增加资源的有效供给，文安县把工业原料林基地建设（主要是速生杨）作为林板业的基础环节来抓，提出"谁栽谁有，谁投资谁受

① 王世禄、田宝军、董立龙：《黄羊滩期待永别万顷黄沙》，《河北日报》2008 年 9 月 1 日。
② 王颖娜：《文安县实施林板一体化战略的实践与思考》，《河北林业科技》2009 年第 4 期。

益"的优惠政策。仅在 2002 年到 2008 年的 7 年间,文安全县就造林 1.8 万公顷,森林覆盖率达到 28%。探索了企业自建原料基地模式、合资股份制经营模式、企业与林农合约模式等一系列造林新机制,超过 30% 的板材加工企业拥有自己的原料林基地,实现了"以板促林、以林保板、林板一体"的良性发展。

(二)财政奖补

2008 年以来,受国际金融危机和国家宏观调控后建筑市场萎缩的影响,木材价格持续低迷,产品销路不畅,种植用材林比较收益偏低,影响了群众投入造林的积极性。为了实现"群众得利,企业受益,社会得绿"的效益目标,廊坊各县(市、区)加大了财政投入造林的力度。按照香河县政府制定的植树造林奖补办法,50 亩以上的以育代造苗圃、农林田网、速生林,每亩给予一次性苗木补助 800 元;承租的主干道两侧的景观林带,按照每亩 6000 元给予一次性补贴;主要交通干线节点游园,按照每亩 2 万元给予一次性补贴。在奖补程序上,验收部门出具验收合格报告之后才给予补贴。受这一政策的吸引,很多实力雄厚的外地企业来到廊坊参与绿化工程建设。香河在 2014 年春季的几个月时间里就造林 5.5 万亩,森林覆盖率由 2013 年底的 23.1% 跃升至 2014 年底的 33.8%,一年提升了 10.7 个百分点。

廊坊的绿化重点除了规模化造林、环京津边界绿化、生态廊道绿化之外,村庄绿化也是一项重要的工程。廊坊提出全市建设 1000 个市级绿化标准村,由政府无偿提供绿化用苗,在验收合格后,按树种不同,给予村民每株 5—50 元的补助。香河县对于村庄绿化的奖补办法规定,在村庄绿化范围内户均新植树 10 株以上的,按每户 60 元的标准进行一次性奖补。作为河北省村庄绿化样板的固安县更是提出,在 3 年内将投入 12 亿元来改变农村面貌。[①]

(三)引入外资,提高造林质量和水平

廊坊市从 1998 年开始,启动实施了世行贷款二期造林项目即森

---

① 杨卓琦:《河北廊坊要种多少树:财政奖补 20 亿 两年造林 100 万亩》,《瞭望东方周刊》2015 年 4 月 20 日。

林资源发展和保护项目，2002 年底又争取并实施了世行四期造林项目即林业持续发展项目。世行贷款项目的实施，填补了廊坊市林业利用外资的空白，取得了显著的生态、经济、社会效益。① 廊坊市世行四期项目从 2003 年开始实施，到 2009 年底结束，共涉及七个项目市（区、县）和市直廊青林场，有 10137 个造林农户参加。7 年来，共完成造林 17495.2 公顷，使项目区林木覆盖率提高 3.4 个百分点。2009 年廊坊市森林覆盖率达到了 23%，累计产值约 211386 万元，经济效益约 45000 万元，各项指标在廊坊市所有工程造林中名列前茅，成为河北省造林的精品工程。其经验一是引进"社区林业评估"，实施"参与式设计"；二是实行科学规范的管理，确保造林质量，推广优良品种以及先进的造林模式，提升了全市造林的整体水平；三是落实转贷手续，控制还贷风险。和农户以合同的形式规定林地经营权、林木收益归属、分成比例和林木管护制度，完善还贷准备金制度，与造林实体签订合同时以现有的果园、林木或其他资产做抵押，从根本上降低了贷款的风险。

2010 年 12 月，世行贷款林业综合发展项目（五期项目）正式启动实施，涉及廊坊市广阳、永清、文安、大城四个县，拟在永定河下游沙荒次耕地新增多功能人工林 5914.3 公顷，森林覆盖率平均提高 2 个百分点。在产品产出方面，世行二期和三期项目以物质产品生产为主，四期项目以营造速生丰产林为主体，主要是杨树纯林；世行五期项目则以生态产品生产为主，根据不同的造林地立地条件设计了混交型防风固沙林、间作型防风固沙林和经济型防风固沙林三种造林模型②，目的是完善和提高项目村农田防护林综合体系，改善区域生态环境和农业生产条件，在一定程度上增加农民收入。从转贷程序上看，世行二期和四期项目均为国家打捆项目，资金转贷环节过多，到

---

① 周永刚、计红：《政府得绿 群众受益——河北省廊坊市世行贷款造林绿化项目成效显著》，《国土绿化》2010 年第 4 期。

② 其中，混交型防风固沙林主要指在不同树种间进行混交；间作型防风固沙林主要指树木与农作物、林草、药材等进行间作；经济型防风固沙林主要以栽植名优果树为主。

账时间过长，影响了农民贷款的积极性。世行五期改由省级财政独立操作报账，贷款资金由县级政府统贷统还，加速了贷款资金回笼时间，减轻了造林实体垫支建设资金的压力，增加了农户、联合体参加项目的积极性。[①]

（四）地产林业

廊坊的北三县由于靠近北京，地皮值钱，政府采取了"以绿化换土地"的方式撬动社会资金造林。香河不少房地产企业在城镇、村庄和居民楼附近建高标准游园，既改善了生态环境，提升了绿化品位，也为居民提供了优美的休闲场所，同时也有利于房产销售。2014年廊坊总共撬动社会资金50多亿元，吸引了200多家企业、145个大户（500亩以上）主动参与造林。

七 张家口市创新造林模式

近五年来，张家口市造林绿化每年在100万亩以上。到2016年底，张家口市森林面积达到2156.7万亩，森林覆盖率达到39%，较2011年增加6.4个百分点。2014年创建国家森林城市，2015年被列为全国首批生态保护和建设示范区，2016年被评为全国绿化模范城市。[②] 这一业绩的取得，离不开对造林绿化机制的创新。

（一）强化考核机制

2015—2016年，河北省委负责人多次到张家口检查指导造林绿化工作，强调把植树造林作为一号工程，努力构建首都生态屏障。张家口市政府部门把造林绿化工程作为一项中心工作，由37名市级领导分包37项重点绿化工程，并要求县乡两级党政主要领导分头负责绿化工程。强化调度督导，建立日统计、周通报制度，报纸、电视台等媒体定期通报造林进度。成立生态环境改善考核领导小组，把林业建设的各项任务指标纳入考核范围，做到责任目标、责任单位、责任

---

① 尤丽君：《廊坊市林业综合发展项目造林实现"四新"》，《河北林业科技》2012年第4期。

② 赵耀光：《张家口近五年每年造林绿化超百万亩》，《河北日报》2017年8月29日。

人员和问责措施"四落实"。

为解决造林资金缺乏这一难题,探索实施了贷款融资、基金融资、众筹融资、碳汇融资等筹资方式,形成了多渠道、多层次、多元化的林业融资格局。譬如,向国家林业局争取了国家储备林建设试点项目,以塞林集团为市政府委托代建购买服务承接主体,向农发行申请贷款98亿元;中国绿化基金会捐资200万元,与张家口市政府联合设立"中国绿化基金会绿色张家口专项基金",在2022年冬奥会场馆核心区建造200亩"冬奥会志愿者示范纪念林",成为张家口市推行基金融资的一个成功案例;联系中国建设银行,启动了崇礼造林项目;在国家林业局网站平台设立张家口市捐款栏,中国绿色碳汇基金会——老牛基金投资1.86亿元,通过绿色碳汇基金会平台众筹融资,最大限度地争取社会各界的支持。

面对干旱少雨、立地条件差等生态建设的"拦路虎",张家口市打破了原来国家单一投资、集体造林的僵化模式,实施了高速公路生态廊道政府租地造林,有实力企业合作造林,塞北林场股份合作造林,SGS通标公司、春秋集团等公司义务植树造林,青年志愿者认建认养造林等多种造林模式,走出了一条绿化效果好、综合效益高、持续能力强的造林新路。① 比如,万全区白郭线省道绿化通过"政府前期流转、企业主体经营、涉地群众参与"的方式,将两侧5.3公里1236.8亩土地从农民手里流转到公司手里,每亩土地流转金为1100元,前五年由政府出资,之后由企业出资。地上种树木,林下种辣椒,公司与农户签订收购订单,统一提供种苗及技术指导,实现了政府要绿、企业得利、农民受益的目标。亿利集团在怀来县投资10亿元建设10平方公里生态园,开展苗木繁育和绿化工作,政府承担每亩1000元的土地流转费用,其他项目由企业投资。又如,康保县引进上海中船重工建设柠条生物质能源林基地,流转土地11万亩,涉及农户3000户,成为生态扶贫和新能源应用的示范项目。探索多种

---

① 雷汉发、刘永刚:《创新撬动 绿染张垣》,《经济日报》2016年6月14日。

管护新模式。推广了施工方承包管护，工程建设成果实行"交钥匙"模式；推广了塞北林场聘请公司管护、崇礼区公开招聘专业公司管护等市场管护模式，收到了良好效果。

针对宜林荒地面积少、荒山面积大的现实困难，《张家口市鼓励荒山绿化实施办法》出台；制定了以"双八十""双五"为核心的激励政策，即各类建设主体完成预定绿化目标（荒山绿化面积不低于荒山总面积的80%，造林保存率不低于80%）、达到验收标准后，在优先享受国家、省、市工程造林补助、公益林补助、林业贷款贴息等政策的基础上，5%的土地面积可用于林业生产生活基础设施建设，5%的土地面积可用于生态旅游、休闲度假等经营性开发建设。截至2016年中期，张家口市已有64家企业和个人签约投资荒山绿化33.18万亩，完成造林3.19万亩。① 例如，万全大正顺物资公司筹资5亿元用于高标准改造和绿化荒山，在山下建设祥顺老年健康养护中心，将昔日的垃圾山、石灰山变成了一个森林公园。万全开发"四荒"的民间资本达到2000多万元，涌现出了一批"四荒"开发万亩以上的典型。② 比如，阳原县造林大户刘海军流转玉屏山土地3.1万亩，创建了万亩林苗一体化示范园，带领20多个种植大户成立了专业合作社，实施"企业6、农户3、村集体1"的股份造林机制。截至2016年中期，该园区已完成荒山荒坡绿化12000多亩，林苗总量达300多万株③，使农民变成收租金、挣薪金、领股金的"三金"农民，年人均增收1.5万元。

（二）实施重点工程带动

仅2016年张家口就完成造林绿化230.3万亩，其中冬奥会绿化工程结合国家储备林基地建设，完成奥运绿化36万亩，重点区域绿化6万亩，崇礼赛事核心区绿化工程和迎宾廊道绿化三期工程全部完工，栽植各类苗木160万株；完成退化林分改造试点工程建设任务96.57万亩；利用农发行贷款完成国家储备林基地67万亩等。张家口在工程

① 雷汉发、刘永刚：《创新撬动　绿染张垣》，《经济日报》2016年6月14日。
② 中共河北省委办公厅：《关于张家口冬奥会绿化工作的调研》，2016年5月14日。
③ 雷汉发、刘永刚：《创新撬动　绿染张垣》，《经济日报》2016年6月14日。

造林中，共有 2900 多家企业参与招投标，东方园林、上海园林、亿利集团等 348 家大型园林绿化公司中标参建。效果很好，一是造林效率高。大规模春季造林启动后，每天出动近 10 万人开展会战，以日均整地 5 万亩、栽植 2.3 万亩的速度向前推进。二是质量有保障。在各项生态工程实行招投标制的基础上，实行合同管理制和工程监理制，实施设计、施工、监理、管护等一条龙，每个工序、每道环节都有各自的要求和标准。林业管理部门进行监督和技术指导，根据苗木成活率分期兑现施工费用①，验收通过后再报账，确保种一片、活一片、绿一片。2013—2015 年，尚义县通道绿化工程总里程达 243.1 公里，全部实现了一次造林一次成景。三是拉动作用强。工程造林是个龙头，拉动了苗圃选育、交通运输等相关产业的发展，还有效地提高了当地农民的收入。造林企业主要负责关键工序的施工和管理，浇水、管护等工作都是雇用农民完成的，每天男劳力挣 80 元，女劳力挣 60 元，这一收入与外出打工的实际收入接近，成为群众增收的一个重要来源。

第三节　环首都地区林业产业化路径

环首都地区作为森林资源相对丰裕地区，具备发展林业产业的先天优势。目前，该林业类型由以造林营林单一产业为主，向着种苗业、造林营林、加工、森林旅游等多种产业转变，非木材林产品日益成为林业的主体。本节根据已掌握的资料，以林木资源培育的横向拓展为主线，探索该地区生态产业化的可行方向，以及农工贸一体化、林工商一条链的运作方式。

中共中央办公厅、国务院办公厅印发的《关于创新机制 扎实推进农村扶贫开发工作的意见》在讲到燕山—太行山片区的区域主导产业时提到："优先发展苹果、仁用杏、大枣、核桃、板栗等林果业"

---

① 目前普遍采取"433"结算办法，即第一年支付 40%，第二三年各支付 30%，达到规定营造标准和成活率才能全额支付。

"加快推进木本粮油、特色经济林、林下经济、木材战略储备基地、花卉苗木培育、竹产业、森林旅游业、野生动植物繁育利用产业、沙产业、林产工业十大产业的发展进程"。在2013年扶贫产业推进座谈会上，承德市提出要划定坝上防风固沙林区、北部水源涵养林区、中部水保经济林区、南部经济林区四大功能分区。调整和优化林木种植结构，把发展重点由生态林向经济林转变，培育壮大林果和林下种养业，促进群众致富增收。① 培育一批以果品深加工、林板一体化、生态旅游、森林食品和中药产品等为重点的产业集群，打造一批具有承德特色、在国内外市场享有较高知名度的品牌产品。

韩婷、许亚男（2015）根据河北省集中连片特困地区22个县的林业资源禀赋和林业经济水平，运用K-均值聚类法将其划分为三类地区。这三类地区的森林覆盖率均高于河北省平均水平。第一类地区（宣化、张北、康保、沽源、尚义、蔚县、阳原、怀安、万全）林业资源较少，除保障生态效益之外，可以用来创造林业产值的林业资源比较少。这些地区通过发展经济林和林产工业来脱贫的潜力十分有限，应采取以森林旅游为主的林业发展策略，利用林业的生态属性创造经济价值。第二类地区（隆化、丰宁、围场）林业资源较丰富，林业产业结构中第二产业比重较高，当前林业第二产业以木材加工业和非木质林产品加工业为主，产品的深加工能力有限，品牌效应低下。应以林产工业为主，着眼于产品开发与品牌建设。第三类地区（承德、平泉）林业资源最丰富，林业发展应以第一产业为主，主要靠经济林产品的种植与采集。今后应以林果业为主，除发展经济林产品的种植与采集外，要侧重于林果产品的保鲜及深加工、品牌建设。②

一 改造提升木材培育产业

木材作为四大原材料（木材、钢材、水泥、塑料）中唯一可再生的

---

① 高振发：《承德发展林业经济 推进产业扶贫》，《河北日报》2013年2月26日。
② 韩婷、许亚男：《河北省林业扶贫策略分析——以燕山、太行山集中连片特困地区为例》，《现代经济信息》2015年第14期。

生物资源，是国民经济建设的主要生产资料和人民群众不可缺少的生活资料。森林培育与采伐是林业最为基础性的活动，工程造林仍是最主要的造林方式。对于木材培育传统产业要改造提升，加快柠条、沙柳等饲料林基地，甘草、麻黄等药材基地，杨树等速生用材林基地，能源林基地建设，培育林木种苗产业等新的增长点。

表3-2　村及村以下各级组织和农民个人生产的木材采伐情况　（立方米）

年份	2010	2011	2012	2013	2014
张家口市	41944	24986	14369	42441	129820
承德市	85547	112571	102997	124433	131457

资料来源：2012—2015年《河北农村统计年鉴》。

随着造林绿化向纵深推进，平原可造林的地块已基本绿化，剩余宜林地由于自然条件的限制和水资源的严重短缺，乔木的营造受到很大限制。2007年，国家林业局对灌木林出台新政策，规定在干旱、半干旱的西北、东北和华北地区，可根据六大工程实施情况，将灌木作为主要树种，享受退耕还林、防沙治沙等工程中国家对营造乔木同等的资金投入，并计入森林覆盖率计算范围。灌木林与乔木相比，投入少，成本低，见效快，营造灌木林只要三五年即可成林并发挥生态作用，产生经济效益。综合计算，营造一亩乔木林的投入可发展2—3亩灌木林。在种树第一年可以进行林苗一体化种植，适当加密林木，后期卖树苗或景观成树将是收入之一。一棵被整形成"迎客松"的油松，市场价可达几万元。环首都山区应走一条以"灌木为主、乔木为辅、乔灌草结合"的营林道路，以灌木为主的优良乡土树种应纳入推广计划中。

柠条是"三北"地区水土保持、固沙和绿化荒山的重要树种，也是一种很好的生态饲草兼用树种。每亩柠条可供养一个羊单位饲养需要，每隔三年后可以刈割一次，复壮，一次栽植可持续利用多年。丰宁县把柠条种植作为解决舍饲用草的突破口，自2010年以来，先后在小坝子等四个乡镇建立了1.5万亩柠条饲用林基地，在未来5年里全县计划建成柠条基地面积20万亩。既防风固沙，又能够满足舍饲养殖需要，从而有效地解决林牧矛盾。

刺槐是承德一些地方的乡土树种，萌生能力强，速生，不但具有良好的防风固沙功能，而且可作为生物基质和能源林。平泉县把营造刺槐食用菌原料林作为生态工程建设与林业后续产业发展的结合点，通过工程造林、社会造林，全县刺槐食用菌原料林总量达到67万亩，按三年轮换平茬一次，可加工锯木屑20多万吨，基本上满足了全县生产2个多亿盘(袋)食用菌的需求。通过种植刺槐将荒山变绿，刺槐让食用菌培养基有了优质的原料，成林的刺槐又被砍伐作为食用菌木料，是循环农业的典范。2015年，河北省首家刺槐良种基地建设项目在平泉县黄土梁子林场正式动工。

随着城市绿化美化、通道绿化工程、农田林带林网、村镇环境整治以及林业工程建设的开展，苗圃业逐渐从农业中分化、独立出来，成为提高土地产出率、带动农民就业增收的重要途径。河北省环京津地区已建成若干花木生产基地。例如，木兰林管局总经营面积为160.3万亩，是河北省经营规模最大的国有林场管理局，也是华北地区物种基因库，已成为北方最大的绿化苗木基地和花灌木基地。"滦河种苗"在京冀鲁晋蒙竞相播绿，特别是在环北京周围绿化中，北京的大兴开发区、华彬庄园、四环和五环公路两侧已成为"滦河种苗"绿化示范园区。

二　着力发展优势特色经济林产业

世界粮农组织(FAO, Food and Agriculture Organization)认为，在低收入国家，生产非木材林产品的企业能够为贫困人口和妇女提供就业机会，有助于农村山区和林区的脱贫致富。在山区农村自给自足的经济中，对非木材林产品的利用仅限于"按需采集"，这种传统的"靠山吃山"生计策略，不会对森林资源造成破坏。随着越来越多的非木材林产品进入市场交易，形成了规模化的产业，如竹藤产业，天然非木材林产品资源逐渐耗尽，对非木材林产品的商业性栽培或饲养成为必然。非木材林产品生物资源的培育有两个基本选择：一是变野生为家植，建立人工繁殖场或栽培园，形成种植养殖基地；二是进行森林立体经营，根据林分中的乔、灌、草、菌，从空间到地面，从地面到土壤，进行综合开发利用和经营，最佳选择是建立农林复合生态系统。

我国是世界上最大的非木材森林资源采集国，开发利用的资源包括食用、药用、工业用等所有类型的产品。经济林产业是非木材林产业的核心内容。《国家林业局关于加快特色经济林产业发展的意见》(2014)指出："经济林是以生产果品、食用油料、饮料、调料、工业原料和药材等为主要目的的林木，是森林资源的重要组成部分。经济林产业，是集生态、经济、社会效益于一身，融一、二、三产业为一体的生态富民产业，是生态林业与民生林业的最佳结合。"近年来，我国开发利用非木材林产品资源取得了迅猛发展，许多全国性的规模化产业，如竹产业、藤产业、花卉产业、水果产业等，形成了产、销一体化的资源开发利用经济链，非木材产品在林区经济发展和削减林区贫困中发挥着越来越重要的作用。①

环首都地区经济林树种资源丰富、产品种类多，笔者建议对当地的非木材林产品资源进行一次普查，对其适应性和开发利用价值进行综合评价，在此基础上，选择有重要经济价值或开发利用前景的物种开展高效和规模化栽培，以集体林为重点发展特色经济林。这里，仅分析森林食品产业。在森林生态环境下生长的植物、微生物、动物，以及由上述原料生产、加工的各类食品，均可以被称为森林食品。森林食品来自山野，产于森林，其生产过程以森林生态系统的能量和营养循环为要旨，基本上不使用化肥和农药。环首都地区森林食品以林果和食用菌为主。它们营养丰富，是"大粮油""大食物"和"菜篮

① 邹积丰、韩联生：《非木材林产品资源国内外开发利用的现状、发展趋势与瞻望》，《中国林副特产》2000年第1期。

子"的重要组成部分，市场潜力巨大。

（一）果品产业

环首都地区发展果品产业具有自然区位优势、技术人才优势和临近京津市场等优势。（1）许多地方长期以来就有造林种果、扶山养山的习惯，林业开发易为农民所接受；（2）经营方式灵活，既适合大规模集中经营，也适合千家万户分散经营，而且投入少，产出多，覆盖面和受益面大；（3）各种林产品特别是名优新干鲜果品和林特产品，市场广阔；（4）林果业收益稳定且持续时间长，农民能长期受益，其收入的稳定性优于多数资源开发产业，而抗御自然灾害的能力优于其他种植业；（5）果树种植过程比粮食、蔬菜节水，与生态建设、国土绿化相得益彰。从某种意义上讲，在贫困山区造林就是兴办绿色银行。河北省十个果品特色县中有三个（顺平县、兴隆县、赤城县）位于环首都地区。张家口市实施退耕还林后，形成了葡萄、杏扁、杂果、苹果四大果品基地，经济林面积发展到 24 万公顷。承德市做大做强梨、枣、板栗等骨干品种，巩固提高山楂、苹果、桃、葡萄等传统优势品种，加快发展仁用杏、核桃、柿子等区域特色品种，不断提高果品出口创汇能力。从张家口市、承德市林业局网站查询可知，截至 2014 年底，张家口市葡萄产量达 45.8 万吨，产值达 41.6 亿元；杏扁仁达 1.4 万吨，产值达 6 亿元。截至 2014 年初，承德市林果（包括山杏、山楂、板栗、苹果等）产量达 82 万吨，产值为 28 亿元，增收效益显著。

1. 承德山杏

山杏（又称西伯利亚杏）市场潜力大、生态效益强，且山杏适生区与我国北方山区、沙区和贫困区重叠，种植山杏是"三北"地区生态建设、兴林富民的重要选择。近年来，山杏成为京津风沙源治理、退耕还林、塞北林场、21 世纪水土保护工程等一系列生态工程最主要的栽植树种。作为中国四大山杏产区之一，承德不但把山杏作为阳坡造林绿化的先锋树种，而且强力推进山杏的产业规模化发展、标准化管理、市场化运作。《承德市山杏基地建设相关政策》规定，通过承包、租赁、拍卖等形式，把低产零散的山杏林或用于种植山杏的荒山荒地的经营权出租或出售给个人。截至 2017 年初，承德市山杏基地已达到 520 万亩，杏仁年产量达 2 万吨，产量占全国的 1/4。在此基础上，承德建成了北方最大的杏仁集散地——平泉县北五十家子交易市场，初步形成了"买三北(东北、西北、华北)、卖全国"的购销网络，占据国内七成的市场份额。发展以山杏为原料的加工企业 57 家，依托露露集团等龙头企业的带动作用，形成了从"山杏—杏仁—杏仁露、杏仁粉、杏仁油""杏核—活性炭—活性炭工艺品"的产业链条，产值达 28.8 亿元，带动 30 余万农户增收，人均增收 600 元，成了名副其实的富民朝阳产业。其中，丰宁水星乳品有限责任公司利用当地野生山杏仁为主要原料，是河北省唯一生产杏仁粉和杏仁奶粉的企业，已建成年生产野生杏仁粉、速溶杏仁奶粉 3000 吨的生产线。凭借在全国首屈一指的产业影响力，承德先后承办了全国山杏产业高峰论坛、全国山杏产业研讨会和四届金山岭杏花节，牢牢把握了国内山杏产业的话语权。今后，要推动国家把发展山杏产业作为木本粮油安全战略的重要组成部分，形成"南有油茶、北有山杏"的生态经济林格局。

山杏产业的发展，是承德市平泉县生态产业化的一个典型事例。平泉县地处京津风沙源的最东端，是中国绿色名县、全国优质生态示范区，森林覆盖率接近 60%，是为京津挡风沙、保水源的"后花园"。平泉县山杏资源丰富，自 1992 年以来，借助"首都周围绿化""京津风沙源治理"、退耕还林等国家林业工程项目以及封山禁牧等造林管护措施，用 15 年时间使原始山杏林逐步恢复到了 30 年前的良好生长态势。然而，农民一直认为，山杏是野生资源，对其疏于管理，加之经营管理机制不健全，导致过度放牧、"抢青"① 等现象，造成山杏仁质次量少，使山杏林不能成为农民赖以谋生的手段，也影响了生产企业的原料质量。从 1997 年开始，平泉县委、县政府出台了《深化山杏林产权制度改革实施意见》《拍卖"四荒"资源使用权实施意见》等一系

---

① 指不成熟就采摘的行为。

列文件。首先对由村组统一管理的山杏林进行集中拍卖，拍卖面积不低于 100 亩；对均分到户的山杏林采取反租倒包的办法，集中拍卖给专业大户经营；对现有的荒山、荒沟实行一条沟、一面坡、一个流域的拍卖承包办法，规定使用年限均不低于 30 年。这些政策措施调动了广大山杏林经营者的生产积极性。平泉县在对当地社会经济资源进行综合考察的基础上，确定 20 个乡镇大力发展山杏林，将资金、技术、政策"三位一体"向基地村倾斜。1998 年成立了山杏联合社，一手建基地连农户，一手建企业连市场，形成产加销、农科教、贸工农一体化的山杏产业化格局。山杏联合社实行董事会领导下的主任负责制，将承包荒山、山杏林经营大户吸收为联合社社员，并实行"四优先""四统一"的优惠政策。"四优先"即优先培训山杏科技管理技术，做到人人懂技术会管理，优先提供补植山杏树苗，以优惠的价格优先收购山杏产品，优先付款，山杏联合社每年从经营利润中提取 10% 购置山杏生产工具和防疫灭病药具，优先提供无偿服务。"四统一"即统一科学管理、统一看护、统一采摘、统一收购。近年来，平泉县对土质较好的山杏林和退耕地栽植的山杏林全部改接成优质新品种，通过深翻、浇水、施肥、喷药等技术措施，让杏仁产量、产值翻番。① 目前，平泉县每年实现山杏产业产值 3 亿元，从业人数达到 5000 人。

2. 涿鹿、蔚县的杏扁

仁用杏，通称杏扁，是我国北方珍贵的创汇土特产品。涿鹿县隶属于张家口，丘陵区和山区占全县面积的一多半，干旱少雨、天气寒冷、土地贫瘠，植树造林的难度极大。在长期的绿化荒山过程中，当地政府逐渐发现杏扁不仅耐干旱、耐寒冷、耐土壤瘠薄，生态绿化效果很好，而且果实可食用，可入药，市场销售渠道很畅通，有利于农民增产增收，被农民称为"旱涝保收的铁杆庄稼"。因此，该县将发展杏扁产业同京津风沙源治理、高寒地区退耕还林工程结合起来。为提升产量品质，涿鹿县建立起县、乡、村三级科技服务网络，每年对

① 平泉县：《深挖掘产业链 小山杏变成"摇钱树"》，长城网，2012-10-15。

各乡镇的农户进行技术培训；引进了抗寒、抗晚霜能力强的优质种条进行改接推广，实施了"万亩杏扁防护林建设""百里熏烟增温"和"十万亩嫁接改造"三大工程，使杏扁"十年九冻"变成"十拿九稳"，实现了增产增收。到 2014 年，涿鹿县成为全国杏扁栽培面积最大的基地县，杏扁种植面积达 60 多万亩，占全县经济林面积的 60%。不仅在首都以北形成一道密实的生态屏障，而且年产优质杏扁 1300万公斤，每年为农民直接创收 2 亿元，成为一项惠及 10 多万农民的支柱产业。当地有杏扁加工企业 30 多家，杏仁深加工企业 5 家，从果皮、果肉、果仁到果壳，尽其所用。①

　　蔚县作为全国杏扁的传统产区和主产区之一，已有近 40 年的栽培历史。蔚县 1969 年开始引进杏扁种植时，因管理水平低，产量低而不稳，几乎没有产生什么经济效益，毁林事件不断发生。从 1984年开始，在张家口市林科所科技人员的帮扶与指导下，杏扁产量逐年提高，同时由于价格一再上扬，同等立地条件的丘陵旱坡地，杏扁亩产收入一度达到主要粮食作物谷黍亩收入的 7.8 倍，极大地激发了该县发展杏扁的积极性。县政府于 1991 年制定《蔚县杏扁基地建设规划》，把杏扁生产作为发展农村经济的支柱产业，1999 年实施"扩杏工程"，形成了南北两条杏扁经济林带，确立了杏扁产业在农村经济中的龙头地位。最初，蔚县杏扁产品一直靠个体商贩贩卖销售。由于外贸、供销部门对销售渠道的垄断，所有杏扁种植者以至个体商贩都不知道杏扁最终销往哪里。县政府于 1995 年组建了"蔚县杏扁经销总公司"，专门从事杏扁产品的加工与经销。杏扁公司在一无资金、二无门路的情况下起步，终于在广东和香港杏仁市场挤占一席之地。从 1998 年开始，公司在河北省、市农业综合开发等部门的支持下，进行了杏扁系列产品的开发，在国内率先上马了杏扁脱衣白仁生产线，并先后上马杏扁高档休闲食品项目、杏核壳活性炭加工项目。蔚

---

　　① 雷汉发、张志强、李淑艳：《杏扁满山梁 绿化又富民》，《经济日报》2014 年 7 月29 日。

县还是全国最大的优质杏扁苗木生产基地，目前，形成了从良种苗木繁育、基地栽培、生产管理，到产品销售、精深加工的龙形经济格局，杏扁产业开发在国内处于领先地位，被国家林业总局命名为"中国名特优新经济林——仁用杏之乡"。

3. 怀来葡萄

凭借独特的气候、地形地貌和土壤条件，怀来种植优质葡萄的历史可追溯到 1000 多年前。1978 年，国家将怀来县认定为国家葡萄原料基地。但因名气不响、交通不便等因素，香甜可口的葡萄 5 分钱一斤都乏人问津。为了将特色资源优势转化为产业优势和经济优势，怀来县成立葡萄产业发展领导小组和葡萄酒局，靠产业化带动走上葡萄兴业致富路。1997 年，法国和中国第一个政府农业合作项目——中法合作葡萄种植与酿酒示范农场落户怀来。怀来抽调管理精英，集中技术人才，垫付启动资金，仅用 3 年时间便使一片荒滩变成标准化的现代酒庄。

为了形成龙头带动的局面，怀来县首先与中国长城葡萄酒有限公司共创"公司加农户"模式，联合开发建设上万亩干红葡萄原料基地。又通过项目招商、以情招商、以商招商等多种形式，吸引福瑞斯、大旺、百花谷等 20 多家葡萄酒生产企业落户怀来，包括来自法国、英国、比利时、美国、阿根廷等国的著名葡萄酒生产企业，龙徽和丰收两家北京外迁的葡萄酒企业，形成了多家品牌争鸣发展的局面。这些入驻企业 80% 有自己的种植基地，创新出"公司加农户"的合同契约式、酒庄庄园开发式、企业自办农场式等多种开发模式，不仅开发治理了荒地，而且产生了较高的经济效益，使怀来葡萄进入了产销两旺的快速发展时期。鉴于大多数农户在葡萄种植中依靠传统栽培模式，凭经验栽种、施肥、打药，成为影响产品品质和产业转型升级的瓶颈，标准化种植成为必然出路。怀来县 2012 年发布《关于鼓励农民扩大葡萄种植面积的意见》，引导广大农户以多种形式进行土地流转，由散户种植向集约种植发展，再向基地模式建设一步一步推进。一些葡萄酒企业引导农户以土地、资金等形式入股合作社，使葡萄园集中连片，统一规划管理。相关主管部门还协同葡萄加工企业为百姓提供架材、肥料、苗木等物资支持，有效地提高了区域产业化经营率。

2012 年，怀来县葡萄产业创造的收入占县域财政收入的 26%，真正成为怀来县的主导产业。全县葡萄酒瓶、酒杯、纸箱等上下游产品生产一应俱全，葡萄醋、葡萄籽油、葡萄籽化妆品生产加工规模不断发展壮大，形成了葡萄产业发展的多点支撑。将葡萄产业与地方旅游业结合起来，建成 13 公里长的葡萄观光大道，结合地热温泉旅游打造葡萄采摘观光园，初步开创了集"旅游观光、生态建设、葡萄加工、娱乐饮食、文化传播"于一体的发展格局，葡萄文化旅游收入占到全县旅游业收入总额的 40%。

（二）食用菌产业

以丰宁县长阁村食用菌产业为例。长阁村位于承德市西部，当地的气候环境为高品质食用菌的反季节生产提供了便利条件。2014 年，长阁村总人口为 1770 人，570 户，全村共有耕地 1.67 平方公里，林地 7.57 平方公里，进入 21 世纪以来，为响应京津风沙源治理工程和退耕还林工程共退耕土地 0.87 平方公里，因此，林业经济成为长阁村重要的经济来源。近年来，丰宁县长阁村立足于山区特色资源优势，加快循环农业建设，以食用菌产业为基础的农业、林业废弃物资源综合利用型循环农业模式基本走向成熟。

图 3-1　丰宁县长阁村食用菌种植

1. 食用菌产业模式的现状和特征

长阁村已建成集菌种研发、试验、示范、推广及菌袋生产、标准化反季节生产、工厂化周期生产、产品深加工、物流配送、废料综合处理、科技服务体系于一体的食用菌产业链。2011年，丰宁县众鑫农业有限公司成立，2012年5月，以"公司＋农户"的方式，组织当地农户成立了丰宁县众益食用菌种植专业合作社。目前，丰宁县众鑫农业有限公司食用菌有机种植项目占地规模达0.43平方公里，总投资3000万元，已建成暖棚23座，冷棚610座，冷库三座；年生产平菇、香菇菌300余万棒。

长阁村食用菌产业模式的主要特征是利用大量农林副产品和废弃物发展食用菌产业，如林业上各种木材加工的剩余木屑、果树修剪下来的枝杈、林业间伐下来的枝柴等；农作物的秸秆、玉米芯、麸皮、米糠、高粱壳、花生壳等。以菌棒规模生产加工销售为主导，实现村域内资金、技术、原材料、生产对象的最大集约化，吸纳更多的剩余劳动力从事食用菌生产。

2. 食用菌产业模式的产业链结构

长阁村食用菌产业模式形成了"农林废弃物—菌棒加工—食用菌生产—农林业有机肥"闭合产业链条，同时与太阳能光伏产业合作，共同利用立体空间和光照资源（见图3-2）。

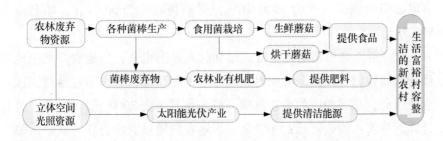

图3-2 长阁村食用菌产业模式循环流程图

在生产源头，菌棒栽培基质的主料来源于农林废弃物，如木屑、麸皮、秸秆等，原料来源广泛，技术相对简单，便于在农村推广。在生产过程中，丰宁县众鑫农业有限公司负责食用菌菌棒的生产加工，实行统一的引种、制种、菌棒生产配送，并为种菇农户提供供销服务，包括技术培训、资料发放、新品种推广等。在生产的末端，食用菌废料作为良好的有机肥料，回田下地，从而进一步延长产业链条，实现农林废弃物资源的转化增值。

此外，由于食用菌生长性喜阴，而当地又具有较好的光照资源，因此引进太阳能光伏产业，充分利用立体空间和光照资源，实现资源的综合利用。

3. 食用菌产业模式的效益分析

一是经济效益。丰宁县众鑫农业有限公司食用菌产业的投资成本主要包括生产成本、固定成本、能源耗费、人员费用四部分。生产成本是指用于购买菌棒生产原料的投资；固定成本是指场地、设备、厂房三部分的投资；能耗费用是指生产消耗的水电费；人员费用是指各类工人工资。丰宁县众鑫农业有限公司的经济收入主要包括三部分：第一，销售菌棒，通过规模集中的菌棒生产，将部分菌棒销售给农户；第二，销售鲜菇和干菇，通过收购农户的鲜菇，直接销售或者经烘干后进行销售；第三，太阳能光伏项目场地租金，由于食用菌为喜阴作物，而当地又具有良好的光照资源，与太阳能光伏项目合作，收取场地租金。对 2014 年调研数据的统计分析得出，丰宁县众鑫农业有限公司的固定资产为 3000 万元，年销售收入 2000 万元，净利润 500 万元。

农户可以通过以下几种方式增加收入：①租金，当地农户把土地经营权流转到合作社，可获得土地租金；②薪金，农户通过参与园区生产活动，获得相应的劳动报酬，每人每月工资 2000 元，按 10 个月计算，年收入为 2 万元；③股金，当地农户通过股份合作方式，入股分红，根据合作社经营情况和带动能力，可吸纳一部分资金持股分红，从而获得股金；④经营收益金，部分农户通过在园区工作，学习食用菌种植技术，可以直接在园区从事食用菌种植，合作社负责技术指导及产品回收，农户获得相应经营收益，按每人管理 2 万棒核算，每年至少可获得经营收入 2.5 万—3 万元，加上前期统一制棒的工资收入 1 万元，年经营收益可达到 3.5 万—4 万元。

二是生态效益。长阁村以食用菌产业为主导的废弃物资源利用型循环农业模式大规模地利用各种廉价农林副产物及其加工下脚料，通过生物作用将粗纤维转化为人类可食用优质蛋白保健食品，且生产过程没有污染物产生，采收后的菌渣是富含菌体蛋白的生物饲料和生物有机肥，可用于培肥地力、改善土壤团粒结构，实现了物质良性循环。此外，充分利用立体空间资源，发展太阳能项目，提供清洁能源。

三是社会效益。食用菌产业是劳动密集型产业，可直接或间接转化大量农村、城郊富余劳动力，据统计，可带动当地 600 余农户从事有机食用菌相关行业，长期提供 150 人劳动力就业，临时提供 150 人就业岗位。同时，食用菌产业的发展壮大还会带动其他产业，比如商贸、交通运输、机械加工、原辅材料、农膜包装、旅游餐饮、金融等的发展，达到农民增收、农业增效、财政增长的目的，形成"兴起一个产业，富余一方百姓"的农村经济新格局。

4. 经验总结

丰宁县长阁村通过对农林废弃物的综合管理与资源化利用，开展产业创新，延伸食用菌产业链条，使之发展成为与地区新农村建设相适应的新兴产业。其成功经验包括三方面：

一是在生产经营过程中，以农林业废弃物能源化利用为重点，探索农林废弃物资源的开发利用新途径。将农林废弃物作为生产食用菌的基质料，通过物理转换、化学转换、生物转换三种生物质能源转换技术，实现农业废弃物的能源化利用，延伸农林业生态产业链，实现资源的循环利用，达到保护农业生态环境和提升农林业生产运行质量的目的。

二是在生产组织方式上，采取"公司 + 农户"和"合作社 + 农户"的方式，把从事食用菌生产的大量分散农户，以技术、信息交流和服务为纽带联合组织起来，靠专业化服务推动产业化经营。公司一方面为农民提供技术指导，使农户的生产顺利进行；另一方面为农户提供市场信息和销售渠道，有效地化解农户的市场风险。

三是不断拓展产业链条，实现资源的综合利用。该循环农业模式根据食用菌生产不喜光的特点，为充分利用立体空间和光照资源，与光伏产业建立合作，各取所需，分别进行食用菌和太阳能清洁能源生产。

（三）环首都地区森林食品产业的问题与出路

环首都地区森林食品产业的劣势：一是山地果园多，以旱作栽培、零星分布为最大特色，很少有集中连片在66.7公顷以上的大果园。二是果农技术水平较低，管理措施不到位。除了一部分栽植的山杏进行了杏扁的嫁接外，核桃、板栗、大枣等兼用树种嫁接不及时，多数停留在看护的状态，停留于自然粗放经营上，产量低而不稳，抗灾能力低。三是以果农和个体经销户为生产、销售主体，服务网络和销售网络不健全，多数果农以生产为中心，盲目生产，分散经营，抗市场风险能力极弱。四是商品化处理水平低，采收后不注重分级、包装，产品不上档次，果品加工量少，品牌建设滞后。例如，山杏加工企业虽多，但除承德露露集团和绿世界规模较大、品牌知名度较高外，其他企业规模小、品牌知名度低。在局部地方和个别年份，由于栽培结构不合理、加工不配套等原因，造成市场饱和却又无法处理，林农不得不减价甩卖甚至含泪砍树。以上是影响环首都地区果品产业发展的主要因素。

环首都地区森林食品产业提质升级，一要加快培育专业大户、家庭林场、专业合作、股份合作等新型经营主体，增强抗击经济波动与自然灾害的能力，全面推广无公害栽培和标准化管理，做到种植的优质化。二要创新林业果品销售模式，大力发展物流配送、连锁经营、农超对接、电子商务等新型营销方式，为果品的稳定销售创造条件。三要大力引进林果深加工项目，形成一批林果加工产业带和产业集群，如此，有助于克服鲜食果品上市集中、运输成本高等缺陷，提高产品的附加值，拉长林果产业链。

三 着力发展林下经济

通俗地说，所谓林下经济，是指以林地资源为依托，充分利用林下土地资源和林荫空间，发展林下微生物、动植物种养的新兴产业。林下经济在国外被称为农林复合经营，或农用林业、混农林业（Asro-forestry）。刀耕火种式和庭园式的混农林业已存在许多世代，发展中国家的林业和农业一直是不可分离的。近十年来，新型的混农林业作为一种替代轮垦的方法被广泛接受，而且为国际援助组织所认同。澳大利亚学者瑞德和魏尔逊（Reid & Wilson，1985）提出的定义是："农林复合经营是在同一土地经营单位上农业与林业的综合，即在同一时期内或按次序把畜牧、农作物置于稀植的林木之下。"

林下经济发展模式灵活多样。按生产方式，可分为种植、养殖两大类，主要有林粮、林菜、林药、林菌、林禽、林畜结合等多种立体化复合模式；按林地利用方式分，有林地空间利用型、林荫环境依存型、林下生物链条型、复种间作型四大类。在国家林业局公布的《林业发展"十三五"规划》中，林下经济和种苗花卉、林药材、优势特色经济林、野生动植物繁育利用、沙产业等一起被作为绿色富民产业。

由于在林木和非林木组分之间存在明显的生态和经济的相互作用，林下复合经济模式通过同一土地上经营品种的多样化，实现林地产出率、资源利用率、劳动生产率的"三提高"，从而延缓土地报酬递减，提高抵御自然灾害的能力，缓解农林之间的争地矛盾，兼具生态效益、经济效益和社会效益。这正是林业经济与传统农业和单一林业相比的独特优势。

就生态效益看，林下经济实现了林地空间的立体利用，并通过构造林下生物链条实现了生态系统的良性循环。据测算，发展林下经济的森林生态系统，其生物量是对照系统的 4.24 倍，光能利用率比对照系统提高 12.09%[1]，树木生长量也比一般林地平均高出 15%—20%[2]。就社会效益而言，把畜禽养殖由村内转移到林间，可改变人

---

[1] 李金海、胡俊、袁定昌：《发展林下经济 加快首都新农村建设步伐 关于发展城郊型林下经济的探讨》，《林业经济》2008 年第 7 期。

[2] 刘宝素、李瑞平：《河北省林下产业的发展现状及存在问题与发展对策》，《河北林业科技》2007 年第 7 期。

畜混居的传统生产、生活方式，有效减少病菌传染，改善居住环境，美化村容村貌，提高农民生活质量。就经济效益而言，林下经济能够突破林木生长长周期对林业的制约因素，走出一条"长期有绿，短期有利，以短养长，长短结合"的可持续发展之路。综合来说，林下产业的经济价值在每公顷 3.75 万—30 万元以上（详见表 3-3）。

表 3-3 林下产业经济产品价值

生产模式	林畜（肉牛或肉兔）	林禽（林下养鹅）	林菌（林下种草菇）	林菜	林药	林草
年收入（万元/hm²）	>30	18	>15	4.5—7.5	4.5	>3.75

资料来源：刘美丽《林下经济模式及综合效益》，《林业实用技术》2007 年第 4 期。

近年来，环首都地区林下产业得到一定的发展，给林区农民带来了收入的增加。例如，万全区宣平堡乡霍家房村发展林下养殖，配套以餐饮、观光、采摘，使贫困村成为"中国乡村旅游模范村"。以"公司+支部+农户"的形式建起了 200 亩林下养殖示范基地，现存栏孔雀、白鹅、灰雁、鸵鸟、火鸡等 30 多个珍禽品种，主要销售到北京、张家口等地区，每年创造经济效益 500 余万元，每年为村民提供就业岗位 30 余个。道路两侧绿化也采取了"林上带林下"的种植模式。

表 3-4 河北及张承地区森林旅游与林下经济情况 （万元）

年份	河北省林业旅游与休闲产业		林业旅游与休闲产业产值			林下经济产值	
	收入	直接带动的其他产业产值	河北	张家口	承德	张家口	承德
2010	151924	219139	151924	50198	6230	—	—
2011	171478	218236	171478	69386	6129	0	8956
2012	244078	240524	244078	88197	9588	8140	64381
2013	429939	256786	429939	121818	13888	13102	62045
2014	485004	248801	485004	152983	19183	12047	62101

注："—"表明数据不清。

资料来源：河北省林业统计数据管理系统。

与吉林、辽宁、山东等省相比，河北省林下产业总体规模小、发展速度慢，90%以上林下土地资源处于闲置状态，全省林下产业发展面积仅占有林地总面积的1%。速生丰产林大多采用纯林模式，极少数采用林粮间作模式。笔者对丰宁县部分乡镇做了调查，发现虽然农户大多拥有林下经营权，但真正落实的却少之又少，林下种植、养殖等增收致富途径并未得到充分利用。林下经济发展不足，一个重要的原因在于林下种养业龙头企业数量少、规模小，没有实现真正意义上的产业化。① 以农户为基本单位、各自为战的林下经济作业模式，产品自产自销，难以形成规模优势和竞争优势，成本高，质量无保证，也无法大规模建设基础配套设施，制约了林下经济的规模化和集约化发展。

林下经济属于刚出"地平线"不久的新兴产业，要注重产业引导的超前和适度性，避免用行政命令、资金扶持等手段搞"一刀切"式的大推动。应本着适种则种、适养则养、适采则采的原则，制定林下经济发展规划，总结和推广林下养鸡、控制性放牧等林牧结合模式，尽量做到一林多用，提高林业产量、质量和效益。建立农、林、畜齐抓共管的协同机制，构成大农业复合经营和产供销纵向产业链条，实现林上林下协调化、产前产后配套化、产品特色化；积极招商引资，建立林下资源精深加工企业；扶持典型示范项目，将林下经济纳入农业综合开发扶持范围，引导农民自愿参与。要加强林地资源的协调管理，把开发林下资源与森林管护有机结合起来，防止变相退林还耕，制止掠夺性采集或滥采滥挖行为。

四 发展森林生物质能源产业

森林作为巨大的可再生资源库和自然循环经济体，是世界第四大能源资源，仅位列煤炭、石油、天然气之后，具有可再生、可降解的优势。森林生物质能源主要涉及薪炭林、灌木林与林业生产剩余物，

---

① 胡俊达、胡艳东：《关于加快我省林下产业发展的几点思考》，《河北林业》2009年第1期。

种植用地可为荒山荒地、水分较好的沙地、无立木林地以及盐碱地等。张承地区生态条件多样，生物资源丰富，适宜林业生物质能源树种的生长。比如，文冠果是提取生物柴油的最佳原料之一，其种子含油量达35%—40%，种仁含油量达66%—72%，比油菜籽含油量高一倍多，其果木、种子以及副产品均具有可观的经济价值，被国家列为中长期重点发展的生态能源树种之一。现有文冠果林以半野生状态为多，生长慢，产量低，经济效益不高。张家口市康保县2007年完成文冠果容器育苗300多万株，目前，张家口市正实施"百万亩文冠果生物质能源林"建设工程。此外，承德县已启动国家级刺槐能源林试验项目。今后，应充分利用张承的土地资源与自然优势，推进能源林基地建设，引进适合生长的能源林树种，将发展林业生物质能源林与林业重点生态工程相结合，推动能源林的种植、培育，鼓励农户积极参与，并通过农户—能源林—企业等模式，实现增收。

图3-3 丰宁宏森木业有限公司生产的木煤系列产品

丰宁宏森木业有限公司是一家以生产生物质成型燃料（木煤）和人造板为主的新型能源专业化公司。引进了德国先进的生物质成型燃料（木煤）生产技术，购置了美国泛欧木业机械公司和意大利帕尔公司的生物质成型燃料（木煤）生产设备，2009—2012年建成了亚洲最大的年产 25 万吨生物质成型燃料（木煤）生产线。产品销往多个省市，还出口到韩国和欧洲，在国内外获得了较好的声誉。公司在收集大量木材、树枝、木材碎屑的同时，营造 6 万亩速生林基地，还以"公司加基地"带动农户的方式，同丰宁县 5000 多农户签订了速生林种养合同，带动全县近 20 万亩速生林种养。林业产业化与保护森林资源相辅相成。

五　大力培育碳汇林业

碳汇林业是对传统林业功能的进一步深化。2010 年，廊坊市大城县与上海世博会达成了收购协议，计划用三年时间营造 2000 亩以速生杨为主的碳汇林，将所建碳汇林全部出售给上海世博会，世博会给予每亩地 60—70 元的碳汇补偿。意大利、德国等国公司也对廊坊市碳汇造林项目进行了实地考察，这是一个可喜的开端。

2014 年 12 月，京冀正式启动跨区域碳排放权交易试点建设，明确了跨区域碳排放权交易市场的体系构架，利用北京现有基础和政策体系推动市场建设，优先开发林业碳汇项目，积极吸引社会资本参与跨区域节能减排和生态环境建设。丰宁满族自治县潮滦源园林绿化工程有限公司按照规定，开发了承德市丰宁千松坝林场碳汇造林一期项目，经审定，该项目第一个监测期（2006 年 3 月 1 日至 2014 年 10 月 23 日）内核证的碳减排量为 160571 吨二氧化碳。北京市发展和改革委员会预签发了 60% 即 96342 吨二氧化碳。2014 年底，丰宁县潮滦源园林绿化公司将千松坝林场造林一期项目的核证减排量在北京环境交易所挂牌交易，当天成交 3450 吨，成为首单成交的京冀跨区域碳汇项目。挂牌首日，眉州东坡餐饮管理（北京）有限公司率先采购了 1550 吨核证减排量，用于 2015 年的碳排放履约。截至 2015 年 10 月 20 日，北京碳市场已经累计实现 530 万吨碳配额交易，其中京冀碳汇交易 7 万吨，为林业碳汇项目业主创造收益超过 250 万元。在 7 万吨京冀碳汇交易中，北京东方石油化工有限公司是最大客户，交易量为 5 万吨。通过购入林业碳汇项目、出售碳配额，该公司也创造了一种新型收益，其中，每吨碳汇的收益在 10 元左右。作为全国首个跨区域碳排放交易试点，北京碳汇交易的均价在 40—50 元/吨，是全国 7 个碳排放交易试点省市中价格最高最稳定的。[①]

2016 年，张家口市成立了中国绿色碳汇研究院张家口分院及 20 个中国绿色碳汇基金会碳汇志愿者工作站，成为全国唯一各县区志愿者工作站全覆盖的市，为推进碳汇林业项目打下了基础。由老牛基金会捐资，中国绿色碳汇基金会组织实施的老牛冬奥碳汇林项目，自 2016 年 9 月正式启动以来，在崇礼区、赤城县、怀来县已经完成项目整地 1690.93 公顷，完成栽植 595.34 公顷，已进入抚育管护阶段。

六 大力发展森林旅游业

按照美国学者鲁滨逊·格雷戈里（G. Robinson Gregory）提出的概念，森林旅游（forest tourism）是指以任何形式到林区（地）从事的旅游活动，不管这些活动是直接利用森林还是间接以森林为背景。[②] 森林旅游是以森林公园、湿地公园、自然保护区、狩猎场作为主要的旅游场所，属于现代林业和旅游业融合而成的新兴业态[③]，已成为林业第三产业的龙头行业。

相对于一般财政转移支付和社会援助等扶贫方式，旅游扶贫的根基来源于巨大的市场需求，它避免了"拉郎配"式的扶贫所带来的诸多问题，具有效率高、成本低的优势，正成为我国扶贫攻坚的崭新生力军。相对于传统种植养殖业来说，旅游的收入弹性大，附加值较高，可以带动起一个产业链，如林区餐饮业、旅店业、娱乐业、养殖业、工艺品业、交通业等。戴广翠等运用旅行费用法评估出中国的森林旅游价值为 293.4 亿元，消费者剩余为 4865.90 元/公顷。同时，

---

① 王萍：《京冀跨区域碳汇交易已达 7 万吨》，《北京晨报》2015 年 10 月 28 日

② 鲁滨逊·格雷戈里：《森林资源经济学》，许伍权等译，中国林业出版社 1985 年版。

③ 刘世勤、刘友来：《森林旅游产业的特性、功能与发展趋势》，《中国林业经济》2010 年第 4 期。

旅游业就业容量大、门槛较低，旅游扶贫是带动性、参与性最为广泛的扶贫方式，全村"同吃旅游饭，同步奔小康"的现象屡见不鲜。旅游扶贫还能够提高贫困户的人力资本、社会资本，是物质和精神"双扶贫"，持续性强、返贫率低。由于其"保护环境"和"社区受益"的两大特征，生态旅游常用于减缓现有或潜在的保护区与社区居民生计之间的矛盾与冲突。旅游促进扶贫主要有五种方式：一是直接参与旅游经营。譬如开办农家乐和经营乡村旅馆，成为第三产业的经营业主，这极大地增加了非农劳动收入。二是参与旅游接待服务，取得农业收入之外的其他劳务收入。三是出售自家农副土特产品获得收入，拓展农产品销售渠道，提高销售价格。四是通过参加乡村旅游合作社和土地流转获得租金。五是通过资金、人力、土地参与乡村旅游经营获取入股分红。

目前，环首都地区森林旅游还处于发展的初级阶段，服务质量不高，产品单一，品牌效应不明显，亟须提质升级。对此，本书第四章将专门加以论述。

第四节　环首都地区林业产业化问题分析及对策建议

一　环首都地区林业产业化发展存在的问题

（一）林业市场机制不健全，体制改革滞后

1. 林权制度改革滞后

（1）林权不完整

对于林业经营主体来说，真正拥有的是林木资源的所有权（包括林木的占有权、经营权、收益权和处置权等）和林地的使用权，而国家的限额采伐制度、林地流转制度等的特殊限制导致林业经营主体所拥有的林权残缺不全，使得林业经营者的积极性大为降低，进而林业投资受限，林业产值减少，规模缩小，对林业减贫产生了负面作用。森林采伐限额管理制度的审批权力过于集中于政府部门，分配不公开透明，手续繁琐，耗时长，要求严格，导致农户望而生畏。据调查，76.92%的受访户在被问及采伐指标时，反映采伐指标申请不容易，这已经成为林业经济发展的重要制约因素。

（2）林权主体不明晰

集体林权改革后，仍存在林权归属、权责不清的问题，并未真正将集体林地经营权和林木所有权落实到农户，农民的经营主体地位被虚置，导致农户发展林业的积极性弱化。林权证发放工作滞后，据调查，样本地区约69.23%的受访者表示，林权证尚未到手，大部分农民对集体林权制度改革不了解，集体林权在改革后林业收入没有增加，对集体林权制度改革不满意。[①]

2. 林业市场机制不健全

目前，张承地区除山杏等个别品种之外，还未形成一定规模的林产品、林副产品市场，缺少信息化供销交易平台，林业产品销售渠道不畅。市场信息不对称，林农作为林业生产与经营的主体之一，数量众多而分散，对市场信息的掌握有所欠缺，在与拥有更多信息并占据主动地位的经销、加工等公司进行交易时，这些公司故意压价等不利行为时常发生，有损收益。林地流转市场尚未真正形成，大量林业资产不能开展高效的资源流动和重组，限制了林权主体的收入水平。样本地区超半成以上受访户表示，林地流转程序较为繁杂，实际存在林地流转的受访户不足8%。

3. 税费负担重

据测算，我国各行业的平均税负为15%左右，而木材税负是其他行业的3倍甚至更多。税费过重，使林业经营者收益甚微，何谈林业减贫。例如，国家规定的林业收费项目有育林基金和维简费，二者之和占木材售价的20%—26%，再加上另行规定的其他规费，如植物检疫费按销价的0.2%征收，诸如此类的规费合计可达销售价格的25%—35%。

---

① 刘晓敏、张云、叶金国：《环首都地区农户集体林权制度改革结果满意度实证分析——以丰宁县为例》，《林业经济问题》2016年第1期。

（二）林业产业化程度低

环首都地区林业资源丰富，却未能得到有效利用，林业产业化经营基础相对薄弱，呈现出"有产业没产业链，有品牌没名牌"的局面，经济效益与吸纳就业能力有限。环首都地区林业基本停留于第一产业，产业价值链短，初级产品比重大，林产品附加值较低。林业第二产业集中于板材、纸制品以及其他林副产品加工业，集群效应差，张承二市林业产品生产（加工）基地的个数分别占各市农产品生产（加工）基地个数的2.50%、13.73%，占河北省农产品生产（加工）基地个数的0.15%、1.02%。由于缺乏后续加工链条，优质品种不能得到有效推广应用。河北省燕山腹地有多种小杂果，其中的五香梨、波梨等在口感和品质上都属上乘。但只生长在很小的区域范围内，由于当地缺乏保鲜加工能力，这些优质产品无法走出大山，再加上缺乏管理，已所剩无几。① 以现有资源为依托的第三产业发展还处于初级阶段，它所带来的就业效应极为有限。2014年，张家口市林业三产产值分别占林业总产值的57.08%、24.48%、18.45%，承德市分别为56.30%、41.21%、2.49%。

从组织形式上看，受长期以家庭为单位进行生产经营的传统模式的影响，林业产业规模小而分散，很难形成种植大户，不利于形成规模效益。缺乏龙头企业是最大的问题。例如，坝上地区在退耕还林工程实施中种植了大量柠条，由于缺乏大型柠条饲草加工企业，柠条利用率较低，直接影响了工程效益和成果的巩固。据统计，2014年，张家口市、承德市林业龙头经营组织分别占各市农业产业化龙头经营组织的3.52%、12.50%，占河北省农业产业化龙头经营组织的0.35%、0.96%。

（三）林业社会服务体系不健全

环首都地区人力资源丰富，但受教育程度低，缺乏现代种养殖技术，呈现出"有人力没技术"的特点。张承地区基层林业科技服务机构与科技服务人员有限，服务主体主要依靠政府林业科技推广部门，推广体系不健全，机构运行乏力，难以满足日益增加的林业科技需求。

---

① 王晓东：《河北省山区产业化扶贫问题研究》，《农业经济》2013年第12期。

样本地区仅 15.96% 的受访者接受过林业科技服务，缺少实用、有效的技术和方法指导，林业增收受限。此外，张承地区林业专业合作组织、林农自发组织的各类专业协会数量较少，类别、规模有限，很难在销售渠道、技术支持、市场竞争优势地位等各方面体现出优势。

（四）退耕还林后续产业发展不足

一是退耕还林后续产业重在第一产业，多初级产品，精深加工产品较少，森林旅游、花卉种苗等处于起步阶段，规模较小。二是后续产业发展资金短缺，资金来源主要依靠政府补助、龙头企业以及林农集资，资金来源单一。样本地区 88.46% 的受访者并不知道退耕还林后续产业支持，仅 11.54% 的受访者表示国家提供了后续产业，菌类产业占多数。

二　林业产业化发展的对策建议

针对上述问题，应从制度层面、产业层面以及农户层面制定促进林业产业化发展的对策。

（一）制度层面

1. 完善林业产权制度，改革木材采伐限额制度

（1）明确产权主体与产权收益归属，将森林经营权明确到具体的自然人，将林木所有权、林地经营权、林地林木处置权和收益权落到实处。尽快核发林权证，并切实维护林权证的法律效力。在明确林权的基础上，引导、鼓励使用权的合理流转，以市场为导向推动流转方式多元化，如承包、租赁、转让、拍卖、协商、划拨等形式，建立健全流转市场，推动流转制度创新。

（2）目前，河北省有国有林场 141 个，总经营面积 1166 万亩，总资产 1090.6 亿元，其丰富的林下资源、旅游资源、休疗养资源也是一笔可观的优质生态资产。① 应理顺管理体制，明确公益性质，尤其

---

① 赵勇：《构建"五大支柱"以改革和发展的办法着力改善生态环境》，2012 年 7 月在省委理论学习中心组学习会议上的讲话。

是在政策和资金方面多给予倾斜，保障林场健康、稳定发展，充分发挥其在生态建设与保护中的主力军作用。为使珍贵的国有森林资源在林业生态建设中发挥更大的作用，应创新经营机制，考虑组建林业集团公司，通过股份制改造，吸引社会资本投资。政府赋予公司植树造林、保护资源的职责，并授予其经营开发森林资源的特许经营权，让它们在完成造林和管护任务的前提下，能够通过经营开发获得可观利润，进而增加造林投入，实现良性循环。

（3）改革木材采伐限额制度，对生态公益林和经济林要区别对待，对公有林和非公有林、新造林和原有林均应区别对待。特别是非公有经济林，其经营者应拥有完整的自主经营权，可自主决定采伐与否，以获得长期收益最大化。为防止大面积集中采伐所引起的不良生态后果，非公有公益林可以比照公有经济林采取限伐制度，同时政府要给予经济补偿，以保证经营者的利益。

2. 建立林木林权交易市场，健全市场保障与支撑体系

尽快建立健全林木和林地交易市场。一是鼓励建立森林资源价值评估、法律及政策咨询等服务中介机构，发展出让、股份经营、联营、抵押、拍卖等灵活性、多样化的产权交易方式，实现林业资源商品化经营。二是完善林木林地产权变动的法律法规，健全交易规章制度，规范林权变更登记与交易方式、范围、程序等，形成简洁明晰、严谨合规的标准化林权交易细则，加强流转监督。三是搭建相关林业产品交易平台，应用互联网实现林业信息互享，开拓林产品销售渠道，避免林农因信息不畅或信息不对称而造成损失。

3. 积极推进政府和社会资本合作（PPP）模式试点

在当初造林最艰苦的时期，承德以发动干部群众捐粮捐菜、抢险救灾等多种方式，无私地支持塞罕坝机械林场的建设。当前，新建规模化林场，其资金模式应该以政府投入为主，并广泛动员全社会力量，鼓励社会投资、企业投资合作。有些地方在其发展空间已经饱和的情况下，采取和周边集体、个人合作造林的方式，投资按比例分成，也是一个不错的方式。

PPP是"指政府为增强公共产品和服务供给能力、提高供给效率，通过特许经营、购买服务、股权合作等方式，与社会资本建立的利益共享、风险共担及长期合作关系"。从世界银行对PPP的分类来看，主要包括外包类（模块外包和整体外包）、特许经营类和私有化类。2016年11月，国家发改委联合国家林业局发布了《关于运用政府和社会资本合作模式推进林业建设的指导意见》，提出在林业重大生态工程、国家储备林建设、林区基础设施建设、林业保护设施建设、野生动植物保护及利用五大重点领域实施政府和社会资本合作（PPP）模式，并明确了相关扶持政策。2017年8月，河北省出台《关于全民所有自然资源资产有偿使用制度改革的实施意见》，提出在承德市选择1—2个国有林场开展国有森林资源有偿使用试点工作，探索通过租赁和特许经营模式发展森林旅游。通过特许经营开发获得可观利润，进而增加造林投入，有望实现良性循环。应积极遴选前期工作成熟、具有长远盈利预期、规模较大的林业项目，通过授予特许经营权、给予投资补助、政府购买服务等稳定的社会资本收益预期，开展社会资本参与林业建设合作试点。

4. 林业税费改革，规范税费体制

林业作为具有正外部性的国民经济产业，应借鉴国外经验，实行轻税费政策。一是逐步减少林业税收种类，降低征收比重，实现低税负。对于非公有制林业经营者符合国家政策的造林、养林、护林行为，应给予税收优惠，同时，规范税基计算口径，统一征管方式，避免税费征收标准的随意浮动。二是清理整顿较为繁杂的林业费项目，规范征收程序，避免寻租行为。改革育林基金征收管理和使用办法，专款专用。三是加强税费征收与分配的监管，切实保护农民利益。将税费征收政策、办税程序、税费标准等向社会公开，接受社会和媒体的监督。

（二）产业层面

优化林业产业结构，要以林产加工业为基础实行纵向（垂直）一体化扩张战略，可分为三种方式：后向一体化，即向上游森林资源培育等环节进行"后向"环节延伸；前向一体化，即向下游林产品流通、销售等环节进行前向渗透；全线一体化，即种苗、营林、加工、销售等环节的一体化。例如，造纸企业与拥有林地的集体或农户签订合同，向森林培育业的"前向"发展，或者营林企业与造纸公司结合向木材机械加工、化学加工等"后向"发展，形成林—浆—纸一体化产业链。总之，要通过市场价值链整合区域内的产业资源，实现物流、信息流、资金流、人才流的合理配置。

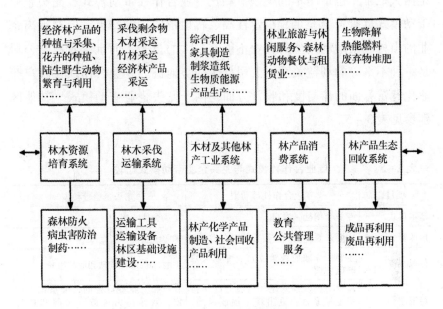

图 3-4 林业产业链的拓展

以单家独户为主的经营模式在短期内会促进林业发展，但林业的特点和国内外经验证明，林业最终要走规模化、专业化、集约化的经营之路。从微观层面看，林业产业链的延长可以由龙头企业、合作经济组织、中介组织、专业市场或专业化交易中心等微观主体带动。因而，实现林业规模经营的途径有"企业＋农户""专业合作社＋农户""企业＋专业合作社＋农户"等多种形式。第一，"市场＋农户"模式。即通过建设林（农）产品交易市场、批发市场，带动林农进行专业化生产和科学化管理。第二，"集团公司＋农户"模式。即以一种优势产品为主，分别组织生产、加工、销售等不同的分公司，通过技术、信息服务及投资、让利等形式，与农户联合，统一安排各个环节的业务，形成一体化机制。这种模式具有很强的风险承担能力。第三，"站（场）、协会＋农户"模式。即林技站、协会等组织为林农提供资金、技术、物资、销售等服务，联合开发主导产业和优势产品。

在以上几种产业化组织模式中，龙头企业带动、专业合作社带动是两大最常见也最基本的类型。相比专业合作社带动模式，龙头企业带动模式具有资金充足、稳定性高、辐射范围广的特点，但对远离企业的山村、山地利用型的林业不能有太大的指望，而且，农户与公司是一种不平等的利益关系，公司处于强势地位。专业合作社在农户产业化经营方面的参与度和收益方面均高于龙头企业带动模式。其他区别参见表3－5。

表3－5　　　　　专业合作社模式与龙头企业带动模式比较

项目	专业合作社带动型	龙头企业带动型
基本模式	专业合作社＋农户	龙头企业＋农户
内源资金	主要来源于农户（资金相对分散）	来源于企业（资金雄厚）
外源融资	主要依靠政府政策支持、专业大户联保贷款	主要依靠银行贷款和股权融资
稳定性	需要靠惠顾额返还和入股分红保持稳定关系，一旦出现亏损或风险，易出现退社现象	农户和企业签订合同，关系比较稳定，但容易出现道德风险和违约风险
前提条件	由能人或大户带动，社员发展为专业农户，积极入股合作社	由大型龙头企业带动，广大农户积极参与
发展空间	有动力，但受资金限制，产业链条延伸不够，生产合作社很少涉及加工项目	有动力，有能力，产业链易延伸
农户参与度	产业化经营参与度高，按一人一票或投资额参与合作社管理	产业化经营参与度低，按合同完成生产任务
农户收益	获得生产劳动收益、惠顾额返还收益和入股分红收益	获得劳动收益

龙头企业是林业发展的依托，企业对外开拓国内外市场，对内连接生产基地和农户，是带动地区经济发展和农民增收、就业的有生力

量。国家林业局定义的林业产业化龙头企业是：从事林业产业，具有科技开发、产品创新、市场开拓能力，企业法人治理结构完善，产业关联度大，通过利益机制与农户（林农）相联系，在优化林业产业结构和现代林业建设中发挥重要示范带动作用的涉林企业。林业产业化龙头企业分为以下几大类型：一是种植和养殖类企业，包括经济林种植类、林木种苗（花卉）种植类、林下种植养殖类、野生动植物人工繁育利用类。二是林产加工类企业，包括（木）制浆造纸类、森林食品加工类、木本油料类、林化林药类。三是林业生态旅游类企业。它们能带动服务业的发展，并为周边农户提供就业岗位。四是林产品市场和流通类企业。这类企业通过给农户提供与产品市场对接的机会，给农户带来利益。五是林业科技创新类企业。它们通过科技创新，产生科技的溢出效益。其中，种养殖类企业和林产加工类企业与农户的联系最为紧密，带动最为直接，特别是林产加工类企业具有就地生产、就地直售，运输距离短、运费低的优点，具有明显的后向带动效应。

在贫困地区，如果龙头企业自身没有标准化的生产基地，直接与分散农户签订收购合同，不仅成本高，而且操作难度大。目前，环首都地区多数林业企业与农户是一种松散的买断关系，所签订的合同也缺乏履行保证机制，双方利益关系不稳定。根据对河北省113个县（市）的调查，贫困地区龙头企业带动模式最为有效的操作方式是"大园区，小片化"，即有资金实力的龙头企业组建大的生产园区，通过某种关键性的利益纽带，吸引贫困农户加入园区，农户在园区内进行分散的生产经营管理。这里，关键性利益联结纽带可以是资金、技术、土地或管理知识等，其中以资金为基础的"非市场安排"是增强利益联结的较好选择。非市场安排是指企业与农户之间在非市场交易原则下形成的安排，通常是指企业通过制定收购保护价、免费提供专用性资产的使用权、允许生产资料赊购、提供无偿技术指导等，保证农户收益的稳定性和参与的积极性。企业为农户提供系列化服务，实行保护价订单收购，通过统一生产管理和物流销售，保证产品的产量和质量,提高经济效益。农户则按照合同定向生产、定向销售。通过有效的利益联结机制,使贫困农户成为产业化扶贫的受益者。政府在龙头企业和农户之间要发挥黏合剂的作用,在政策、项目、资金等方面支持龙头企业发展,鼓励龙头企业采用"非市场安排",主动吸纳广大贫困农户参与产业化经营。①

环首都地区林业龙头企业的发展,有自己组建和招商引资两种途径。一方面,可以考虑围绕荒山荒坡治理、水土流失治理等方面,组建若干个生态建设专业大公司,以生态资产为抵押进行融资,以此增加生态环境建设投入,并从开发经营生态环境资源中获取收益。另一方面,大力发展多种形式的林产品加工园区,以园区为依托加大招商引资力度,在"央企入冀"等活动中把林业作为重点领域予以推介。林业企业与基地是共生体。要加强对退耕还林后续产业基地建设的扶持力度。有实力的龙头企业应该尝试组建生产园区,直接建立或控股生产基地。农民、营林组织、加工企业等联合、协作进入市场,提高驾驭市场的能力,从而形成"市场牵龙头(龙头企业)、龙头带基地(人工林基地和种苗基地等)、基地联农户"的一体化经营模式,摆脱社会化服务体系不健全的制约。

在"公司+农户"这一基本形式之外,应积极鼓励各种派生形式,如政府+公司+农户、公司+基地+农户、合作经济组织+公司+农户、公司+农户+基地+市场,等等。引导农民以多种形式与企业、生产基地以及社会投资主体形成利益共同体,形成利益共享、风险共担、互惠互利、共同发展的格局。

(三)林业社会服务层面

对于小面积分散的林农来说,由于缺乏技术和经营方法,需要再组织起来,自主成立合作社或者以股份制等形式,将分散的森林连成片以实现集约化管理,在技术人员的帮助之下获得更好的效益。为

---

① 白丽、赵邦宏:《产业化扶贫模式选择与利益联结机制研究——以河北省易县食用菌产业发展为例》,《河北学刊》2015 年第 7 期。

此，需要建立与现代林业发展相适应的社会化服务体系，为林农提供生产各环节的综合服务。

一是引导林农建立多种形式的林业合作组织或专业协会，以解决农民单家独户"办"不了、社区经济"统"不了、地方政府"包"不了的问题。2006 年《农民专业合作社法》的出台，从法律上确定了股份合作制的地位和作用。各类林业合作组织的服务功能包括：组织农民参与协会管理（增强自我管理能力）；提供技术服务和科技示范；提供就业机会；提供市场信息、营销咨询服务，解决林产品的价贱难卖问题。专业协会的类型分两种：其一是生产管理与经营型，如栗农协会通过项目培训、选荐科技示范户，为各村农户提供板栗生产和防虫治病方面的技术服务。其二是社区发展基金型，目的是开展对资源有序利用的宣传和合理开发的引导等有益活动，例如，中荷扶贫社区林业项目建立了三个以"次生林保护和综合开发利用"为目的的林农协会。① 在稳定林业分户经营承包制的基础上，让农户走上合作经营之路，是集体林业发展的根本之路。

二是加强科技服务机构建设。建立健全政府部门、研究院所、林业专业合作社、涉林企业等多元化主体相互联系的科技服务体系，根据具体需求，有计划有针对性地开展林业科技推广服务。稳定科技推广队伍。随着京津风沙源治理工程进入攻坚阶段，困难立地增多，石质山区困难立地造林、干旱沙区退化植被快速恢复等难点、热点技术问题没有得到很好解决。建议通过国家科技支撑计划等渠道，对京津风沙源治理中的科研难点问题给予支持，进一步提高科技治沙水平。生态系统的恢复与重建方式是因地而异、因时而异的，应探索总结适合当地情况的生态建设模式。加快科研成果集成创新，尽快形成多功能林业技术规范和经营模式，尽快创建各类多功能林业生态经济示范体。

三是健全森林保险机制。林业受自然条件的影响很大，生鲜果品

---

① 徐家琦、Tim Zaehernuk、赵永军：《关于社区林业可持续扶贫模式的探讨》，《中国农业大学学报》（社会科学版）2004 年第 1 期。

的市场波动较大，风险较高，因此，健全防控风险体系非常必要。应建立产业化发展风险准备金，制定风险金管理和使用办法，提高农户和企业的风险应对能力。森林保险作为风险抵御能力的重要机制，在维护林农与林业企业利益的同时，改善了林业投融资环境，促进林业的可持续经营。

（四）农户层面

环首都贫困地区农户大都缺乏现代生产技能和专业知识，信息闭塞，不少农户宁愿墨守自给自足的小生产，也不愿意承担任何风险去参与产业化经营。鉴于此，提高林农的综合素质水平和自主发展能力是促进林业减贫的重要手段。一是改善农村教育基础设施，健全教育经费保障机制，扩大师资队伍，大力提高基础教育水平。二是建立健全农民科技培训机制，大力开展技能培训，提高农户综合素质和专业技能水平。结合张承地区实际，应开展针对性强、覆盖面广、实用有效的技能培训、就业指导，充分落实企业、政府或协会组织的科技援助。

小　结

生态产业化绝不是空洞的概念，而是看得见、摸得着的经济发展模式和实践过程。环首都地区作为森林资源相对丰裕的地区，具备发展生态林业的先天优势。目前，环首都地区在大规模生态环境建设中，探索出了许多值得总结和推广的生态产业化经验，涌现出若干成绩显著的典型案例，例如塞罕坝精神、黄羊滩"三位一体"治沙模式，以及廊坊和张家口市以多种方式吸引社会主体造林的有益做法。环首都地区林业产业由以造林营林单一产业为主，向种苗业、造林营林、加工、森林旅游等多种产业转变，非木材林产品日益成为林业的主体，生态林业与民生林业逐步兴起。在产业链的延伸方向上，木材培育产业、优势特色经济林产业、林下经济、森林生物质能源产业、碳汇林业、森林旅游等，被实践证明是潜力巨大的生态林业经济增长点。

当前，环首都地区林业生态产业化发展中仍存在一系列问题，表现在林业市场机制不健全，体制改革滞后，产业化程度低，林业社会服务体系不健全，退耕还林后续产业发展不足等上。对此，应从制度层面、产业层面、林业社会服务层面、农户层面分别采取有针对性的对策予以解决，以林木资源培育的横向拓展为主线，以及农工贸一体化、林工商一条链运作方式为模板，探索环首都地区生态产业化的可行方向和模式。

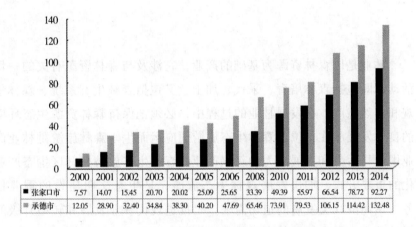

	2000	2001	2002	2003	2004	2005	2006	2008	2010	2011	2012	2013	2014
■张家口市	7.57	14.07	15.45	20.70	20.02	25.09	25.65	33.39	49.39	55.97	66.54	78.72	92.27
■承德市	12.05	28.90	32.40	34.84	38.30	40.20	47.69	65.46	73.91	79.53	106.15	114.42	132.48

图 3-5 2000—2014 年张承地区林业产值(亿)

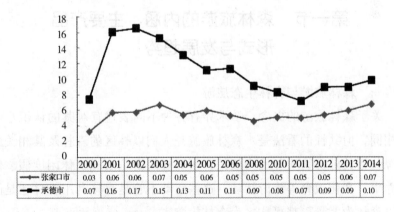

	2000	2001	2002	2003	2004	2005	2006	2008	2010	2011	2012	2013	2014
◆张家口市	0.03	0.06	0.06	0.07	0.05	0.06	0.05	0.05	0.05	0.05	0.05	0.06	0.07
■承德市	0.07	0.16	0.17	0.15	0.13	0.11	0.11	0.09	0.08	0.07	0.09	0.09	0.10

图 3-6 林业产值占张承地区生产总值的比重

资料来源：河北省林业统计数据管理系统。

第四章

环首都地区森林旅游

林业是以森林资源为基础的产业，它涉及与森林资源有关的一切活动，既包括森林培育、采伐、加工，又包括森林生态系统、森林景观和自然遗产。在发展林业的过程中，必须把保持森林资源生态环境的良性发展放在首位，森林生态旅游便应运而生。森林旅游是林业产业中最具活力和发展潜力的新兴产业，森林生态旅游是林区生态产业化的重要方式。加快发展森林生态旅游，是生态文明建设的重要任务，是经济社会发展的迫切需求，是推进现代林业发展和转型升级的强劲动力，是实现兴林富民的重要途径。

第一节　森林旅游的内涵、主要产品形式与发展趋势

一　森林旅游与森林生态旅游

关于森林旅游的概念，学术界有各种不同表述，对其的认识也不尽相同，但共性的看法是：森林旅游是人们以林区的森林及其相关的资源包括其外部物质环境为依托，所开展的游览观光、休闲度假、健身养生、文化教育等旅游活动，这些活动不管是直接利用森林还是间接以森林为背景，都可称之为森林旅游。

森林公园的出现是森林旅游发展过程中具有标志性的事件。1872年3月1日，美国建立了世界上第一个森林公园——黄石国家公园，

面积达 898 平方公里，并颁布《黄石公园法案》。19 世纪，几乎全部国家公园都是在美国和英联邦范围内出现的。到 20 世纪 70 年代中期，全世界已有 1204 个国家公园；90 年代，森林公园达到 2041 处。森林公园成为重要的旅游目的地，在旅游市场中占据着重要地位。

　　森林旅游系统是由旅游者、经营者、资源环境构成的生态系统，系统的各要素之间、要素与整体之间存在着一定的有机联系，从而在系统的内部和外部形成一定的结构或秩序。根据系统的内部原理，系统内的任何子系统都是互为前提、相互作用、相互影响的，对森林资源系统的破坏最终将导致整个系统的崩溃。森林旅游的飞速发展，带来了众多的环境与生态问题。目前，我国已开展森林旅游的自然保护区，有 44% 存在垃圾公害，25% 出现水污染，11% 有噪声污染，3% 有空气污染。22% 的地区由于开展森林旅游而使保护对象受到损害，11% 出现旅游资源退化，林木资源总量下降。① 在此背景下，人们开始呼唤森林生态旅游，注重森林旅游的生态承载量、经营者行为的规范，等等。

　　森林生态旅游是森林旅游更高层次、更好形式的发展。森林旅游是以森林资源为依托向旅游者提供以享受为主的大众旅游，而森林生态旅游则是在可持续发展的基础上，在被保护的森林生态系统内，以自然景观为主体，融合区域人文社会景观对象的郊野性旅游。生态旅游是旅游者通过与自然的接触，达到了解自然，享受自然生态功能的好处，产生归顺自然的意识，从而自觉保护自然、保护环境的一种科学、高雅、文明的旅游方式。② 从某种意义上讲，森林生态旅游是一种双向责任的旅游模式，它使普通的森林旅游产品变成一种可逆向流动的特殊的旅游产品。它以生态学、经济学的理论为指导，不仅是一种旅游方式，也是一种生态经济体系。③

---

　　① 刘毅、陶冶：《我国森林旅游发展障碍分析及思考》，《林业经济问题》2003 年第 2 期。

　　② 李健：《森林生态旅游对林业可持续发展的贡献与影响》，《江西林业科技》2004 年第 2 期。

　　③ 韩微：《对森林旅游与森林生态旅游的再认识》，《森林工程》2005 年第 6 期。

二　森林旅游的主要产品形式

按照有关学者的总结，森林旅游主要有以下一些产品形式。

（一）自然观光旅游

自然观光是森林旅游产品中开发最早、最主要的形式之一。自然观光旅游具有良好的环境教育功能，同时可以为旅游者提供欣赏大自然之美、陶冶个人情操、磨炼意志的益处。自然观光的一个特点就是与多种旅游产品，特别是科学考察、科普、观鸟、观赏野生动物等具有良好的兼容性，适合所有森林旅游区。

（二）野营旅游

野营旅游作为一种户外游憩活动，能够满足旅游者零距离亲近大自然的欲望，可以为城镇居民提供度假、休闲、健康、娱乐服务。在我国，野营旅游适合于气候温暖的南方和入夏的北方。

（三）摄影旅游

摄影旅游是指旅游者前往景观独特、优美的林区旅行并拍摄自己作品的旅游方式。作为一种自然旅游与拍摄自然景观一举两得的体验方式，摄影旅游适合所有森林旅游区。

（四）文化旅游

这是一种利用地方文化遗产和人文景观开展旅游活动的产品形式。旅游者可以获得关于动植物、生态、文化和历史、地理等多方面的直观知识。独特的森林文化是森林旅游资源最深层的内涵和最本质的特征。

（五）民俗旅游与民族风情旅游

民俗旅游是以民俗事项为主要观赏内容的旅游活动，是以特定地域或特定民族的传统风俗和文化为资源而加以保护、开发并吸引外来旅游者，是一种生动活泼、强调参与的新兴旅游产品。

（六）森林人家

在我国，"森林人家"是近年来推出的生态友好型旅游产品，它以良好的森林资源环境为背景，以森林公园、自然保护区、国有林场和采育场优美的景观资源为依托，以林区农户为经营主体，充分利用林区动植物资源和乡土特色产品，融森林文化和民俗风情为一体。

（七）森林康体旅游

如登山、漂流、划船、垂钓、野泳、骑马、射箭、探险，以及森林浴、负离子呼吸、疗养（静养）、林中漫步等。通常以生态良好的原生态区域为依托，其载体主要有森林公园、风景林场、植物园、生态公园、以森林为依托的野营地、森林浴场、自然保护区或类似的旅游地等。

三　新形势下森林旅游的发展趋势

（一）我国经济发展水平提升和发展方式转变，将有力地推动旅游产业的发展

根据国际规律，当人均 GDP 达到 2000 美元时，旅游将获得快速发展；当人均 GDP 达到 3000 美元时，旅游需求会出现爆发性增长；当人均 GDP 达到 5000 美元时，会形成成熟的度假旅游经济，休闲需求和消费能力日益增强并出现多元化趋势。党的十八大提出，到 2020 年，我国将全面建成小康社会，实现"两个翻一番"，即国内生产总值、城乡居民人均收入，在 2010 年的基础上翻一番，中国将进入中等收入国家行列，消费需求结构将从生存型消费向发展型消费升级。旅游作为现代服务业的龙头，将成为经济新常态的亮点和发展方向，将迎来爆发式的增长。而森林旅游业作为生态旅游的主体，是旅游产业最具发展潜力的部分，必然具有更多的发展机遇。

（二）生态文明和"美丽中国"执政理念，将有力地推动森林生态旅游发展

党的十八大提出经济、政治、文化、社会、生态建设五位一体格局，将"推进生态文明，建设美丽中国"正式作为党的执政理念。"美丽中国"是生态文明建设的目标指向，生态文明是建设"美丽中国"的必由之路。保护优美自然环境，发展生态文化产品，是生态文

明建设的核心，也是"美丽中国"建设的重点。① 森林拥有最丰富的自然和文化美景，是人们亲近大自然、回归大自然、感受奇妙的动植物世界、认识生物多样性的主要场所，是传播生态文明的前沿阵地，是建设美丽中国的主战场。"美丽中国"建设必然带动生态环境质量的提高，带动生态产业的兴旺和生态文化的进步，从而为森林生态旅游发展提供强大的发展动力。

（三）森林旅游成为生态林业、民生林业重点培育的龙头产业

2014年3月7日，国家林业局发布了《全国森林等自然资源旅游发展规划纲要（2013—2020）》，这是我国第一个指导森林等自然资源旅游发展的纲领性文件。该纲要从积极促进森林等自然资源保护和合理利用、科学谋划发展等方面明确了当前和今后一段时期森林等自然资源旅游的发展方向和工作重点。规划建成以森林公园为主体的各类自然资源旅游景区9000处，旅游人数达16亿人次，创社会综合产值10000亿元。将森林等自然资源旅游作为建设生态林业、发展民生林业的重要内容，建成林业支柱产业，并作为林业第三产业的龙头加以重点培育。2016年1月，国家林业局先后发布了《关于大力推进森林体验和森林养生发展的通知》和《全国城郊森林公园发展规划(2016—2025)》。这些文件的出台，为森林公园建设和森林旅游发展营造了一个更加良好的政策环境条件。

第二节 环首都地区森林旅游发展历程与案例评析

一 环首都地区森林旅游发展历程的简要回顾

"八五"期间，环首都地区进行森林公园建设，森林旅游开始起步。最早建设的森林公园包括河北省的塞罕坝、雾灵山、磬锤峰等。

---

① 杨帆：《新常态下森林公园与生态旅游面临的机遇与挑战》，《中南林业调查规划》2016年第3期。

这一时期的森林公园大多是作为国有林场的多种经营项目来管理的，建设质量不高、行业管理薄弱。"九五"期间，河北省林业局对塞罕坝、磬锤峰等12个森林公园总体规划进行了审查和批准，森林公园建设和森林旅游逐步走上规范化道路。"十五"期间，随着人们生活水平的提高，"森林旅游"成为一种时尚，森林公园吸引了大量的社会资本，进入全面发展与提高阶段。2006年以来更是进入快速成长阶段，2004—2013年，河北省森林公园的直接旅游收入在绝大多数年份的增长率保持在20%。[①]

河北省自然保护区建设起步较晚，但发展迅速。1983年，经河北省政府批准，该省第一个自然保护区——承德雾灵山省级自然保护区建立，随后相继建立了5个自然保护区。2001—2010年，河北省自然保护区进入全面推进阶段，共建立各级各类自然保护区34个。从2011年开始，河北省自然保护区由抢救性全面推进的数量增长转向规范建设管理的质量提高阶段。截至目前，河北省共建设各级各类自然保护区46个，其中，国家级13个、省级26个。从2015年起，河北省每3年组织一次省级自然保护区有效管理评价，创建一批不同生态系统类型的示范自然保护区，发挥其窗口引领带动作用。

目前，在环首都地区，以森林公园为主体，森林公园、自然保护区、湿地公园等各类旅游景区协同发展的森林旅游开发体系已基本形成并日趋完善，基本形成了集生态观光、生态体验、科普教育等于一体的综合产业体系。但从总体上看，环首都森林旅游业还处在"散、小、弱、差"的状态，普遍存在基础设施落后、旅游干线路况差、整体接待档次和娱乐项目档次偏低、森林旅游目的地环境恶化等问题，森林旅游基础设施和文化建设与现代旅游发展需要之间存在差距，大资源与小产业的矛盾突出。从社会效益看，森林旅游对社区居民的带动力仍有待提高。

---

① 唯一的特殊年份是2008年举办北京奥运会，这一年环首都森林旅游收入下降了16%。

二 若干森林旅游开发案例评析

（一）张北草原音乐节的成功

张北县距离北京 200 多公里，2008 年提出以草原文化资源为依托，打造"北京家门口的草原"的旅游形象定位。从 2009 年举办张北草原摇滚音乐节开始，张北县旅游年接待人数连续三年突破 100 万，2012 年达 291 万，2013 年达 355 万。从 2013 年起，张北音乐节与北京的文化公司合作举办，避免了当地政府因人员、精力、资金、经验不足而导致的办节乏力问题。政府扮演的角色由原来的管理者、决策者转为服务者，成为旅游产业市场化运作的典范。[①] 至今已连续兴办九届，成为中国户外音乐节规模最大、露营及自驾聚集人数最多的户外摇滚音乐节。每年大约接待 30 万户外音乐爱好者，按平均每个游客花费 1000 元计算，音乐节期间所取得的收益每年可达 3 亿元以上。2017 年接待人次达到 35 万，自驾车超过 10 万辆。

张北草原音乐节的成功，秘诀在于抓住了京津文化消费目的地转移的有利时机，将流行因素与原始淳朴的草原文化相结合，在国内较早地打造出张北音乐节的品牌。通过将音乐节打造成特色龙头旅游产品，大幅提高了知名度，进而拉动了旅游业、餐饮、住宿、交通等服务性产业的发展。张北县在音乐节基础上进行扩展延伸，每年 7—8 月高密度、大规模地开展草原旅游文化节系列活动。譬如，将重金打造的大型实景演出和中都打铁花活动搬到了中都大草原，以此丰富旅游内容。此外，天津大田集团投资 20 亿兴建的仙那都国际生态度假村已投入使用，围场皇家休闲运动基地项目也已建成。桦皮岭观光、风电旅游观光等旅游内容，使以往的夏季草原游正变为两季游甚至多季游。

（二）"草原天路"的开发探索

"草原天路"本是一条普通的县级公路，连接张北、崇礼、万全

---

① 魏民、王英军、张学冰：《张北草原音乐节：市场化运作的成功典范》，《光明日报》2013 年 9 月 7 日。

三县。由张北县于 2012 年 9 月投资 3.25 亿元对其加以建设，其中国家财政拨款 1 亿多元。最初主要出于沿线风电场的运输需要，并不承担客运任务。2013 年建成后，一些摄影爱好者以这条路为主题拍摄了许多作品，使得"草原天路"在网上突然走红，游客呈井喷式增长。2015 年，到"草原天路"的观光旅游者达到 33 万人次，每日车流量高达 6000 余辆，大规模拥堵、环境脏乱差、吃住游简陋、私搭滥建成风等问题随之而来。"草原天路"的官方服务设施很少，主要靠民间经营者提供。商户小散乱的情况比较突出，缺乏统一的规划与指导，其服务设施质量不高，甚至存在当地农民坐地起价和"宰客"现象。将"草原天路"列为景区进行保护性开发和日常维护管理，被提到张家口市和张北县的日程上来。

2014 年 11 月，张家口市政府与桂林龙脊旅游有限责任公司就"草原天路"旅游开发经营合作项目正式签约，双方将共同对草原天路进行开发管理，将"把草原天路景区建设成为集旅游观光、休闲度假、健康疗养、娱乐购物等功能于一体的国家 5A 级旅游景区"。在张家口市物价局主办的"草原天路景区门票价格听证会"上，拟定草原天路景区门票价格为 80 元/人次。然而，由于收费主体定位不准以及基础设施不完善，收费方案未获通过。

经过一年的调整，"草原天路"被批准为市级风景名胜区，在河北省旅游局官方网站上得到推介。明确已经修成的 132.7 公里"草原天路"归属张北，市政府将管理权限下放到张北县，当地政府将经营权从私营企业收回，采取由政府收费购买服务的办法来经营。2016 年 4 月，由张北县物价局组织的"草原天路风景名胜区门票价格听证会"确定门票价格为 50/人。当地政府指出，收取门票是为了解决"草原天路"客流量增加给生态建设、交通秩序、卫生管理和旅游品质等带来的一系列安全隐患问题。经当地政府进行成本核算，"草原天路"的维护大致分三块：雇用环保、安全、交通管理人员的工资共需 1000 多万元，基础设施建设及维护费用约为 5000 多万元，吸粪车、垃圾车、清扫车等车辆的购买和维修共需 500 多万元，三项合计将近 7000 万元。按照年接待游客 33 万人计算，得出了 51.25 元的成本价格。由政府补贴每位游客 1.25 元，所以拟按 50 元/人的门票价格进行听证。

经听证后，"草原天路"自 2016 年"五一"起对游客实行收费管理。从收费开始，景区严重过载的问题得到缓解，但客流减少也使得"草原天路"的部分农家院生意直线下降。① 更为严重的是，对于该条道路的属性、收费的合法性、定价标准是否合理、定价程序是否合规等问题成为舆论关注的热点②，连中央电视台这样的权威媒体都批评"草原天路"围城收费是杀鸡取卵。迫于舆论压力，张北县政府宣布从 5 月 23 日起，取消"草原天路"风景名胜区收费措施。收费管理办法仅执行了 22 天便戛然而止。③ 工作人员的职责由售票、检票改为向游客免费派发环保袋，提醒他们沿途将果皮纸屑等垃圾装进环保袋里。

通过"收费事件"，"草原天路"的开发与运营从幕后走到了前台。"草原天路"的几大运营痛点亟待解决。

一是生态保护需求迫切，地方政府财政压力大。由于游客大量进入和原住民生产生活的影响，"草原天路"的生态环境近两年来有恶化趋势。张北作为国家级贫困县，县财政很难拿出足够的专项资金进行贴补。

二是以农户、无执照、不纳税为主的经营主体，使得政府从旅游活动中拿不到税收。

三是景区政府管理主体不明确。公路最初由张北县主导修建，由张北县政府主管。后张家口市政府成立了"草原天路管理委员会"，但由于各种原因并未形成对公路景区的有效管理，"草原天路"的实际管理方式成为以张北县管理为主、市政府和县政府双重管理的局面。目

---

① 张恩杰:《张北农家院半月收入不过万》,《法制晚报》2016 年 5 月 17 日。
② 周宵鹏:《走得磕磕绊绊 收得底气不足》,法制网,2016-5-15。
③ 郭超、吴为:《"草原天路"收费 22 天后戛然而止 如何管理成难题》,《新京报》2016 年 5 月 21 日。

前，"草原天路"风景名胜区实行三权分立，所有权归市政府，管理权归张北县政府，经营权由市场主导。在旅游市场利好因素的驱动下，"草原天路"即将由现在的130多公里扩建延伸到300多公里，与坝上5县交界。后期规划的300公里"草原天路"通车后，将涉及张北、沽源、崇礼、万全、尚义五县。政府间的土地征用、利益分成、协调配合等问题更加凸显。"草原天路"应该由哪级政府主导管理，各级政府在景区的管理中应当承担什么责任，是亟待解决的问题。

四是合理的社会投资回报机制尚未形成。最早由张北县政府主导，成立张北县草原天路旅游开发有限责任公司，负责对景区进行开发和经营。管理责任的不到位，造成了"草原天路"远景无规划、管理跟不上的窘境。后期引入社会资本，成立了北京宏美龙脊旅游有限公司，与张北县签订合作协议，沿用张北县草原天路旅游开发有限责任公司的名称，开始对"草原天路"进行注资和开发、管理。社会资本的加入和商业化经营管理方式的使用，使"草原天路"景区从资金和管理手段、效果上有了很大提升。但在运营过程中，利益相关者的回报问题、公司治理结构问题亟须解决。按照协议，在张北县草原天路旅游开发有限责任公司的股权结构里，张北、万全和崇礼三个县区合伙占股25%，社会资本占股75%。地方政府持股合法性值得商榷；25%的持股比例，对于三区县偏少，导致地方政府的积极性受到影响。受到持股比例争议的影响，合理的董事会制度、监事会制度和职业经理人制度尚未建立。

笔者认为，"草原天路"运营可以尝试采用PPP模式。"草原天路"是典型的线性资源开发，涉及面众多。要协调多方资源，PPP项目更具效率。一是将设计、建造、融资、运营、维护各环节捆绑在一起，加以通盘考虑，可以带来成本节约和效益的提升；二是公共部门提出要求，私人部门设法实现，公私双方各尽所能，风险和职能合理配置带来服务质量的改进。《国家发展改革委员会关于开展政府和社会资本合作的指导意见》明确将旅游项目作为一种公共服务项目，鼓励采用PPP模式。张北县政府将"草原天路"定为市级风景名胜区，而其本身是一条县级公路。这两种身份都具有公益性质的属性，是与PPP项目背景相一致的。

为缓解游客数量大和服务设施少的矛盾，改善旅游秩序和游客体验，同时减轻政府的投资压力，景区旅游厕所、汽车维修点等基础设施宜采用PPP模式融资建设，景区内餐饮、娱乐等项目的建设应采用社会招标方式，由社会资本多主体投资建设。同时，建立健全草原天路管理公司法人治理结构，优化景区的内外部治理环境。

从运营收益稳定性判断，如果没有门票收入，单靠运营收入，对社会资本方来说存在巨大的不确定性和系统性风险。"草原天路"收门票本身是合法合理的，关键是如何设计。2016年试行的门票仅限当天使用，这直接导致游客的滞留时间变短，原住民的揽客成本变高。建议采取年票制，每人收取"20 + 10元"左右的年票，一年内进入景区不限次数，其中20元作为门票交给政府，后10元作为消费券由政府统一核准发放给游客，可作为等额人民币在景区内消费。这样做，一可以带动当地消费，二可以对热点消费产品进行跟踪，为景区产品的链条延伸做一个初步统计。同时，可以开发一个APP平台和门票加以捆绑。"草原天路"最大的隐性价值就是车流量和其背后的人群。围绕游客出行衍生的一切需求，比如前方路况、车辆维修、中途休息、住宿餐饮等，完全可以利用APP平台进行信息发布，引导游客避开高峰时段出行，并提供特色景点、特色美食推荐等专项服务。游客会感觉到20元的年票是购买了一年的衍生服务，物有所值。在门票制度尚未推出之前，应尽快实行网上预约制，以此有效管控天路景区的游客及车辆承载量。

注册APP后，"草原天路"应与更多的合作商合作，如与婚纱摄影公司合作，不定期推送"春夏秋冬"风景观光主题"婚纱写真"，与雪场与雪具公司合作，推送"冬季运动"滑雪主题等。这为"草原天路"提供了更大的商业运营平台。所以，年票不仅是刚性消费，也是增值服务的基础。要以此为基础，构建以"草原天路"为营销品牌与销售平台的系列业态产品，通过"美丽营销"进行产品价值传播，形成以点带面、以线连片的产业空间格局。"草原天路"风景带沿线地质、蒙元、长城、古道、农耕、军事、能源等文化底蕴深厚，旅游资源条件良好，但这些资源大多没有经过合理的规划和开发。如果实行免票制度，降低游客准入门槛，同时借用"草原天路"的高人气和良好的旅游口碑，将中都原始草原、野狐岭古战场、元中都遗址、湿地风车等旅游资源与"草原天路"打包整合起来，吸引更多游客到张北县内陆腹地坝上草原游览、观光、休闲、度假，以此带动张家口旅游经济的一盘棋式发展，这才是可持续的发展方式。

2017 年，张家口市发布通告，将对"草原天路"进行全面保护，保护范围包括"草原天路"沿线两侧 5 公里区域内具有旅游开发利用价值的自然、人文等资源。不符合总体规划的开发建设项目，将一律不予审批；严禁在管控区域内私搭乱建、跑马圈地，严禁企业和个人自行设置标识标牌，严禁私设卡丁车、跑马场等经营场所；对各类餐饮、娱乐、住宿等旅游经营单位的资质进行全面核查。同时，倡导文明出行，对拒不听从劝告、破坏生态环境的自驾游客进行处罚。可以预期，这一措施对于规范"草原天路"的旅游秩序将起到一定的作用，但在实施中务必高度重视对原住民及商户进行利益保护。"草原天路"的火热，受益最大的是沿途百姓，大量游客的到来为当地百姓实现了创收与增收。为防止宰客事件的发生，需要由原住民与商户珍惜和共同维护"草原天路"是致富之路这一理念。政府应当大力吸引外资建设商业设施，帮助原先散乱的经营者联合起来进行规范化运营，或给予其适当比例的股份，由政府成立旅游公司来经营，达到提升整体商业品质，堵住税收漏洞，提高综合竞争力，创造就业岗位，自然淘汰地摊农户，改善游客评价的目的。这是一个长期而复杂的过程。当务之急是使政府承诺建设的农贸市场尽快运营起来，供村民将自家田地里种植的土豆、胡麻籽、莜麦等土特产售卖给游客，以增加农民的收入。

（三）白石山旅游开发

白石山于 1989 年获批成为河北省风景名胜区，次年正式对游客开放。直到 2010 年，白石山风景名胜区一直采取"涞源县旅游局 + 县旅游开发公司"（一套班子、两块牌子）的运营管理方式，是一种完全的政府主导型开发模式。其优点是有利于整体规划、保护、开发，有利于旅游工作的组织协调，开发有力度；其缺陷是政策依赖性强，资金瓶颈难突破，易使景区被建设成为"面子工程"和"赔钱工程"。这也是导致白石山长期发展滞后的原因。

2010 年，由河北旅游投资集团、涞源县政府、黎志管理团队等共同投资，组建了涞源白石山旅游开发有限公司，以股份制形式进行运营，创建了"政府 + 国企 + 民企"联手开发模式。虽然民营企业只有 15% 的股份（其中，黎志管理团队 8%、北京一亩田投资有限公司 7%），但专业团队的进驻为景区确立了"南有黄山、北有白石"的精准定位，从而为景区开发的成功奠定了基础。经过 2011—2012 年近两年的闭关改造后，白石山面貌焕然一新。但由于河北旅游投资集团难以继续提供资金支持，加上当年遭受洪涝灾害，景区的持续开发运营受到了严重挑战。2013 年，河北旅游投资集团与涞源县政府引中信产业投资基金管理有限公司入股白石山，中信产业投资基金收购了河北旅游投资集团和北京一亩田投资有限公司总共 72% 的股份，成立专门负责旅游开发托管的中景信旅游投资开发有限公司，由此，景区形成了"国有资本 + 民营资本 + 自然人"的混合所有制的股份结构和运营机制。成熟的管理团队与投资大咖的联合，充分发挥机制灵活、资金充足、专业化管理等优点，推动了景区的快速成长。2010 年，景区门票收入仅 32 万元，2013 年营业收入增长了 40 倍，达到 1300 万元，2014 年达到 7500 万元。

过去，景区内无亮点，导致旅游一直处于瓶颈期。针对白石山有怪石却无奇松、有青山却无绿水的问题，景区引种奇松，打造了 5 道水景观。修建的国内最长、最宽、最高的玻璃栈道，更是成为白石山的最大亮点，借助有效营销，引爆旅游市场。2014 年 9 月，白石山玻璃栈道正式对外开放，各地游客趋之若鹜。当年的国庆黄金周，为保证游客安全和游览质量，白石山在国内首推限量旅游，每天限量出售门票 10000 张。在限量前提下，国庆节期间白石山仍创造了近 2000 万元的门票收入。白石山堪称中国栈道第一山，"双雄玻璃栈道和飞狐玻璃栈道"两条悬空玻璃栈道从景观效果和惊险刺激上都属国内第一。玻璃栈道项目快速提升了景区的知名度和经济效益，白石山"北方第一奇山"的品牌地位得以奠定，其成功模式不断被其他景区效仿。景区外的百姓因白石山旅游的火爆而受益。以前的农家乐 50 元/晚无人问津，如今 230 元/晚还爆满，食宿业直接带动了一方百姓致富。①

目前，白石山景区在央视《朝闻天下》栏目、北京地铁等媒介投放形象广告，持续打造旅游品牌。在稳固京津冀市场的同时，大力开拓晋、内蒙、鲁、豫等二级市场，在韩国召开数场白石山旅游推介会，强力开发韩国市场，具有白石山景区特色的文创产品已在设计生产中。白石山脚下的荆山口村，是涞源县重点打造的 13 个旅游专业村之一。民宿项目按照三三三的原则，三分之一的村落保持原始风貌、三分之一是村民自发经营的农家院，另外三分之一由浙江卓创乡建文化旅游发展集团来设计运营。白石山正在出现的一些旅游新业态，不但开始吸引京津地区的客流，也吸引了大批企业和资本的进入。

第三节　环首都地区森林旅游业
发展的 SWOT 分析

下面采用 SWOT（Strengths-Weaknesses-Opportunities-Threats）分析法对环首都地区森林旅游业发展进行战略分析。SWOT 分析又称为态势分析法，SWOT 四个英文字母分别代表优势（Strength）、劣势（Weakness）、机会（Opportunity）、威胁（Threat）。

一　优势

环首都地区发展森林旅游，有明显的资源优势和区位优势，具体

----

① 韩文哲：《最美白石山 玻璃栈道引黑马 助力脱贫展新颜》，河北新闻网，2016 - 06 - 16。

可以作出如下细分。

（一）资源优势

环首都地区森林草原资源、生物资源、地质资源、水文资源都极其丰富，原生态的森林景观不仅满足了现代人返璞归真、亲近自然的游憩需求，也成为野外写生、生物科普教育的"大课堂"。例如，雾灵山森林公园的仙人塔、歪桃峰、将军崖，被称为世界一绝；野三坡森林公园的百里峡、白石山森林公园的列屏谷等，都是极为珍稀的地文景观。位于坝上地区的张北中都草原，是水的源头，花的海洋，云的故乡；承德皇家猎苑木兰围场，包括红山军马场、塞罕坝森林公园和御道口牧场，自古以来就是水草丰美、禽兽繁衍的草原，草原和湖泊、森林的结合是其最大亮点；沽源草原有"三河之源"之称，是滦河、白河、黑河的源头，闪电河湿地公园是距北京最近、保存最完好的湿地草原，是候鸟迁徙、停歇的重要中转站和繁殖地。

1. 森林公园

河北省有 26 个国家级森林公园，划分为四个区，分别是：秦唐森林旅游度假区（秦皇岛、唐山两市）、张承森林旅游避暑度假区、太行山森林旅游观光区（保定市山区部分、石家庄市、邯郸市、邢台市）、京津周边森林旅游休闲区（廊坊、沧州、衡水三市及保定市的平原区）。可以看出，河北省的森林公园，大多数是以京津游客为重要目标市场的。河北省国家森林公园数量最多的是承德市，共有六处，而森林公园数目最多的是张家口市，森林公园经营面积达 95.2 万亩，大于承德市的 23.2 万亩和保定市的 39 万亩。

环首都地区的国家级森林公园有近 30 处之多。

（1）河北磬锤峰国家森林公园。磬锤峰俗名棒槌山，位于承德市郊区。

（2）河北辽河源国家森林公园。位于平泉县境内。

（3）河北白草洼国家森林公园。位于承德市滦平县东南部，是省级自然保护区。景区 80% 以上是天然次生林，其中近三分之一为白桦林，是距北京最近、林相齐整、华北地区罕见、保存最为完好的一片白桦林。

（4）河北茅荆坝国家森林公园。这里曾经是清代皇家猎苑的重要组成部分，位于承德市东北部隆化境内。在清朝108围中，木兰围场有72围，称为西围，其他36围均位于茅荆坝地区，称为东围。

（5）河北六里坪国家森林公园。位于兴隆县境内，这里是猕猴生存的北限，是国家环境保护部批准的省级猕猴自然保护区。在清朝顺治年间被御封为"清东陵后龙风水禁地"，封禁270多年。1956年建立了国有林场，有专人造林护林。1997年被河北省林业厅批准为省级森林公园，隶属于兴隆县林业局，自2003年起由秦皇岛绿洲大酒店承包经营管理。2004年12月被国家林业局批准为国家级森林公园。2007年11月成立省级猕猴自然保护区，主要保护对象为森林生态系统和以猕猴为主的野生动物。

（6）河北丰宁国家森林公园。主要由京北第一草原、千松坝森林公园、汤河源、云雾庄园、白云古洞五大景区组成。京北第一草原是距北京最近的草原，被称为"连接北疆与京津的绿色走廊"，有北京后花园之美誉。千松坝国家级森林公园始建于2000年，是集山岳、森林、草原、花海、小溪于一体的自然生态旅游景区。公园内的原始云杉林带长达3810米，平均树龄280年，是华北地区保存面积最大的云杉林。林下生长着厚厚的地柏，四季常青。2014年底，大滩林场与河北路桥建设集团有限公司签订合作开发千松坝森林公园扩大规模等项目，计划用三年时间将其打造成集娱乐、休闲度假、旅游观光于一体的高品位的森林公园，植物园、游乐场的后续工程，科普馆、豪华酒店等正在建设中。

（7）河北塞罕坝国家森林公园。被评为"中国最佳森林公园""河北最美的地方"。

（8）河北木兰围场国家森林公园。木兰围场曾是几代王朝的狩猎名苑，是世界上第一个，也是迄今为止规模最大的皇家猎苑。这里丘峦起伏，森林草原相间，河流与湖水掩映，被誉为摄影家的天堂。木兰围场由河北省经营面积最大的国有林场开发和管理。该局在国家自然保护区试验区部分区域积极开发科教价值，建成 8.4 万亩国家级森林公园。林管局各项林业活动吸纳了大量的社会剩余劳动力，并为社会提供了丰富的山野资源，累计为社会增收 17.3 亿元，其中直接为林区群众增收 7.3 亿元，参与林区基本建设投入达 1.1 亿元，向地方财政缴纳各种税费 7636 万元。①

（9）河北黄羊山国家森林公园。它位于涿鹿县黄羊山，是河北省第一个省级森林公园，自 1992 年正式对游人开放以来，接待游客呈逐年上升趋势。它与八达岭、官厅湖、龙庆峡、野山坡、康西草原连成一片，已融入京西旅游圈。举办过中韩友谊林植树、生态教育、登山节等大型活动。

（10）河北黑龙山国家森林公园。位于张家口市赤城县，是北京主要的饮用水源地——黑河的源头。在清朝被康熙设为皇家狩猎西围场，中华人民共和国成立后，成为第一批国有林场，2010 年通过国家林业局评审，正式挂牌国家级森林公园。公园森林覆盖率达 86.5%，素有"北方森林博物馆"之称，有国内罕见的天然白榆林，其中的榆林长廊更是特有的森林景观，有我国北方最大最集中分布的白桦林景区，有河北省罕见的天然落叶松林，有塞北地区面积最大、保存最好的亚高山草甸景观。每年 6～8 月，游客在赏花的同时可以摘金针菇、采白蘑。这里距北京 260 公里，仅有三四个小时的车程，是北京目标行动汽车俱乐部的活动基地、中国美术院创作基地。

（11）河北天生桥国家森林公园。阜平天生桥是北方最大的瀑布群，还是中国最大的天生桥。

（12）河北野三坡国家森林公园。野三坡东南部有三条幽深峡谷，是罕见的岩溶型嶂谷地貌。

（13）河北白石山国家森林公园。雄踞八百里太行山最北端，因山多白石而得名。白石山拥有我国独一无二的大理岩峰林地貌，因其风光酷似安徽黄山而被称为"小黄山"。白石山林场总面积 3467 公顷，

---

① 田军：《党建促进生态文明》，《绿色中国》2009 年第 20 期。

现有森林面积 2467 公顷，分布着桦、椴、千金榆、落叶松、油松、杜鹃等丰富的林木物种资源，海拔 1600—2000 米之间生长着万亩红桦林，是白石山的代表性植物。1998 年被辟为省级森林公园后，年接待旅游者 5 万人次，旅游收入上百万元。2017 年 2 月晋级为国家5A 级旅游景区。

（14）清东陵国家森林公园。位于河北省唐山市遵化境内，是中国现存规模最宏大，体系最完整，布局最得体的帝王陵墓建筑群。

（15）河北翔云岛国家森林公园。位于河北省乐亭县东南沿海，世界上存量极少的黑嘴鸥、白鹤、黑鹤、半蹼鹬、短尾信天翁等经常到岛上栖息，已成为著名的国际观鸟基地。

（16）河北古北岳国家森林公园。位于河北省唐县境内，隐藏着很多极具观赏价值的天然洞穴。

还有河北易县国家森林公园、河北海滨国家森林公园、河北山海关国家森林公园等。

关于省级森林公园，承德市有河北云枫岭、河北双峰山、河北山湾子、雾灵山森林公园等 16 个，张家口市有河北桦皮岭、河北仙那都、官厅、河北飞狐峪·空中草原、小五台山森林公园等 19 个。金莲山省级森林公园位于沽源县丰元店乡老掌沟林场，距沽源县城50 公里，距北京 260 公里，地处内蒙古高原的东南边缘，平均海拔1800 米，是白河、黑河发源地。旅游区景色迷人，被誉为"中国欧洲""京津花园"。公园有森林景观 2348.13 公顷，山顶草甸 1800公顷，森林覆盖率为 63%。公园内森林资源以天然次生白桦林为主，其次为大面积的人工落叶松林，另外还分布着天然枫树、云杉等极有观赏价值的珍贵树种。2015 年 11 月，金莲山森林公园旅游区项目合作开发协议正式签约。河北缔锦旅游开发有限公司为了将金莲山森林公园打造成国家 5A 级景区，并将公司做成沽源县第一个上市公司，承包了张家口市老掌沟林场 3.6 万亩森林景观，开发期限为 40 年，前期计划投资 1.22 亿元，并由河北缔锦旅游开发有限公司管理、运营。

2. 自然保护区

环首都地区的国家级自然保护区，除泥河湾为地质遗迹类、围场红松洼是草原草甸类型之外，绝大多数是森林生态类型。

(1)小五台山自然保护区。位于蔚县、涿鹿县，保护区成立于1983年，于2002年晋升为国家级自然保护区，保护对象是温带森林生态系统。由于历史原因，该保护区存在勘界不清、功能区划不尽合理等问题，这降低了保护管理的成效。2016年，国务院同意调整小五台山保护区的范围并进行功能区优化，调整后的保护区总面积比原来增加22.3%，核心区面积在原核心区面积基础上增加了86.8%，有利于对褐马鸡等野生动植物多样性的保护。

(2)雾灵山自然保护区。位于兴隆县西北部，面积达14337公顷，保护对象为"温带森林生态系统和猕猴北限"。

(3)茅荆坝自然保护区。位于隆化县。

(4)滦河上游自然保护区。位于河北省最北部的围场满族蒙古族自治县境内，南距承德市153公里，距北京384公里。2002年以木兰林管局所属的林场为资源基础建立了滦河上游省级自然保护区，又名木兰围场自然保护区，2008年晋级为国家级自然保护区。它地处内蒙古高原与燕北山地的过渡区域，温带森林生态系统植被类型完整，是河北省规模最大的森林和野生动物类型保护区。早在300多年前，作为清朝皇家猎苑，康熙皇帝在划定"围猎场"的同时就制定了轮番狩猎、保证野生动物繁衍生息的政策。持续了100多年的木兰秋狝活动，贯穿着保护自然环境的朴素意识。从某种意义上讲，滦河上游自然保护区是中国历史上最早最具有实际内涵的自然保护区，保护区的建立是对清代历史文化和自然遗产保护的继续。

(5)塞罕坝自然保护区。它是在原塞罕坝机械林场和塞罕坝国家森林公园的基础上建立的，主要保护对象是森林—草原交错带生态系统，滦河、辽河水源地，黑鹳、金雕等珍稀濒危动植物物种，2002年经河北省政府批准建立，2007年经国务院审批为国家级自然保护区。森林公园总面积9.335万公顷，其中保护区面积约2万公顷。

3. 风景名胜区

河北省目前已设立 49 个省级以上风景名胜区，其中国家级 10 个、省级 39 个。环首都地区的国家级风景名胜区有承德避暑山庄—外八庙风景名胜区、野三坡风景名胜区，省级风景名胜区有白石山、白洋淀、丰宁京北第一草原、狼牙山风景名胜区。涞源白石山、安新白洋淀、易县狼牙山等地正积极申报国家级风景名胜区。

此外，张家口怀来县官厅湖、沽源县闪电河、察汗淖尔以及廊坊香河县等地具备建设国家湿地公园的条件。

(二)广阔的客源市场

京津冀及周边地区人口达 4 亿左右。京津人均国内生产总值已超过 1 万美元，京津两市有超过 600 万辆家庭用车，民众消费能力较高，出游率日益增长，为自驾游提供了经济基础。

一般来说，旅游客源地分布符合距离衰减规律，据统计，全球百分之八九十的人都是在周边度假，这使得周边城市形成了一道环城市的休闲度假带。纽约城和新泽西州的关系很像北京和河北省的关系，新泽西的品牌叫"花园之州"（Garden State），就是纽约人的休闲度假地。河北作为全国唯一与首都北京和重要商埠天津接壤的省区，交通便捷，环首都地区更具有吸引京津游客的地利优势，使京津游客免于长途跋涉就可享受到森林旅游资源。从北京出发，3 个小时内可到达雾灵山、磬锤峰、双塔山、白草洼、六里坪、黄羊山、山海关、海滨、清东陵、狼牙山等 22 个森林公园；6 个小时内可到达塞罕坝、五岳寨、西辽河源、千松坝、祖山、白石山、天生桥等 30 个森林公园。相对于其他省，这是得天独厚的优势。例如，河北省涞水县野三坡风景区 1986 年试开放两个月即接待游客 20 万人，基本上全部来自北京市。2008 年野三坡"十一"节庆期间，游客的主要来源是：河北 40.26%，北京 30.77%，天津 17.4%，京津冀三地占游客总数的 90.5%。

(三)凉爽宜人的气候

每年 6—8 月，京津石等周边城市的气温平均在 26℃以上，而张家口市约为 22—23℃，张北县等坝上县为 16—19℃，位于坝上最高峰的桦皮岭景区，7 月平均气温只有 15℃。早在清朝，康熙帝在热河围猎时就发现这里山湖相应，是一个不错的避暑之地，因此，在此修建了热河行宫，谓之"避暑山庄"。同时，环首都北部地区的空气质量在京津冀始终位居前列。以 2013 年为例，当年空气质量一级天数，张北县达到 214 天，张家口为 93 天，而北京、天津分别仅为 41 天、15 天。

二　劣势

（一）地理条件和生态环境的限制

张家口和承德地区冬季漫长寒冷，旅游淡旺季反差过大。适宜森林旅游的出行时间高度集中在夏季，极易造成拥堵，在旺季走完全长132.7 公里的"草原天路"居然要花 7 个小时。

此外，环首都地区生态脆弱，旅游与保护协调发展的矛盾突出。

（二）投入不足，资金短缺

森林旅游景点所处的地理位置一般都比较偏僻，要经过各方面的设施建设才适合旅游。国家林业局和河北省政府对森林公园基础设施建设始终没有固定的投资渠道，森林公园建设基本上是依靠地方财政投入和招商引资进行，造成森林公园建设缓慢、权属不稳。河北省森林公园发展有国投、自筹、引资三种方式，2010—2013 年均是自筹资金占的份额最大。[①] 河北省所辖保护区的投入没有被纳入地方经济发展的常规预算体系，仅有的投资仅限于基础建设。滦河上游保护区自 2002 年建设以来，只争取到了基础设施建设资金 998 万元，管理经费始终没有落实。[②] 环首都地区相当一部分属于国家燕山—太行山连片特殊困难地区，政府资金支持有限。资金不足导致了旅游产品的低水平、粗放式开发，一些具有价值的旅游资源未能得到有效开发，多数森林公园的公路、通信、电力、垃圾筒、卫生间等基本设施滞

---

① 赵素：《河北省森林公园的发展轨迹研究》，学位论文，河北农业大学，2004 年。
② 徐成立：《河北滦河上游国家级自然保护区发展面临的困境与对策》，《河北林业》2011 年第 6 期。

后，不能满足游客的需求。例如，六里坪国家森林公园距离北京 160 多公里，从京承高速到兴隆县后，需再走 20 公里坑洼的小路，从景区门口到停车场都是土路。从茅荆坝国家级森林公园到赤承的道路狭窄，缺乏直达景区的公交工具，旅行团队的大型客车进入、散客的进入都不方便。公园内主干道较狭窄，且为旅游车辆与步行游客共用，存在交通不安全因素；公园内解说系统不完善，缺乏路标、警示牌；餐饮、住宿较为低档，不少游客不愿在此留宿。①

（三）森林旅游产品开发经营层次低

大部分森林公园限于以森林景观招徕游客，休闲游乐项目数量少且单调，服务欠缺，比如没有露营区，不能适应人们生态体验的需求。游客滞留时间短、消费低。加上经营管理和服务较粗放，经济效益远不及预期。文化特色旅游纪念品开发还处于初期阶段，现有产品品种单一，产品开发与市场需求脱节，销售渠道狭窄。例如，塞罕坝的旅游礼品、纪念品以土特产品为主，很少融入现代观念、科技与生产工艺，只能用舶来的旅游产品满足一些重大活动的特殊需求。②

（四）整体营销不足

营销宣传不足，导致景区知名度小，竞争力弱。例如，茅荆坝森林公园地处承德市和围场坝上草原的中间地带，位于京北黄金旅游线上，但是在从承德去往坝上各旅游景点的路程中，大多数游客与其擦肩而过。网络上相关旅游资源、图片、线路介绍很少，游客很难获取较为完整的信息，因而难以产生去那里旅游的欲望。

（五）管理体制不顺

森林旅游是林业与旅游业融合而生的一种新兴产业，现有管理体制和运行机制阻碍了产业融合的进行。在微观运行主体上，河北绝大多数森林公园是在原国有林场或自然保护区的基础上建立起来的，几

---

① 成克武、王广友、卢振启、杨飞：《河北省茅荆坝森林公园环境保护与旅游发展对策》，《山地学报》2008 年第 s1 期。

② 林树国：《以特色旅游纪念品为突破口打造塞罕坝文化产业》，《河北林业》2009 年第 2 期。

乎是关起门来发展旅游，没能充分挖掘人文资源以及有效整合周边资源，没能有效地处理好与利益相关者的关系，能与旅行社主动合作的很少。从旅游规划设计到产品开发，主要依靠"林家铺子"的成员如林业规划设计院、林业院校等完成，思路雷同。旅游景区管理人员及导游大部分为原林场职工，缺乏旅游专业知识和旅游管理经验，"顾客至上"的意识差，"山大王""我是主人"的思想根深蒂固，导致景区从业人员缺乏工作主动性，服务不够人性化，服务质量不高①，影响了旅游品牌的美誉度。

目前，森林公园由林业、旅游、文物等多部门管理，森林的管理权与受益权分离。很多自然保护区的管理体制是由上级部门进行业务指导，行政由地方政府管理，以属地管理为主，上级监督未能有效实现，出现"国家级保护区，县级管理水平"的普遍现象。并且，国家级自然保护区由地方出资源、出人、出钱维持运营，对地方经济发展造成限制。一旦在利益与保护方面产生矛盾，对自然景区的保护就会输给开发行为，久而久之，就会出现旅游第一、保护第二的倾向。一些地方政府将自然保护区的旅游业交给旅游局管理，而林业防火、病虫害防治仍是当地林场的职责。例如，秦皇岛境内的老岭自然保护区由县旅游局给林场工人发工资，势必使保护区工作以旅游为主，偏离了保护区的建立目的。

三 机遇

（一）国内外森林旅游发展热潮

新中产阶级的崛起促进了旅游大众化时代的到来。按照世界银行根据 Atlas 方法进行的测算和 2011 年的新划分，中国从 2010 年开始由中等偏下收入国家跨入中等偏上收入国家行列，2015 年，中国人均国民总收入达到 7880 美元。而按照国际经验，人均国民收入达到

---

① 温亚楠、王栋、曹静：《塞罕坝国家森林公园发展方向探讨》，《中国林业》2011年第 23 期。

6000 美金就可以产生大量的休闲度假需求。

（二）国家及地方政府政策机遇

国家林业局、国家发改委、财政部、商务部和国家税务总局于 2009 年 10 月联合印发《林业产业振兴规划（2010—2012）》，明确将森林生态旅游作为发展重点，并提出了目标任务。

自京津冀协同发展上升为重大国家战略之后，京冀之间多条高铁、城铁开通，拉近了环首都地区旅游目的地与京津之间的距离。例如，2014 年 G5 京昆高速京冀界至涞水段通车后，北京游客到野三坡从原来的四个多小时车程缩短到一个半小时，野三坡已成为北京周边最具吸引力的旅游目的地之一。京津冀旅游直通车逐步增多，目前已开通班线 40 多条，覆盖避暑山庄、北戴河、野三坡、古北水镇等环京津重点景区。未来的重点是《京津冀协同发展规划纲要》提出的环首都国家公园建设试点。2015 年国家发改委提出的初步计划是，通过整合京津冀现有的自然保护区、风景名胜区、森林公园等各类自然保护地，构建环首都国家公园体系。《河北省建设京津冀生态环境支撑区规划（2016—2020 年）》提出，京冀共同建设具有生态保障、水源涵养、旅游休闲、绿色产品供给等功能的环首都国家公园。根据时间表，到 2017 年，建设香河、官厅水库等两处国家湿地公园；到 2020 年，依托大海陀国家级自然保护区、雾灵山国家级自然保护区、野三坡金华山—横岭子自然保护区，推动国家公园建设。

按照河北省委省政府的整体部署，要大力推进旅游产业化，把旅游业打造成为战略性支柱产业。其中，加快建设环首都休闲度假旅游圈，是首个发展重点。《河北省旅游业"十三五"发展规划》提出，未来几年要重点打造五家国家级旅游度假区（包括木兰围场皇家猎苑旅游度假区、京西百渡休闲度假区等）、四家省级旅游度假区、十二家标杆性大景区。"十三五"旅游重大引擎类项目，有坝上国家牧场、国家 1 号公路风景道等。2017 年 7 月，河北省旅游工作领导小组印发《河北省旅游公共服务体系规划》，提出到 2020 年，将实现全省 5A 级景区、国家级旅游度假区通高速公路，4A 级景区、省级旅游度假区、特色小镇实现二级及以上公路通达，彻底解决景区"最后一公里"问题。重点建设国家1号公路、千里太行、山水画廊、山海花田、锦绣长城等七条品牌风景道。其中，"国家1号公路"由"草原天路"、京承皇家御道、张承高速、御大公路四条道路组成，全长约838公里，两侧分布着古长城遗址、避暑山庄、塞罕坝国家森林公园等多处优质旅游景区，是中国北方自驾游黄金线路；"山水画廊"风景道位于京西百渡旅游度假区，途经涞源、易县、涞水三县，全长206公里；"千里太行"风景道、"锦绣长城"风景道在环首都地区有景点。同时，加快自驾车旅居车营地建设，到2020年，在环京津、环省会周边以及太行山、燕山沿线建成50个起点高、环境美、设施全、服务好的示范营地。

此外，京张联合申办冬奥会，冬季滑雪游的建设热潮有望使原本局限于夏季的森林旅游拓展为两季游。

四 挑战

(一)周边区域竞争激烈

京津地区旅游开发程度高，旅游产品的规模、档次和市场成熟度在国内领先，开发资金充足且有政策扶持，对环首都地区旅游形成一定的边缘化威胁。例如，游客反映，河北六里坪国家森林公园景区的设计开发水平很低，比北京怀柔、密云绝大部分景点都要逊色。

此外，内蒙古、山西等地的景点虽然在便利性上稍逊于环首都地区，但其民族风情、文化内涵更为浓郁，存在旅游后发优势。

(二)游客需求差异

现代休闲旅游业具有求新、求异、求知、求乐的需求趋势。随着游客对旅游项目的文化内涵、自身参与度、服务水平等要求的不断提高，产品供给对环首都地区森林旅游业构成一大挑战。

(三)旅游掠夺性开发及不文明旅游行为带来的环境影响

对此，后文将专门进行讨论。

第四节 促进环首都地区森林旅游业 发展的对策建议

　　从前文的 SWOT 分析可以看出，环首都地区森林旅游产业的内部优势明显，外部机遇与挑战并存。从产业发展前景看，充分发挥森林的环境、保健、游憩、教育、科普功能，开发森林游乐、森林度假、森林探秘、森林野外体验、生态知识、康体保健、登山健身等多类型旅游产品，是这一地区现代林业的重要发展方向，也应成为贫困地区具有较强竞争力的优势产业。

　　当前，影响森林旅游业可持续发展的各种问题，既有新兴产业发展初期因投入不足和人才、经验缺乏而导致的共性问题，也有体制掣肘。指导思想上的失误也难辞其咎，即缺乏基于生态产业化顶层设计的开发规划与模式设计，对于森林资源管护与开发之间的关系缺乏共识。在森林资源不断扩大的基础上做大做强森林生态旅游业，笔者有如下对策建议。

一 推进森林旅游与文化等产业融合发展

　　当前，森林旅游作为战略性新兴产业，正处于观光游向休闲度假游转变的关键时期。应利用"旅游＋""生态＋"等模式，推进林业与旅游、文化、健康养生等第三产业的深度融合，统筹"全域旅游"，在供给侧结构改革的思维下，推进旅游产业与其他产业的联动发展。高水准规划与建设，深入挖掘当地特色的乡土资源与人文内涵，避免低层次重复。文化是自然保护区的又一宝贵财富，并已成为生态旅游的亮点，应力图实现自然景观与历史文化的完美结合。譬如，风光秀丽的小五台山有禅宗文化的千年积淀；大海陀是晋察冀边区平北抗日指挥中心，八路军兵工厂，战地医院，平北地、县委旧址等数十处抗日纪念地成为宝贵的红色旅游资源；塞罕坝拥有许多著名的历史文化遗迹。应以市场为导向，开发创新艺术性与文化性相结合的旅游商品。

在运营上，要按照"培训后再上岗"的原则，对旅游从业人员加强培训，提高其素质和服务意识。加大宣传营销力度。积极参加各种旅游交流会，策划旅游路线和精品套餐，扩宽森林旅游市场，创造品牌优势。

二 创新森林旅游产品的开发运营机制

一方面，由于森林生态旅游产品开发需要较大的投入，前期往往由地方政府参与并给予较多的行政干预。根据《自然保护区条例》的规定，保护区的日常管理经费应当纳入省级政府的年度预算，同时，对于具有特殊生态价值的林区，政府应承担生态效益补偿。鉴于国家公园的公益属性，国家公园的保护管理经营支出要整合现有各项中央和地方投资，统一纳入国家财政预算体系，保证"保护优先、全民利益优先"原则，杜绝过度开发。

另一方面，我国自然保护区面积占国土面积的15%左右，不可能像发达国家对国家公园那样给予足够的运行经费，并且很多试点国家公园内有大量居民居住，完全依靠中央财政补贴未必现实。在高层级政府财政资金投入不够的情况下，必须进行资金机制创新，财政渠道、市场渠道、社会渠道并举，中央财政出一部分，地方通过绿色发展模式挣一些，再通过公益渠道募集一部分。

森林公园既有准公共产品性质的观光游憩产品，也有私人产品性质的旅游开发配套产品。鉴于森林公园传统的"国有国营"治理模式所存在的缺陷，森林景观应由以前政府开发转向市场招标，由社会资本参与开发运营，借此把森林游憩服务推向市场。要通过政府引导、市场运作、全民参与，多方面寻找投资源，扶持一批基础设施齐备、服务水平高、经济实力雄厚的森林旅游龙头企业。以组建森林公园旅游开发公司为切入点，创新森林公园治理结构，吸引利益相关者共同治理。由内部参与型治理机制、市场交易型治理机制和社会督促型治理机制组成的森林公园共同治理机制，有益于实现森林公园综合效益最大化的目标。

　　这里仅举一例。永太兴疏林草原位于丰宁县外沟门乡境内北部国有林场管理处草原林场境内。景区内有一望无际的草原、奔流不息的滦河、绵延不断的秦长城、波光敛滟的湿地等自然美景，酷似非洲大草原，故被称为承德版"非洲大草原"。过去，由于景区地处内蒙古多伦、河北围场、丰宁两省三县交界处，没有正规道路，四面丘陵、高山、滦河环绕，没有越野车很难进出，外界很少有人知道。2017年5月，丰宁县与河北旅游投资集团签订旅游项目合作协议，双方共同建设承德版"非洲大草原"（永太兴疏林草原）和4A级万胜永茶盐古镇景区。项目估算总投资约54亿元，规划面积66平方公里，初步规划建设湿地公园、疏林草地、狩猎场、远山森林四大景区。永太兴疏林草原的开发建设，将带动整个外沟门乡的旅游业提升、服务业发展以及周边农户的脱贫。

三　以国家公园试点为抓手理顺管理体制

　　我国在森林旅游产业发展中遇到的一个掣肘就是部门分治和行政区划分隔的管理体制。多个国家级标签地集于一地、多园并存的现状，是合理性与局限性并存的。[①] 同一资源地被批准建立不同类型的保护地和公园，意味着此地的价值被相关部门从不同角度给予了肯定，有利于属地的直接管理机构更充分、全面地认识该地的价值，也有利于从不同角度对资源进行保护，还可以为直接管理机构指明方向。其局限性体现在，在多头管理体制下，容易导致资源权属不清、问责体系不明、管理体制混乱等问题，各管理部门之间的利益冲突，导致管理效率和管理效果出现偏差；完整的自然生态系统被人为分割，出现交叉重叠和碎片化现象，极易形成事实上的管理缺失和重复管理。环首都地区为数不少的自然保护区、风景名胜区、森林公园、湿地公园等保护区，都面临上述问题。

---

　　① 穆晓雪、王连勇：《中国广义国家公园体系称谓问题初探》，《中国林业经济》2011年第2期。

鉴于此，必须抓住碎片化和多头管理这一基础性问题，以整合、建立国家公园为改革抓手，形成完善的自然保护管理体系，实现整体、严格、永久的保护和统一、高效的管理。

各地对国家公园这一新生事物的认识不同，对其概念、建设目的、价值认识不同。国家公园界定存在狭义与广义之争。狭义的国家公园指国家风景名胜区，广义的国家公园还包括国家级自然保护区、国家森林公园和国家地质公园等。① 从广义上讲，"国家公园体制"是一个自然保护区管理体制，应与 IUCN 颁布的国际通用的国家公园与保护区(National Park & Protected Area)体制接轨。

国家公园的主体目标是保护自然生态系统的原真性和完整性，兼有科学研究、游憩展示、环境教育和社区发展等辅助功能。② 国家公园提供的优良生态产品，是最普惠的民生福祉。由于国家公园大多数处于欠发达地区，发展需求较高，这就需要在发挥保护主体功能的同时，适度开展资源非消耗性利用，以发挥国家公园的多功能复合效益。为此，国家公园应实行严格的管理，核心区和生态保育区严格禁止人为活动；在不影响保护的前提下，在可接受的范围内拿出极小比例的部分作为游憩展示区，进行最低限度的必要设施建设，并通过规范管理来引导民众进入，使民众感受自然之美，接受环境教育，培养爱国情怀，促进社区发展。

关于国家公园的定位主要有三种意见：一是对现行各类自然保护地进行系统整合，制订新的分类标准，重建自然保护地体系，统称为国家公园体系；二是国家公园作为自然保护地体系中的一类，其他保护地仍保留原有分类；三是将现行自然保护地统称为国家公园。相应地，建立国家公园有两种途径：其一是搁置争议和矛盾，在现有自然保护体系的基础上"架屋迭床"，单独建立国家公园制度。这条路相对容易，但不能解决自然保护地管理中的深层次矛盾。其二是在全面

---

① 穆晓雪、王连勇：《中国广义国家公园体系称谓问题初探》，《中国林业经济》2011年第2期。

② 唐芳林：《建立国家公园体制需要厘清哪些关系》，《光明日报》2017年2月18日。

理顺自然保护地管理体制的前提下，建立国家公园制度。这条路需要国家强有力的推动和支持，要进行完整的顶层设计，突破现有体制机制的弊端，进行深入的改革。

笔者认为，只有彻底解决自然保护地多头管理的局面，才可以为长久的生态安全和生态文明建设奠定坚实的体制基础。为此，须做好顶层设计，打破部门和地域的限制，将同处一个完整的生态系统或者具有相伴相生特点的资源进行整合，由统一机构进行整体保护管理。我国已经批复的九个国家公园试点区，在实施方案中都强调了整合，包括空间整合和体制整合（机构和职能）。从空间而言，不仅是现有的保护地，同属于一个生态系统的其他区域也要连通；从机构和职能上看，不仅是现有的保护地管理机构，多数国家公园试点区还涉及合并原基层地方政府的辖区机构（如执法队伍）和某些职能的问题，应该使多数利益相关者在整合过程中得利。

要对各种保护区进行归类整合。以自然保护区为例，严格地说，它与国家公园存在区别：（1）自然保护区强调保护，而国家公园则强调保护和利用（游憩）兼顾。（2）自然保护区是生态系统发挥功能和保护生物多样性的平台，其景观价值不一定高，国家公园必须具有国家级的景观价值（也可能伴生出较多的生态服务功能）。在目前的制度环境下，自然保护区无力实现名副其实的保护（conservation）。基于 IUCN 保护地分类体系标准，国家公园在保护（protect）强度上低于自然保护区，但其功能更多。对自然保护区来说，该严格保护的，要强化管理；该调整的保护区则转变为国家公园或其他类型的保护地，使保护的内涵全面体现出来，这也是俄罗斯部分国家公园脱胎于自然保护区的经验。① 具有国际保护意义与观光价值的自然保护区、森林公园、湿地公园、国家地质公园等自然保护地，应鼓励其申请纳入国家公园体系。

为避免出现既当裁判员又当运动员的弊端，国家公园的所有权、

---

① 苏杨：《第一批国家公园可能是哪些？》，《中国发展观察》2017 年第 Z2 期。

管理权、经营权、监督权应该分开行使。将管理权与经营权分离，各国家公园管理局向上级管理主体负责，以提供严格的资源保护和公共服务等为职责；经营权由公园管理局向有资格的社会企业和个人进行招标，实行特许经营，特许经营权出让收入应上缴上级财政，与国家公园管理机构无关。对国家公园适度的旅游资源进行开发投资，须按照管用分开、市场化配置资源的原则解决，并将门票等收入实行收支分开的预算管理模式。国家公园区域周边的旅游开发和园内的适度开发完全按市场化配置资源的原则，面向社会进行公平公开招标经营，实现国家公园对周边地区经济的有力拉动，也使周边居民在发展保护事业和旅游开发中受益，并使国民分享国家公园资源，真正体现国家公园的全民公益性。在管理与经营权分离的基础上，建立由社会民众、区域群众、上级管理主体、所在地政府和公园管理局等各方利益相关者共同组成的监督体系，形成联席会议制度，对涉及资源利用和区域民众利益等的重大相关问题加以协商解决，保证生态环境受到严格保护，资源得到合理利用，公园实现永续利用。

四 加强区域合作

京津冀三地山水相连，互为旅游客源地和旅游目的地，在竞争与合作关系中，双方的合作大于竞争。目前，京津冀三地旅游产业的发展面临着基础不平衡、扩散不深入、网络不通畅和流动不充分的问题，需要三地协同行动，在资源组合、产品设计、品牌营销、拓展市场等方面进行深度合作，以打造世界级旅游目的地区域。2016 年 7 月召开的京津冀旅游协同发展第六次工作会议明确要求三地 17 个县（市、区）共建旅游协同发展五大示范区，包括京西南生态旅游带（房山、保定共建，其中包含京西百渡休闲度假区），京北生态（冰雪）旅游圈（由密云、延庆、承德、张家口共建，其中延庆、张家口共建京张体育文化旅游带），京东休闲旅游示范区（平谷、宝坻、蓟县、兴隆、遵化、三河共建），京南休闲购物旅游区（武清、廊坊共建）、滨海休闲旅游带（滨海新区、唐山、沧州共建）。

京冀两地的国家公园原先是分开建设的，建设标准、设施配套等不一样，协同发展需要统一建设标准。例如，房山世界地质公园包括八个园区，其中六个园区地处北京，属于房山旅游局和当地政府管理；两个园区（野三坡综合旅游园区和白石山拒马源峰丛瀑布旅游区）地处河北涞水县，属于河北旅游局和当地政府管理。每个园区的保护措施和方法都不一样，没有统一的管理制度。① 2014 年 3 月，野三坡景区管委会与北京房山区旅游委员会签署的《关于合力打造京西南黄金旅游线路的协议》，规定了双方资源信息共享、产品线路共融、品牌项目共建、政府企业共通等协作内容，共同打造京西南区域的黄金旅游景区。2016 年 10 月，保定市林业局与北京市房山区园林绿化局签署《林业生态建设与保护协同发展合作协议》，拟以中国房山世界地质公园为龙头，在北京房山蒲洼、霞云岭、史家营、十渡等乡镇与保定涞源、涞水等县共建百草畔—野三坡环首都国家公园。根据协议，双方还将把与房山区长沟镇相连的保定涿州百尺竿镇约 206 平方公里水域，同长沟国家泉水湿地公园进行共同规划建设，有机连接形成万亩湿地公园。同时，在接壤区域打造拒马河流域湿地公园，全面提高该区域的生态涵养能力，打造"北京西南之肾"。

保定市涞水、易县、涞源三县地处太行山中段，山高林密，且地处京津一小时交通圈。以往，三地旅游发展分别依托各自的龙头旅游景区野三坡、易水湖、白石山带动，缺少整体合力。2016 年初，保定市以承办首届河北省旅发大会为契机，三县整合资源，打造地域旅游品牌形象，促进旅游业全区域、全要素、全产业链发展，将野三坡、白石山、易水湖、清西陵、狼牙山等景区进行连片打造，形成以五个品牌景区为龙头、一批 A 级景区相配套的"京西百渡休闲度假区"品牌。

可以说，旅游一体化将成为区域协同发展的先行者、排头兵和突破口。

① 余珍凤：《房山世界地质公园保护与开发研究分析——以野三坡、石花洞园区为例》，硕士学位论文，中国地质大学，2009 年。

第五节 环首都地区森林旅游的
环境影响及其监管

一 环首都地区森林旅游的环境影响

从理论上讲，森林旅游对于生态环境的影响是利弊共存的。一方面，为了吸引游客进入，公园经营者有动力促进景观质量的改善和稀有物种的丰富。森林旅游业消耗了较少的自然资源和环境资源，带来的巨大生态效益属于外部经济。另一方面，旅游基础设施建设、旅游人数的增加，都可能对保护区的地质地貌、土壤、植被、野生动物、水质、大气环境等产生负面影响，森林火灾的威胁也随之加大。这是森林旅游的负外部性体现。

在实践中，我国的森林旅游开发存在两种相反的趋势：有些地方单纯强调森林保护，吃、住、行、游、购、娱等综合配套服务设施缺乏，不能很好地满足游客的基本需求，价值极高的森林旅游资源未能得到充分利用。另一些景区则存在重开发、轻保护的现象，大兴土木甚至非法建设旅游设施，进行掠夺式经营，一些珍贵的森林风景资源没有被纳入有效的保护范围，使得森林公园中的自然资源受到严重威胁[1]。在塞罕坝森林公园，上述两种问题共存。一方面，塞罕坝因旅游设施陈旧、旅游形式过于单调等原因，影响游客的进入；另一方面，由于人为活动频繁，野生动物资源和种群恢复相对较慢，虎、熊等野兽在当地早已灭绝，豹和马鹿数量远不如从前，野猪、狍子、黑琴鸡等数量也有减少的趋势。

环首都地区因开展森林旅游所导致的环境负面影响，表现在以下几个方面。一是旅游设施的兴建对自然环境的破坏。例如，近年来，滦河上游自然保护区兴建的一系列旅游设施，如木兰围场狩猎场、塞

---

① 陈贵松：《森林旅游负外部性的经济学分析》，《林业经济问题》2004 年第 24 (5) 期；李世东：《我国森林公园的现状及发展趋势》，《中南林学院学报》1994 年第 14 (2) 期。

罕坝滑雪场等，破坏了自然遗产地的真实性和完整性，对自然保护区生态环境构成了一定的威胁。① 仙那都国际生态度假村在开发过程中，先占地后审核、少批多占甚至不办理合法手续，非法占用"三北防护林"170.2 亩，滥伐林木 634.2 亩。② 二是对游客的管理不到位。例如，辽河源国家级森林公园中的千年古木"九龙蟠杨"，树冠面积750 平方米，人谓"独木成林"。遗憾的是，公园对这一景观的保护不到位，游人可以随便蹬踏攀爬。再如，茅荆坝国家级森林公园内高山草甸区域生态环境脆弱，旅游环境容量很小，但由于缺乏限制，山顶游客超过环境容量，对亚高山草甸生态系统造成了破坏。金莲花是构成山地五色草甸景观的重要成分，主要靠种子繁殖。当地居民和大量游客地毯式搜索和采摘金莲花，对这一珍贵资源造成毁灭性破坏，草甸原有景观特色消失，甚至裸露出沙土地表。③

二　加强森林旅游的环境管理

森林旅游的本质是生态旅游。1983 年，世界自然保护联盟（IU-CN）生态旅游特别顾问塞巴勒斯·拉斯库润（Ceballos Lascurain）首次提出生态旅游（Ecotourism）概念。国际生态旅游协会（The International Ecotourism Society）将生态旅游定义为：生态旅游是负责任的自然旅行，在此过程中，需要保护当地的环境，并能促进当地居民的可持续生计。我国通常采用的定义为："生态旅游是以享受大自然、了解自然景观、野生生物及相关文化特征为旅游目的，以不改变生态系统的结构和功能、不破坏自然资源和环境为宗旨，使当地居民受益的特殊旅游活动。"

生态旅游首先要求控制和完善相关设施建设。多数国家要求国家

① 孙克勤：《河北滦河上游自然保护区遗产资源整合与保护》，《北京林业大学学报》（社会科学版）2010 年第 7 期。

② 耿小勇、林文龙：《河北砍防护林建度假村 总裁曾任县委副书记》，《新京报》2006 年 12 月 5 日。

③ 成克武、王广友、卢振启、杨飞：《河北省茅荆坝森林公园环境保护与旅游发展对策》，《山地学报》2008 年第 s1 期。

公园内不许建造高层、大体量、华丽的大型旅馆、餐饮、商店、停车场等，只允许建造少量的小型、相对分散的休闲旅游建筑，结合自然地形植被等现状，错落布置，各建筑组群之间距离较远，以"互不见面"为宜。我国在缺乏类似规则的背景下，森林旅游休闲项目的开发应在专家指导下进行。尽可能就地取材，利用修剪下的木枝、树干搭建小路；对保护区的交通工具应实施统一管理，采用清洁能源；加强垃圾封闭处理工作，设立足够的卫生间、垃圾箱，向每个进入保护区的游客发放垃圾袋；在旅游景点内应指定吸烟场所；适当搭建一些森林小木屋或露营地，满足游人融入自然的需要。

游客管理是控制旅游对环境影响的关键。森林公园的管理者、决策者在总体规划中要进行环境容量测算，避免因游客数量超出生态阈值而造成对生态系统的严重破坏。加强分区管理，需要特别保护的区域，可限制游人进入，或采用预约游览的方式控制和分流游客量。尊重游客、服务游客和教育游客是限制游客的前提。在世界范围内，游客管理的工作重心正从简单限制游客数量的管理措施转移到以尊重和服务游客为前提的更加完善的处理方法上。要在爬山或观光之外辅以适当的生态教育活动。比如，在景区入口处准备宣传材料，介绍风光特色，同时引导游客遵守生态旅游行为规范，在导游图、门票及某些旅游商品的包装上印制提醒游人自觉环保的内容，在游客中心放映生态旅游宣传片；在最重要的景点设环境解说员，讲解草甸的形成与生态意义，引领游客辨识不同种类的山花；组织专门的活动，如针对中小学生开展"生态体验夏令营"，使其成长为生态旅游者。

建立游客参与机制，吸引更多的游客参与保护区的管理工作。这样做的好处是，可以缓解保护区管理机构的人员压力；管理者可近距离接触游客，听取游客更多更好的建议；游客可通过参与管理来增强自身的责任感与环境意识，并且，参与游客的行为对其他游客具有示范作用，游客志愿者的环境解说比一般工作人员的讲解更容易为其他游客所接受。吸引游客参与管理的途径可包括：（1）征集志愿者；（2）为大学生提供实习机会；（3）评选年度最佳游客，鼓励更多游客为保护区管理提建议，出主意；（4）建立游客俱乐部，开展相关活动；（5）通过网络平台与网民进行交流；（6）不定期地进行游客问卷调查。

加强环境管理需要多方合作。一是与旅游代理商（如旅行社）合作。旅游代理商是旅游产品的直接销售者，可以与其签订协议，使其在营销内容中增加关于生态旅游行为规则的知识，并委托其对组团的游客行为进行管理；二是与户外运动俱乐部合作，共同组织适应市场需求的主题活动，吸引更多的生态旅游者参与保护区的管理；三是与旅游网站或相关媒体合作，营销生态旅游产品与理念；四是与科研机构合作，逐步建立完善的保护区生态环境监测体系。

第六节　森林旅游中的社区参与

旅游社区按照与景区（点）的空间关系，分为融入型社区、近邻型社区和远离型社区。社区居民祖祖辈辈在此居住，依靠自然资源维持生计。在发展森林旅游的同时，如何使社区居民生计的可持续性得到提升，从而促进他们对生态保护的参与力度，是森林旅游发展中的一个关键问题。

一　森林旅游对社区居民的影响

旅游开发是一把双刃剑，它对周边村落居民生计的影响，是利弊共存的。

（一）正面影响

对于欠发达边远地区来说，旅游业可以使富裕地区的财富部分地流向贫困地区，振兴当地农村经济；使旅游劳动力需求增加，加大农民的就业机会。发展森林旅游被国内外学者公认为是解决林区贫困的有效方法。国际上有"扶贫旅游"（Pro-poor Tourism，PPT）、"消除贫困的可持续旅游"（Sustainable Tourism-Eliminating Poverty，ST – EP）等概念，我国也早就提出"旅游扶贫"概念，其核心思想是把可持续旅游作为消除弱势群体贫困状态的一种手段。相对于传统种养殖业来说，旅游是一个附加值较高的服务业，以旅游为龙头，可以带动起一个产业链，如林区餐饮业、旅店业、娱乐业、养殖业、工艺品业、交通业等。由于其"保护环境"和"社区受益"两大特征，生态旅游常用于减缓现有或潜在的保护区与社区居民生计之间的矛盾与冲突。

例如，丰宁县金山岭长城、京北第一草原、御道口、塞罕坝等风景区旅游业的发展，给当地群众带来了较大实惠。京北第一草原有5个乡镇11个村从事旅游服务，旅游每年使当地农民增收2万元以上。丰宁大滩镇7个村在村支书和村主任的带领下，积极发展旅游业，人均收入超过3000元；扎拉营子村人均收入达到4000元以上，处于小康水平。2005年，张北县未发展乡村旅游时，38.7%的农民家庭年收入在1万—1.5万元，而开展乡村旅游以后，2012年，35.4%的家庭年收入达到2万—2.5万元，年收入3万元以上家庭的比例较2005年提高了24.4个百分点。

（二）负面影响

森林旅游发展也可能会造成社区居民的福利下降，并因贫困人口受益不均而加大贫富差距。

传统大众旅游开发由于忽视社区居民的利益，甚至导致土著民陷入"家园变公园"的命运里，不但违反了环境正义，而且招致社区居民对旅游开发的抵触情绪。Trakolis（1999）在对希腊的森林旅游经过多年的调查后发现，缺少当地社区参与的决策和管理方式是导致冲突的根本原因。[1] 第二次世界大战后，随着风起云涌的族群自觉潮流以及可持续发展观的倡导，旅游开发要让东道主社区获益的思想逐渐深入人心。20世纪90年代后，国际社会逐渐接受"人居公园"的理念，开始认可土著民对国家公园内的资源有特别的使用权这一观念。

在中国，无论是从法律还是道义角度，政府部门、旅游开发商、游客等利益主体都认为东道主社区应该从旅游业中获得足够的好处。

---

① Harold Goodwin, "In Pursuit of Ecotourism," *Wildlife Conserve*, 1996, 5 (3): 277 – 292.

在旅游规划文本中，社区参与和公平受益成为最基本的建构原则。但在实际操作中，由于各利益主体之间在信息占有、话语权等方面的不均衡，地方政府和旅游开发商处于绝对的强势地位，处于弱势地位的社会公众和东道主社区居民往往"被失声"或者"被代表"，"社区参与并获益"成为画中之饼。例如，北京延庆某景点，因未能与当地农民达成利益分享机制而导致农民挖断去往该景点的必经之路。类似事件导致旅游者的满意度下降，旅游开发缺乏可持续的动力。

贫困人口未能在旅游扶贫中有效获益，还有一个重要原因在于其自身生计资本的缺乏，特别是物质、金融和社会资本不足，导致发展能力低下，不能适应旅游开发运行规律和市场竞争。正如奈绪美·塞维尔（Naomi M. Saville，2001）所指出的，贫困人口中最穷的20%人群很少能从旅游开发中直接获利，并且不太可能利用旅游开发的间接效应获利。[①] 在旅游业发展初期，旅游者大部分是散客，散客的零星消费为当地社区规模较小的贫困经营者提供了较多的收入机会，如家庭旅馆经营者、景区周边快餐经营者等。在小规模旅游地进入发展期或成熟期的过程中，旅行社的介入增加了游客规模，却对景区接待设施的标准和等级提出了更高的要求，从而有可能排斥当地家庭旅馆经营者和地方交通，产生替代性竞争，当地居民直接从旅游业中获得的利润将越来越有限直至消失。这一现象在河北蔚县空中草原风景区体现得非常明显。三轮车业主抱怨说，以前，游客从县城坐车到镇里，都会坐他们的车去风景区，现在旅行社的车可以一直开到景区门口，基本上不需要他们的车子。景区入口处一位摆摊卖小商品的人说，旅行社的车很大，车厢里放了很多食物、饮料，游客基本上不会再从他们那里购买东西。景区家庭旅馆业主也认为，散客经常在他们那儿食宿，而团队却很少在那儿食宿，一方面，旅游者太多，不够住；另一方面，旅行社的折扣率太高，不划算。

---

① Naomi M. Saville, Practical Strategies for Pro-Poor Tourism: Case study of Pro-Poor Tourism and SNV in Humla District, West Nepal, PPT Working Paper, 2001, No. 3.

二 森林旅游中的社区参与

森林旅游要发挥对当地社区的正面影响，减少和避免负面影响，必须构建长效的社区参与机制。旅游发展过程中的社区参与至少包含两方面内容，即"决策制定中的参与"和"旅游利益的分享"。前者是条件，后者是结果。

鉴于试点国家公园内有大量居民居住的现实，当地居民是建设国家公园的重要参与者以及政策的执行者。国家公园带给当地居民一定的利益，当地居民主动建设国家公园，通过社区参与基础上的国家公园品牌增值体系，实现周边地区的绿色发展。这是理想的发展模式。

在乡村旅游发展中，当地居民的参与方式涉及决策、经营管理、环境保护和教育培训，每一种方式的参与程度不尽相同。穆晓雪（2012）①通过对野三坡社区参与程度的评价，将重要性排序为发展决策参与 < 教育培训参与 < 环境保护参与 ＝经营管理参与。这一结论也适用于大多数环首都地区的森林旅游地。

首先，发展决策参与是乡村旅游地旅游和社区和谐发展的前提。由政府和开发商主导的旅游决策，难免会有对社区发展考虑不周的地方。作为利益相关者之一的社区居民参与决策，能够更好地维护自身权益，还能帮助政府和开发商完善开发决策。为此，应完善合作制度和话语权，构建社区及社会公众共同参与的社会监督机制。可以仿效九寨沟，在管理机构中设置专门的社区管理科室，该科室上传下达，充当社区居民与管理局沟通与良性互动的桥梁，避免因沟通不畅而引起的误会和矛盾。居民可以随时向社区管理办公室提出建议和意见，由办公室定期整理上报，管委会研究论证，对切实可行的建议予以采纳，对存在的问题进行整改，保证旅游与社区的和谐发展。

其次，经营管理参与（食、住、行、游、购、娱）对于乡村旅游是

---

① 穆晓雪：《河北野三坡乡村旅游社区参与研究》，硕士学位论文，西南大学，2012年。

比较普遍和重要的一种参与方式，对当地社区居民的吸引力最大。它不仅可以为社区居民带来经济效益，还能为外来旅游者提供原生性较强的旅游服务，又促进了社区居民与外来旅游者的文化交流。所以，经营管理参与的重要性高于其他方式的参与。为此，经营项目必须优先考虑当地企业及周边居民，引入相关扶贫项目，提供就业机会，实现收益共享，譬如，善于利用本地有旅游方面兴趣爱好的群众，充当导游或其他工作人员，带领游客到深山里冒险；建立缓冲区，合理控制土地利用，对于保护区范围内的"插花地"，要做好退耕还林工作，积极引导居民发展林业生产，使其得到比较收益更高的就业机会，从而放弃现有的生产方式，走靠山养山、劳动致富的道路。

再次，环境保护参与是保持乡村旅游原真性的重要保证，它和经营管理参与是相辅相成的，二者的重要性相当。为此，应开展社区环境教育，增强社区居民的身份认同感，提高其自发保护生态环境的积极性与主动性；向社区居民传授实用技术，开展科学种植和生态养殖，一方面防止牲畜啃咬树木和践踏草皮植被，减少人为活动，解决保护与利用的矛盾；另一方面促进当地经济的发展，缓解人们对自然资源的依赖。一旦实现了社区与旅游企业和谐发展的目标，农村社区的淳朴氛围将会为旅游地主体景观补益增色，甚至自成一景，吸引游客进行田园风光游览。因此，社区参与有助于保护和提升旅游地的观赏价值。

最后，教育培训参与，是提高旅游接待服务水平的重要保证。对社区居民和乡村旅游发展来说，教育培训参与比发展决策参与的必要性、普遍性、现实性等更强。为此，应在旅游企业和贫困人口之间架起桥梁，为贫困人口在培训、自身能力建设、技术支持等方面进行投资，增进他们对旅游业的了解，并为小企业和旅游就业提供资源。建立居民上岗培训机制，从中挑选出有管理经验和管理兴趣的人员。丰宁县旅游局在京北第一草原和汤河乡分别组织了乡村旅游示范户培训，讲解《河北省乡村旅游服务质量标准》《河北省农家乡村酒店等级划分与评定》等旅游专业知识，提高了乡村旅游示范户的服务意识和经营水平，推进了乡村旅游的标准化规范化建设，是社区参与旅游发展的典型案例。

从旅游利益分享的角度讲，旅游促进扶贫的方式：一是直接参与旅游经营，开办农家乐和经营乡村旅馆，或参与接待服务，取得非农劳务收入；二是拓展农产品销售渠道，提高销售价格，出售自家农副土特产品获得收入；三是通过参加乡村旅游合作社和土地流转获得租金；四是通过资金、人力、土地、房屋产权等投资入股，参与乡村旅游经营获取分红，长期分享旅游发展的成果；五是设立保护基金，构建长效的生态补偿机制。

三 典型案例的评介

（一）雾灵山

雾灵山是燕山山脉主峰，素有"京东第一峰"之称，生物资源丰富，被誉为"华北物种基因库"，其旅游形象可以定位为"京东最大的森林公园"。空气无污染，负离子含量较高，被列入北京周边大气质量调节的甲级地区。

雾灵山自然保护区始建于1984年，1988年5月经国务院批准晋升为国家级自然保护区，是河北第一个国家级自然保护区。由于财政拨款有限，保护区200多名职工的工资一度无法得到保障。雾灵山保护区生态旅游业起步于1992年，最初以接待学生实习为主，没有进行景区（点）开发和宣传。从1997年起对主要景区（点）进行了开发，设立宣传部门和旅游接待服务机构，景区（点）影响力逐渐增大，游客人数逐年增多。2000年开始加大景区（点）基础设施建设，加大景区（点）开发与宣传，雾灵山旅游进入高速发展阶段，到2013年，接待人数达16.29万[①]（详见表4-1）。

---

① 牛浩、樊晓亮、于晓红：《开展生态旅游对雾灵山保护区周边社区经济的影响》，《宁夏农林科技》2013年第54（5）期。

表 4-1   近十年来雾灵山游客人数统计

年度	2004	2005	2006	2007	2008	2009	2010	2011	2012	2013
人数（万）	9.96	10.03	10.70	12.06	10.48	12.84	15.54	18.33	15.75	16.29
同比增长（%）		0.7	6.7	12.7	-13.1	22.5	21.0	18.0	-14.1	3.4
备注					奥运会				取消优惠	

资料来源：转引自赵明、赵鹏、李秀娟《浅谈雾灵山生态旅游的开展对周边农村经济的影响》，《现代农村科技》2014 年第 5 期。

自从开展生态旅游后，旅游收入基本满足了保护区建设、管理、保护、科研等工作的需要，而且每年都有十几万元的利税上缴。[①] 森林旅游的开展，显著提高了雾灵山自然保护区的知名度和影响力，1995 年成为"中国人与生物圈"网络成员，并先后被国家有关部门命名为"全国青少年科技教育基地"（中宣部等四部委，2002）、"全国林业科普教育基地"（中国林学会，2005）、"中国青少年考察基地"，2006 年被命名为"全国首批示范性自然保护区"。其客源市场的 79.42% 集中在距旅游地 200 公里之内，主体市场是北京、天津和河北省，目前已成为京津居民旅游度假、休闲避暑、科学研究、教学实习、摄影写生的理想胜地。

雾灵山保护区周边社区共有三乡两镇 23 个行政村，4600 余户，15000 余人，其中有劳动力 8000 余人。雾灵山周边社区的林业用地面积为 9782.7 公顷，占总面积的 65.3%。[②] 保护区在建立初期未妥善解决土地权属问题，使得保护区范围内仍然有社区居民的耕地和部分林地，形成"插花地"。保护区对自然资源实行保护管理，使当地居民"靠山吃山"的传统生活方式受到了限制，当地居民与保护区敌对、蓄意破坏保护区财物、偷猎野生动物、盗伐林木、打石采矿等破坏自然资源现象时有发生。为解决生态与生计的矛盾，雾灵山自然

---

① 李云宝：《论雾灵山自然保护区生态旅游的发展》，《河北林业》2010 年第 3 期。
② 牛浩、樊晓亮、于晓红：《开展生态旅游对雾灵山保护区周边社区经济的影响》，《宁夏农林科技》2013 年第 54（5）期。

保护区在社区方面进行了参与式管理的尝试。除了加强宣传，提高社区自然保护意识之外，雾灵山自然保护区实验区适度开发了生态旅游项目。周边村庄每年从事旅游服务的人数占到总人口的50%，使得贫困落后的小山村变为旅游专业村。

雾灵山生态旅游的直接影响表现在如下方面：

首先，按照"旅游在区内，服务在区外"的原则，引导社区居民建设别具特色的生态旅游村。截至2014年，雾灵山自然保护区三座山门所在的村——兴隆县雾灵山乡的五个村和北京市密云县新城子镇的两个村，兴办了267家农家院、度假村，正修建的两个度假村，已有4.69万个床位。北京密云县曹家路村位于雾灵山西门，只有几百口人，过去是一个连媳妇都娶不上的穷山村。1998年与雾灵山保护区签订合作开发合同之后，修路、建山门，家家都办起了家庭旅馆，到2014年已建设23个农家院、12个度假村，床位达2.3万个，很快变成了远近闻名的富裕村，村支书也因此成了各大报纸、广播采访的风云人物。① 据村委会统计，2000年，该村人均农业收入为6500元，2012年上升到14600元。②

其次，发展特色农业。在发展旅游业之前，周边社区基本上以农果为主业，蘑菇、榛子、山葡萄、山核桃等土特产品资源丰富。以前由于销路不畅，农民收益较低。大量游客的到来为社区农副产品打开了销路，许多农民利用农闲季节采野菜、蘑菇卖给游客，土特产品成为社区居民创收的重要来源。还涌现了一批特色采摘园和观光园，促进了当地特色农业的发展。

最后，提升闲置土地的价值。雾灵山周边社区很多年轻人举家外出打工并定居。自开展生态旅游后，京津游客大量涌入，一部分人置业投资，原来无人问津的房屋成为抢手货，土地价值翻了几番甚至十

① 项亚飞：《雾灵山自然保护区生态旅游与当地社区的关系分析》，《河北林业科技》2005年第z1期。
② 牛浩、樊晓亮、于晓红：《开展生态旅游对雾灵山保护区周边社区经济的影响》，《宁夏农林科技》2013年第54(5)期。

几番。以兴隆县雾灵山乡眼石村为例,同样的房屋在 2000 年只值 6000 元,2012 年增值到 10 万元。[①]

森林旅游的间接影响也不容小觑。首先,村容村貌发生了翻天覆地的变化。大批村民拆掉低矮、简陋的民房,建起宽敞明亮的农家院、度假村,安装闭路电视、路灯,每周五组织村民打扫卫生。其次,旅游业的发展促进了当地交通、建筑业、农业、商业的发展,形成了以龙潭景区、司马台长城为龙头的密云东线旅游产业带。[②] 最后,居民通过从事森林旅游经营,增强了自觉保护自然资源的责任意识,主动参与到保护区的管理活动中。村民认识到,保护好天然景观和自然资源,就是保护好自家的财源,因而都能自觉制止游客采花、挖土、野外吸烟、乱扔垃圾、侵扰野生动物等不文明行为,变掠夺式的"靠山吃山"为生态保护、可持续发展型的"靠山吃山"。

(二)野三坡景区

河北野三坡风景名胜区由各具功能的七个景区构成[③],景区之间分布着三坡镇和龙门镇两个行政村,属于融入型社区。[④] 目前,野三坡的乡村旅游以第一代乡村旅游点为基础,进入了相对成熟的发展时期。以苟各庄村为例,社区参与以经营管理参与为主体,发展比较成熟,在食宿接待、游览活动参与方面得分较高。村民大都种植了粮食和菜,确保纯天然无污染,还不断推出各种特色菜。当地的野菜在苟各庄村都可以品尝到,不仅营养价值高,而且味道鲜美,玉米粥、家常饼、贴饼子、农家柴鸡蛋、农家豆腐、柴鸡炖山蘑、山鸡农家吃、野兔、虹鳟鱼、特色烤全羊,都很受青睐。住宿条件评价也不错,卫

---

① 牛浩、樊晓亮、于晓红:《开展生态旅游对雾灵山保护区周边社区经济的影响》,《宁夏农林科技》2013 年第 54(5)期。

② 郭建刚:《雾灵山龙潭景区发展生态旅游对周边社区经济的带动作用》,《河北林业科技》2008 年第 4 期。

③ 分百里峡自然风景游览区、拒马河避暑疗养游乐区、白草畔原始森林保护区、鱼谷洞奇泉怪洞游览区、龙门天关长城文物保护区、金华山灵奇狩猎游乐区、野三坡失乐园薰衣草主题庄园。

④ 融入型社区是指景区以社区为背景建立,社区完全处于景区之中,旅游开发活动与社区居民的生活息息相关。

生条件较好，家具、电器配备齐全，还有篝火晚会。经营者不断改进设施以满足旅游者的需求。比如，当游客提出旱厕不卫生的意见后，不出十天，村里从事农家乐的经营户都把旱厕改成了水冲厕所。在环境保护参与方面，由于苟各庄村乡村旅游发展较早，在经验积累中人们意识到优美的自然环境是吸引旅游者的重要因素，所以都自觉地维护生态环境，比如不进景区放牧、植树造林、不乱扔垃圾等。① 在教育培训参与方面也较好。在冬季旅游淡季，村民或者学习，或者外出考察、促销，一些村民建立了网站，引入电子商务。

发展过程中也曾出现一些问题。一是贫富差距拉大。距成熟景区较近的社区发展较好，距景区较远的社区发展很落后，造成了当地社区贫富差距的加大。发展较好的社区支持乡村旅游的发展，对游客持欢迎和包容态度，而发展较差的社区对乡村旅游的发展持无所谓的态度，甚至对游客有排斥心理。当游客稍稍有损他们的利益时，就会和游客爆发冲突。二是由于开发较早，规划不到位，忽略了对当地民俗文化的保护，目前二、三层楼房林立，乡村风貌消失殆尽。同时，百里峡景区周围有十几个乡村，均为景区依托型乡村，产生了同质产品的竞争问题。三是采取传统的政府决策模式，社区居民在决策方面的参与非常有限，更多的是按照政府的组织和安排参与到某些具体项目的建设实施中。社区居民只知道要做什么，要怎么做，并不知道为什么要这么做。

相关主管部门意识到上述问题，提出第一代和第二代乡村旅游点划分问题，寻求社区参与乡村旅游的有效途径。

2012 年，涞水县政府联合野三坡风景名胜区管委会提出大力扶植松树口等第二代乡村旅游点建设。松树口村以前因位置偏僻，是典型的贫困村，村民几乎都在外地打工，留守村民依靠山中极其有限的耕地进行传统种植。从 2009 年起，凭借地理优势和独特的资源优势，该村建设

① 穆晓雪：《河北野三坡乡村旅游社区参与研究》，硕士学位论文，西南大学，2012年。

了统一风格的农家院 60 座，环境干净优雅，不仅改善了村民的居住生活条件，也吸引了更多游客，成为河北省"民宿"游发展的典型村。松树口村距野三坡王牌景区百里峡仅有 2 公里，还是通往百里峡佛洞塔风景区的必经之路，村前大片河滩地成为自驾车营地建设的首选。每年旅游旺季，游客车辆络绎不绝。居民经常到景区抬滑竿、当导游、卖土产，而这些参与方式几乎没什么成本。目前全村 115 户，经营农家乐的就有 63 户，不做农家院的也在附近景区做服务工作。在外面打工的都回来了，还有不少人专门到该村打工。2016 年，村里接待游客近 10 万人次，人均收入从过去的 2000 元提升到 6000 元，实现了稳定脱贫。

以松树口村为代表的第二代乡村旅游点较为完好地保留着原生态的村容村貌和乡土建筑，将成为新一代的乡村旅游点示范基地。为了开发成熟的民俗旅游产品，防止其优势被破坏，必须加强对社区居民的宣传教育，加强对当地民风民俗的保护，尤其要培养年轻人对当地文化的认同感，保持乡村旅游的特色。要促进旅游和当地社区的和谐发展，必须提高社区居民参与发展决策的程度，让他们明白做事的目的，从而以更积极的姿态参与到乡村旅游的发展中。应继续扩大经营管理参与程度，带动更多的人参与到乡村旅游的食、住、行、游、购、娱当中，缩小贫富差距。可以考虑在政府的主导下，将社区的各种资源和设施，如农业资源、民俗资源、食宿接待设施等的集中开发利用，进行整体经营管理，并使经营管理收益惠及全体社区居民。对现有食宿接待设施的所有者，可以入股或其他方式给予补偿，并采取优先安排就业等措施增加处于资源占有劣势的居民的收益，促进收入分配的公平。[①]

（三）大海陀自然保护区

大海陀国家级自然保护区位于张家口赤城县西南，距北京 100 公里，主峰海陀山海拔 2241 米。该保护区是典型的山地森林生态系统类型，在我国华北地区植被垂直地带性和生物地理区系等方面具有典

---

① 穆晓雪：《河北野三坡乡村旅游社区参与研究》，硕士学位论文，西南大学，2012年。

型性和代表性。大海陀自然保护区前身为大海陀林场，1999 年被河北省政府批准成立省级自然保护区。2001 年，经赤城县政府批准，将隶属于大海陀乡的四个自然村和雕鹗乡的两个自然村划归自然保护区管辖，自然保护区总面积扩大到 11224.9 公顷。2003 年 6 月，经国务院批准晋升为国家级自然保护区。2013 年，自然保护区进行了功能区调整，总面积达 12634 公顷，其中核心区面积为 4248 公顷，缓冲区面积为 3590 公顷，实验区面积为 4796 公顷。

自然保护区内及周边的居民主要属大海陀乡和雕鹗乡的部分村庄。社区居民的收入来源以农牧业为主，占总收入的 60% 以上，且保护区内社区居民收入略低于保护区外居民收入。交通落后，加上煤炭价格昂贵，村民们大多不愿花钱购买煤炭来做饭取暖，社区居民家庭生计严重依赖保护区的森林资源。开展农家院的农户数量较少。只有三分之一的村民直接参与过保护区的管理工作，如救火、当护林员、拉煤、担任后勤、做向导、帮助上山找人等，基本上从事一些简单工作，具有参与程度低、与自然保护区互动很少、方式单一的特点。

大多数居民认为，自然保护区的建立限制了对自然资源的利用，并且野生动物损毁庄稼而居民受损失未得到任何补偿。少部分人对建立自然保护区持肯定态度，认为保护区提供了工作机会，能增加家庭收入，但这样的态度来源于对政府投入增加和带来巨大商机的憧憬，而非出于对自然资源保护的考虑。大多数受访村民反映，保护区没有设置关于社区管理或其他专门与社区协调沟通、组织社区参与保护区管理工作的科室，机构的缺失使得社区参与管理处于没有领导、没有计划、没有条理的状态。在问及是否愿意参加保护区工作时，68% 的居民表示很愿意参与到保护区的工作中，26% 的居民表示无所谓，6% 的表示不愿意。大多数受访者均表示会主动制止破坏保护区森林生态的行为，且在条件适当的情况下愿意参加正式的社区保护工作。同时，他们希望保护区提供工作或者一些劳务、技能方面的帮助，也希望保护区管理处可以和社区共同管理、建设自然保护区；村民在参与保护时应得到一定的经济报酬，保护区要给老百姓适当的实惠。①
这些呼声如果能够被采纳，将有助于大海陀自然保护区旅游业的可持
续发展。

小　结

森林旅游是以森林资源为依托向旅游者提供以享受为主的旅游活
动，森林生态旅游是森林旅游更高层次的发展，它以生态学、经济学
的理论为指导，强调"生态上的可持续性"，不仅是一种旅游方式，
而且是一种生态经济体系，更是一种双向负责任的旅游模式。森林旅
游是绿色产业的重要组成部分，是林业产业中最具活力和发展潜力的
新兴产业。生态文明和"美丽中国"执政理念将有力地推动森林生
态旅游发展，森林旅游将成为生态林业、民生林业重点培育的龙头
产业。

环首都地区森林旅游起步于"八五"期间，近十年来进入快速成
长阶段。环首都地区发展森林旅游，具有明显的资源优势和区位优
势，可开发多种类型的旅游产品；同时也具有地理条件和生态环境限
制、投入不足和资金短缺等劣势，未来发展既有重大机遇又面临各种
挑战。当前，存在的主要问题既有资金、人才、经验方面的不足，也
有管理体制方面的掣肘。在笔者看来，解决问题的主要对策是：推进
森林旅游与文化等产业的融合发展，创新森林旅游产品的开发运营机
制，以国家公园试点为抓手理顺管理体制，加强区域合作，推动京津
冀森林旅游的协同发展。

森林旅游的本质是生态旅游，环首都地区森林旅游必须加强环境
监管，控制和完善相关设施建设，建立游客参与机制，加强游客管
理，加强与旅游代理商等各方面的合作。

---

① 武占军等：《河北大海陀自然保护区与社区关系研究》，《林业调查规划》2016 年
第 5 期。

　　森林旅游要发挥对当地社区的正面影响，减少和避免负面影响，必须构建长效的社区参与机制。这主要包含两方面内容，即"决策制定中的参与"和"旅游利益的分享"。要使森林旅游成为贫困地区具有较强竞争力的优势产业，必须使林区居民生计的可持续性得到提升。提高林区居民对生态保护的参与力度，是森林旅游发展中的一个关键问题。

第五章

环首都地区林业减贫

　　生态恶化和经济贫困是一对孪生兄弟。我国的贫困人口大都分布在农业生产环境恶劣、生态环境脆弱、交通不便的地区。可见，在广大贫困地区，其表层特征是经济贫困，其深层原因往往是生态环境脆弱与退化。针对贫困和生态问题相交织的现象，生态扶贫作为一种新的可持续扶贫方式受到社会的广泛关注。环首都地区特别是张家口、承德地区是经济落后地区、山区和生态脆弱区的三重耦合区域，具有贫困农户集中、人地矛盾突出、自然灾害多发、生态环境退化、农户生计脆弱的典型特征，农户生计问题极其复杂。结合京津冀协同发展战略和国家主体功能区规划战略需求，探索农户生计的多样化和促进农户持续增收策略，促进农户生计与山区人口、资源、环境的协调发展，具有明显的现实意义。

　　林业不仅是生态工程，而且是扶贫工程、富民工程、就业工程。林业扶贫的重要意义表现在三个方面：第一，实施林业扶贫，加大森林植被的恢复力度，是改善贫困地区生态状况，改善人民生产生活条件的必然选择。第二，林业产业涵盖范围广、产业链条长、产品种类多，能吸收大量的劳动力，是增加就业、促进农民增收的有效途径。与外出打工相比，林业扶贫让贫困人群既不离乡又不离土，避免了土地荒废、产业空心、"孤寡老人"、"留守儿童"等一系列社会问题，是一种促进家庭与社会和谐稳定的扶贫方式。第三，实施林业扶贫，是构筑国家生态安全屏障，维护国土生态安全的必然选择。

第一节 林业减贫的理论基础

贫困是一个复杂而综合的社会现象，是由低收入造成的基本物质、基本服务相对缺乏或绝对缺乏，以及缺少发展机会和手段的一种状况。国际上，贫困的内涵不断扩展，经历了物质生存贫困、社会人文贫困、能力发展贫困的阶段。本章针对贫困地区的贫困人口，主要讨论的是经济意义上的贫困，包括绝对贫困和相对贫困。

在理论上，可以将贫困分为区域型贫困和个体型贫困。个体型贫困主要是指由于个人的缺陷、不适应和能力缺失所导致的贫困，区域型贫困则是指因区域禀赋低劣而使得居住在其中的大量人口陷入贫困状态。从实践上看，经济发展和人民生活水平低下的贫困地区，往往因空间禀赋低劣，而造成居住于其中的农户自身资本的生产力低下，进而陷入持续性贫困之中。因此，区域型贫困和个体型贫困又是难以截然分割的。

关于生态环境（特别是森林资源）与贫困的关系，大致有以下几种学说：一是贫困与生态非良性耦合关系说，以"生态贫困陷阱"为代表。它解释了自然资源匮乏型贫困的存在。二是用森林资源丰富地区的贫困现象来验证"资源诅咒"假说。它部分解释了林区贫困这种"富饶的贫困"现象。三是用森林资源与经济增长之间的动态数量关系，来验证环境库兹涅茨曲线的存在，从而间接地推知贫困与生态的两阶段性关系。前两种学说都是以空间贫困为研究背景的，它们在对事实的认定上截然相反，但其观点和结论却有相通之处。

一 生态贫困陷阱

20世纪90年代中期，世界银行的专家注意到贫困人口往往呈现出空间聚集（spatial poverty concentrations/clustering）的情形，如偏远的农村、城市的贫民窟，逐渐形成了"空间贫困"（spatial poverty）理论和"贫困地理学"（The Geography of Poverty）。空间贫困论是关于贫困陷阱的地理决定论，它将贫困的空间集中归结为地理因素，这里的"地理"泛指广义的自然条件。空间贫困陷阱（spatial poverty traps，SPT）往往分布于地理位置偏远、农业生态环境恶劣、基础设施和公共服务供给不足及政治上处于不利的区域。^① 英国曼彻斯特大学"持续性贫困研究中心"（The Chronic Poverty Research Centre，CPRC）在其 2005 年和 2009 年报告中概括了"空间贫困陷阱"（SPT）的特征（见表 5 - 1）。

表5-1　　　　　　　　　　**空间贫困的基本特征与衡量**

偏远与隔离（位置劣势）	村庄到基础设施（如公路、卫生服务等）的距离，教育的可获得性（包括学校距离、成本）
贫乏的农业生态与气候条件（生态劣势）	土地的可利用性和质量，雨量线及其变化性（特别在以灌溉农业为主的地方）
脆弱的经济整合（经济劣势）	与市场的连通性（包括自然连通，如到最近农资市场的距离，人为连通，如财政状况、进入市场的机会成本）
缺乏政治性优惠（政治劣势）	与执政党发展思路相反的地区，或者被认为低投资回报的地区

转引自陈全功、程蹊《空间贫困及其政策含义》，《贵州社会科学》2010 年第 8 期。

我国的集中连片贫困地区，是典型的空间贫困陷阱，从系统论角度可以视为是由封闭的经济系统、脆弱的生态系统和落后的社会系统连接构造而成的复合循环系统。要跳出区域性贫困陷阱，其关键是突破一系列具有地域性特征的约束条件，如资源禀赋不足、生产条件恶劣、交通闭塞等，构建山区和谐发展系统。

在构成空间贫困陷阱的地理因素中，生态环境恶劣是一个重要因素。从 20 世纪 70 年代开始，经济贫困与生态环境恶化的因果关系假说得到学界关注。人们发现，世界上绝大多数贫困人口居住在自然条件恶劣、自然资源匮乏、生态环境脆弱且受到严重破坏的地区，因此，其贫困问题也是一个生态环境问题。^② 1993 年制定的《国家八七

① 罗庆、李小建：《国外农村贫困地理研究进展》，《经济地理》2014 年第 6 期。
② World Commission on Environment and Development, *Our Common Future*, Oxford: Oxford University Press, 1987.

扶贫攻坚计划》所确定的 592 个国家级贫困县中有 425 个分布在生态脆弱带。环境保护部 2008 年印发的《全国生态脆弱区保护规划纲要》指出，2005 年，全国绝对贫困人口有 2365 万，其中 95%以上生活在生态环境极度脆弱的老少边穷地区。

"环境脆弱—贫困—掠夺资源—环境退化—进一步贫困"的"生态贫困陷阱"（poverty trap），也被称为"PPE 怪圈"，即贫困（poverty）、人口（population）和环境（environment）之间形成的一种互为因果的循环关系。[①] San Jose，Costa Rica 给出了生态贫困的定义：生态贫困是自然资产不断恶化，导致与之相联系的生态系统功能受损，并且给当地居民带来负面影响。他指出，大部分农村贫困的根源是他们所依靠的自然资产在不断地丧失生产能力或者被破坏，要消除生态贫困就需要重建自然资产。1987 年，布伦特兰委员会报告《我们共同的未来》提出："穷人为了生存被迫过度使用环境（自然）资源，而他们对资源的过度开采进一步造成贫穷。"早在 20 世纪 90 年代初，中国学者厉以宁就探讨了贫困地区经济与环境的协调发展问题，首次提出了"低收入—生态破坏—低收入"循环模式，指出摆脱这一循环的关键是形成内部积累机制，尤其要关注资源的有效利用。[②] 1992 年，美国经济学家迈克尔·P. 托达罗在《经济发展与第三世界》一书中指出，贫困与生态环境退化的恶性循环是造成贫困落后地区经济社会非持续发展的重要原因。[③] 因生态环境恶劣而产生的贫困，仅靠国家的物质扶持、制度优惠、人力资源投资等常见手段来改变其面貌

① J. P. Grant, *The State of the World's Children*, 1994, New York：UNICEF/Oxford University Press, 1994, pp. 65 – 68.

② 厉以宁：《贫困地区经济与环境的协调发展》，《中国社会科学》1991 年第 4 期。

③ J. Ambler, Attacking Poverty While Improving the Environment：Toward Win-win Policy Options, 1999. W. Cavendish, "Empirical Regularities in the Poverty-Environment Relationship of African Rural Households", *World Development*, 2000, 28 (11)：1979 – 2003. T. Kepe, Environmental Entitlements in Mkambati：Livelihoods, Social Institutions and Environmental Change on the Wild Coast of the Eastern Cape, *Research Report*, No. 1, Sussex University, Institute for Development Studies and PLASS (Program for Land and Agrarian Studies), Sussex, U K. 1999. S. R. C. Reddy, S. P. Chakravarty, Forest Dependence and Income Distribution in a Subsistence Economy：Evidence from India, *World Development*, 1999, 27 (7)：1141 – 1149.

是不够的，必须从根源上解决问题。这就为开展生态扶贫提供了理论依据。

从生态系统反馈调节的角度分析，生态贫困陷阱是一种使生态系统远离平衡或稳态的正反馈机制，它包括两个基本环节：一是"越穷越垦"；二是"越垦越穷"。一方面，贫困人口的生计严重依赖对自然资源的直接利用。贫困者迫于生存压力或者由于知识所限，常常会对脆弱生态环境进行不合理的开发利用，比如过度垦殖土地、超载放牧、过度樵采砍伐等，从而引起贫困型环境退化。世界银行1992年《世界发展报告》指出，基于生存需要，贫困导致短期行为。因为一遇到生存危机时，他们别无选择，只有对公共资源进行掠夺式的开采、使用，从而削弱了公共资源的再生能力。① 另一方面，贫困人口是环境与自然资源退化首当其冲的受害者。贫困地区毁林开荒，导致植被减少、水土流失、沙漠化、自然灾害等，致使生产和生活条件恶化，土地承载能力减弱，农作物产量低而不稳，加重了洪水、干旱等灾害及其引发的疾病，减少了贫困甚至中等家庭应对自然风险的能力和条件，加剧了集中连片地区的贫困，并从长期来看减少了他们摆脱贫困的机会。青海玛多县曾受惠于优越的生态条件，在20世纪80年代初期成为全国首富县。后来由于过度畜牧、滥采矿产，生态环境急剧恶化，大片草原成为沙漠，河水断流，湖泊干涸，被迫进行生态移民，并沦为贫困县。这一沉痛教训告诉我们，破坏生态的"扶贫"最终只能返贫。②

二 林区贫困问题及其成因

我国有相当一部分林区处在经济落后、森林资源危困、群众生活水平低下的状态，重点林区的经济发展水平远远低于非林区。林业、林区、林农问题被统称为"三林"问题，但远未像"三农"问题一

---

① A. K. Duraiappah, 1998, "Poverty and Environmental Degradation: A Review and Analysis of the Nexus," *World Development*, Vol. 26, No. 12, pp. 2169–2179.
② 于平：《破坏生态的"扶贫"最终只能返贫》，《新京报》2004年5月29日。

样得到政府和学者的重视。

我国率先开展森林资源丰度与经济发展关系研究的是李周（2000）团队，通过对大量国内外数据进行剖析，发现森林资源丰富地区贫困的集中度要高于森林资源贫乏的地区，我国 302 个森林资源丰富县的贫困率高于全国平均水平。[①] 但森林丰富与经济贫困之间相关性很低，而且相关性的成因复杂，因此，森林资源丰富与贫困之间并不存在因果联系。其后，一些学者对林区贫困问题进行了理论与实证分析。

（一）森林资源禀赋与贫困问题的相关性

关于资源禀赋与贫困的研究，"资源诅咒"假说是极具代表性的理论。Auty 1993 年在研究产矿国经济问题时，发现丰富的资源禀赋是经济发展的枷锁与障碍，他将这种现象归纳为"资源诅咒"[②]，也被称为"荷兰病"。绝大多数验证"资源诅咒"的文献集中于煤、石油、矿产等非再生资源上，也有一些学者对森林资源进行了验证。我国学者在这方面的实证分析结果往往大相径庭。其中一种分析结论是，森林资源的丰度与经济发展水平负相关。张菲菲等（2007）对我国 1978—2004 年区域经济与资源丰度的相关性进行检验，认为"资源诅咒"在中国区域内部之间仍然存在，森林资源表现出了"资源诅咒"的特性。[③] 冯菁等人[④]选取森林覆盖率超过 30% 的 637 个县进行了经济发展水平与森林资源状况联系的研究，认为森林资源丰富地区的经济发展水平差异很大，具有不均衡性，但就平均水平而言，森林资源丰富地区的经济发展水平明显落后于全国或各省的平均水

---

① 三个划分标准：一是森林覆盖率大于 30%；二是人均有林地面积不小于 0.31 公顷；三是人均蓄积量不低于 10 立方米。以县为基本单位，共有 302 个县被划为森林资源丰富县。

② R. Auty, *Sustaining Development in Mineral Economics: The Resource Curse Thesis*, London and New York, 1993.

③ 张菲菲、刘刚、沈镭：《中国区域经济与资源丰度相关性研究》，《中国人口·资源与环境》2007 年第 4 期。

④ 冯菁、程堂仁、夏自谦：《森林覆盖率较高地区经济落后现象研究》，《西北林学院学报》2008 年第 23(1) 期。

平。另一种观点否认"资源诅咒"在森林领域的存在。刘宗飞等（2015）在控制经济增长变量的基础上，对我国 27 个省 1985—2012 年的 756 个观测值进行了森林资源丰度的"资源诅咒"验证，认为在观测期间，森林资源丰度与经济增长呈正相关，"资源诅咒"效应不存在。①

绝大多数学者承认林区贫困问题的存在，并将其成因归咎于以下几点：

其一，贫困地区宜林区域广，林业产业发展潜力巨大，但发展基础薄弱，规模化水平不高。由于林业的生产周期比种植业更长，投资更多，自然风险更高，破坏容易恢复难，同时，生态公益性显著。因此，林业是比农业更为弱质的一类特殊产业。而政府对林业的弱质性重视不够，未能将林业纳入强农惠农的扶持政策体系之中，使林业成为大农业中投资收益率最低的部门。这导致林业经济发展滞后，限制了林农从中获得的就业机会和工资性收入。据统计，2011 年和 2012 年，我国林业对贫困地区农民收入的贡献率分别为 21% 和 24%。

其二，林农作为弱势群体，在林业价值链上所分享的收益偏少。譬如，农户缺乏木材市场信息，在果品业中，个体农民难以应对市场风险。政府目标与农户目标有冲突，集体林区现行的林业政策存在主管部门利益优先于农民利益的倾向，政府主导的项目忽视了贫困群众的参与，因而未能提高农民自我发展的能力。

其三，生态补偿机制不完善，导致林业生态保护的成本和收益分配不均衡。我国重点生态功能区与连片特困区在地理空间上的高度重叠，暗含了制度贫困因素。丰富的自然资源因维护生态环境而限制开发，尽管纵向财政转移支付解决了部分发展问题，但受制于生态服务市场的不完善，农户承担的生态维护成本未能完全得到补偿。这违背了环境公平和环境正义原则。

---

① 刘宗飞、姚顺波、刘越：《基于空间面板模型的森林"资源诅咒"研究》，《资源科学》2015 年第 37（2）期。

其四，政府管制降低了林业的比较收益。例如，可贸易品如木材的价格偏低，这既有国家价格管制的因素，又有初级产品贸易条件恶化的因素（农民宁愿培育经济林而不愿意培育木材，主要是因为果品市场的开放程度大大超过木材市场）。

其五，用地理决定论分析，林区贫困具有明显的"空间贫困陷阱"特征。林区地处偏僻，居住分散，交通不便，不利于商品交换和信息交换；人口稀少，购买力低下，使得市场规模小，进一步导致专业化水平低下；土壤贫瘠，肥力低下，其农业产出低于平原地区。

总之，造成林区贫困的原因有多种，但根本原因在于资源开发的产业化程度低，丰富的林业资源尚未转化成产业优势，林农难以从经营林业中得到应有的收益。要消除森林资源危机和林区危困的"两危"局面，固然需要来自外部的扶持，包括中央的扶贫资金、加强社会各界的扶贫力度，但外部力量对解决林区贫困问题只能起到辅助作用，主要还得靠林区自己想办法，将丰富的林业资源转化为生态产品和服务，开发出适合本地区的扶贫之路。

（二）林业生态重点工程对贫困的影响

中国的六大林业工程是国际、国内有史以来实施面积最大、参与人数最多、影响显著的林业生态建设工程，工程区涵盖了全国国土面积的97.2%（国家林业局，2003）。林业工程实施早期，并没有考虑到对农民增收的影响。例如，2003年1月实施的《退耕还林条例》第四条规定"退耕还林必须坚持生态优先"。此时退耕还林工程并没有明确提出消除贫困的目标。2005年颁发了《国务院办公厅关于切实搞好"五个结合"进一步巩固退耕还林成果的通知》，明确提出了退耕还林工程要"实现农民脱贫致富"和"增加农民收入"的目标。

计量分析表明，不同林业重点工程对农户收入的影响不同。从总体上看，退耕还林工程和防护林体系建设工程对农民收入的影响为正；京津风沙源治理工程、野生动植物保护和自然保护区建设工程对农民收入水平的影响不显著或造成了负面影响。林业生态工程对社区发展产生影响的机制，主要有如下几方面：

1. 政府补贴效应。林业生态工程虽然带来耕地牧地面积减少，但其补贴在一定程度上弥补了农民的收入损失。2000 年实施的退耕还林政策，2001 年实施的森林生态效益补偿政策，通过财政转移支付，使贫困地区的贫困人口得到了较多利益。此外，有些地区的社区农民参与工程的造林和管护也可以获得一定收入。

2. 就业结构效应。林业生态工程带动了农村剩余劳动力向第二、三产业的转移，改变了仅靠农林牧渔业作为收入主要来源的结构，从而提高了农民的人均纯收入。当然，这需要以人力资本的增长为前提。

3. 生态保育效应。林业生态工程对于森林资源本身的保护政策，影响了农民从森林中获得经济效益。比如在划定天然林和自然保护区的时候，将很多农户原有的自留山划入了保护区域，对采伐的限制，耕地面积和牧场面积的缩减，可用木材、薪材和林下产品的减少，野生动物对庄稼的破坏等，均减少了当地农民的收入来源渠道和人均纯收入。按照 1994 年颁布施行的《中华人民共和国自然保护区条例》的规定，在自然保护区内的单位、居民，必须遵守保护区管理机构的管理，禁止在保护区内进行砍伐、放牧、狩猎、捕捞、采药、开垦、烧荒、开矿、采石、捞沙等活动（第二十六条）。必要时，可以迁出自然保护区核心区内原有居民（第二十七条）。这种对农民生活方式的改变带有一定的强制性，是农民选择权利的缺失。我国自然保护区建立于 20 世纪 50 年代，大都是在"早划多划、先划后建"方针下建起来的。虽然完成了抢救式保护，但也将数以百计不符合IUCN Ⅰ类标准的保护地划入高级别自然保护区。特别是把一些人口密集的村镇，保护价值较低的耕地、经济林都划入保护区范围，既影响周边居民的生产生活，也不利于保护区的规范化管理。例如，承德塞罕坝的飞播林，也被划为国家级自然保护区。目前，经过多年工作，虽然解决了部分土地权属纠纷问题，但并未从根本上解决社区对保护区资源依赖问题，周边居民进入保护区砍伐薪柴、偷猎野生动物、采摘珍稀植物等一系列破坏行为屡禁不止。此外，保护区管理部门和地方政府都没有关注社区的利益，比如，对于保护区动物损害农户的庄稼问题，保护区认为，按照《自然保护区条例》《野生动物保护法》的规定，应由当地政府给予赔偿；当地政府则认为自然保护区管理局应负直接责任，双方互相推诿。

4. 生计策略效应。在林业生态工程的财政投入中，大多数资源分配在造林和对农户的补贴上，而对后续产业的培育投入相对不足。在林业生态工程补贴期满后，这一问题将更加凸显。

前两种是正面效应，后两种则是负面效应。

（三）国有林场贫困的成因

国有林场是我国最优良森林资源的载体，几十年来一直扮演着生态脆弱地区重要生态屏障和森林资源储备基地的角色。但是，由于体制、政策和历史等多方面原因，当前我国很多国有林场经济极度贫困，基础设施十分落后，职工生活艰难，生产经营难以为继，且国有林场的贫困情况与所在地区经济发展水平的相关度不大。1998 年中央财政启动国有林场扶贫工作，贫困林场"造血"机能有所增强。但是，由于扶贫机制不够健全，扶贫投入不足，制约国有林场发展的深层次矛盾依然存在，国有林场整体贫困的局面并没有得到改变。河北省现有国有林场 140 个，全部为差额拨款或自收自支的生产性事业单位，集中分布在承德、张家口、保定等市的深山、远山区，生态公益林面积占国有林场的 62.17%。由于国家投入不足、定位不清、体制不顺，河北省多数国有林场处于资源危机、经济危困的两难境地里。承德市丰宁林场 2007 年每个林场职工家庭年均总收入 6800 元，家庭年人均收入 1700 元，远低于所在地丰宁县城镇职工年人均收入 8029 元、当地农民年人均收入 2768 元的水平。其中，每个林场家庭从林场中所获的平均收入为 5000 元，这 5000 元基本上为工资收入，家庭经营收入平均为 1800 元（主要为外出打工、零星山货采售等所得）。

国有林场贫困的成因，可分为体制性、政策性、素质性、环境性和历史性等因素。

1. 体制性原因

20 世纪 80 年代以前，国有林场是按全额拨款的事业单位管理的，普遍实行以省部为主的管理体制。在实施财政体制改革后，大部分林场被下放，逐步形成了以县管为主的格局，国有林场改为自收自支的生产性事业单位，地方财政对国有林场的事业费和基本建设投入大幅减少。在这种体制下，国有林场的生产经营结构就是砍树。从20世纪90年代开始，我国的林业战略和国有林场的工作职能发生根本性转移，从以木材生产为中心转移到以生态建设为中心。国有林场赖以维持生存的森林大多数被界定为生态公益林，被禁止和限制采伐，但国家给予生态公益林的补助很低，用于天然林保护区工程的资金长期固定不变，导致林场收入大幅下降。同时，营林生产所需的人员也大幅减少，出现大量富余人员，加剧了国有林场的贫困。

2. 政策性原因

我国从1952年开始建国有林场，在山区独立建设场房，形成了自成体系的林区小社会。大多数国有林场处于边远山区，与农区交错，与乡村毗邻，成为政策孤岛，既没有被地方政府纳入当地社会经济发展规划，又没有享受到农村税费改革、新农村建设等支农惠农政策。很多地方通往林场的崎岖不平的山路与"村村通"新修的柏油路形成了鲜明对比。

3. 素质性原因

国有林场因工作条件差，职工收入远远低于其他行业，新毕业大学生不愿来，职工队伍老化，人员素质降低。目前，全国林场职工初中以下学历的多达35万人，占在职职工总数的75%，其中文盲达2.3万人。林场自我发展、自我脱贫能力越来越低，加之教育资源严重不足，林场职工贫困的代际传递明显。

4. 环境性原因

全国有3900多个国有林场处在高山远山、水土流失、风沙区等生态脆弱地区，交通不便，资源匮乏，缺乏自我发展能力。很多林场为纯生态建设型林场，不具备开展正常林业生产经营的条件，林场的收入只能靠财政拨付的事业经费及各类生态项目建设投资。

三 贫困与生态的两阶段假说

一些学者以环境库兹涅茨曲线（EKC）为基础，验证了经济增长与森林资源的关系①。石春娜、王立群（2006）应用我国1978—2003年森林资源指标对其与人均 GDP 的相关关系进行验证，认为经济增长初期会造成森林资源的过度利用，但到达转折点后，经济增长会改善这一状况。② 谷振宾（2007）验证了我国森林资源消耗与经济增长倒"U"形曲线关系的存在。③ 对两阶段假说的阐释是这样的：在人口密度和经济活动水平低的国家里，森林为主要土地利用形式；随着人口增长和经济活动的扩张，森林被砍伐用作建筑材料和薪材，林地被辟为农耕地，在工业化的起飞阶段，非农就业没有着落，加之国际贸易的发展，导致过度砍伐；一旦工业起飞，农业生产力提高，对土地和森林的依赖降低，毁林速度开始下降。

环境 EKC 理论为发展中国家集中力量发展经济、跳出贫困陷阱提供了理论依据，但也容易将生态保护置于次要地位，陷入"先污染后治理"的误区。

四 林业减贫政策

尽管国内外对贫困与生态环境退化相互作用过程与内在机制的研究仍是薄弱与片面的④，但对于经受生态环境退化与贫困双重困扰的中国而言，当务之急是如何将相关知识转化为扶贫与生态环境保护协同的政策与实践。可以肯定的是，应将提高穷人生计能力与保护生态

① A. D. Foster and M. R. Rosenzweig, 2003, "Economic Growth and the Rise of Forests," *The Quarterly Journal of Economics*, May, 118（2）：301 –637.

② 石春娜、王立群：《森林资源消长与经济增长关系计量分析》，《林业经济》2006年第11期。

③ 谷振宾：《中国森林资源变动与经济增长关系研究》，学位论文，北京林业大学，2007年。

④ 祁新华、林荣平、程煜、叶士琳：《贫困与生态环境相互关系研究述评》，*Scientia Geographica Sinica*, 33（12）：1498 –1505.

环境置于同等地位，增加贫困人群的生计资本是生态环境保护的最终目标①，要在可持续发展的框架内，制定出符合区域特点的扶贫与环境保护政策，促进两者之间的良性循环。

贫困—生态陷阱理论使得政府在处理贫困与环境退化问题时，往往面临着两难选择。要摆脱 PEE 怪圈，必须从系统工程出发，实施环境重建战略，营造新的生态平衡。② 生态扶贫是一项政府主导、社会参与的公共活动，从公共管理学的视角看，生态扶贫（Ecosystems Services for Poverty Alleviation）是生态系统服务在人类反贫困活动中的应用。③ 它是在保护贫困地区生态环境的前提下，有限度地开发利用自然资源，进而实现脱贫致富的一种新的扶贫方式。绿色扶贫突破了传统的经济扶贫局限，是科学发展观在扶贫工作中的体现。④

具体策略有两大类：一是生态产业发展型扶贫。把"生态保护＋产业发展"作为扶贫的方向，发展生态耕作业、生态畜牧业、生态林业和生态旅游业等，使贫困人口能够依赖对良好生态资源的开发利用而获取收益，并利用林业发展所产生的乘数效应和经济增长所带来的发展机会，实现脱贫致富。同时，通过生态建设来改善当地社区的生产生活条件，从而形成负反馈机制。这属于原地型扶贫模式。二是生态移民型扶贫。通过异地移民搬迁，减轻当地人口对脆弱生态环境的干扰，并利用生态系统的自我调节功能使其恢复平衡或稳态，再通过教育培训等手段增强移民的就业适应性。这属于离地型扶贫模式。

---

① A. Sen, *Poverty and Famines：An Essay on Entitlement and Deprivation*, Oxford：Oxford University Press, 1981. 张大维：《生计资本视角下连片特困区的现状与治理——以集中连片特困地区武陵山区为对象》，《华中师范大学学报》（人文社会科学版）2011 年第 50（4）期。

② 张惠远、蔡运龙、赵昕奕：《环境重建——中国贫困地区可持续发展的根本途径》，《资源科学》1999 年第 3 期。

③ 黄金梓、段泽孝：《论我国生态扶贫研究的范式转型》，《湖南生态科学学报》2016 年第 1 期。

④ 徐秀军：《解读绿色扶贫》，《生态经济》2005 年第 2 期。

林业在扶贫开发中的潜力巨大。早在 1996 年 12 月发布的《林业部关于进一步做好林业扶贫工作的意见》就指出："我国贫困地区大多分布在山区、沙区，在这些地区发展林业有着其他行业不可替代的优势。""林业部将进一步把林业建设与中西部地区经济发展和扶贫开发结合起来，大力发展以资源利用为主的林业开发项目，强化基地建设，实施开发式扶贫战略，增加贫困地区'造血'机能。"联合国开发计划署曾推出绿色扶贫（Green Poverty Alleviation）战略，它在中国实施的一个项目是，在川贵云交界的少数民族地区，鼓励农民在山坡上种植麻风树，以作为生产生物柴油和乙醇的原材料。

第二节　环首都地区生态贫困及其成因

一　环首都地区生态贫困现状

2004 年，河北省发改委宏观经济研究所课题组首次提出"环首都贫困带"概念，并指出环首都区域性贫困与生态恶化互为因果，认为体制机制的不合理是贫困与生态恶化趋势未得到根本遏制的根源。截至 2002 年，与京津接壤的河北六个设区市中，共有 32 个贫困县，3798 个贫困村，其中京津以北连片的贫困县区有 21 个，京津以南不连片的贫困县区有 11 个，总面积为 8.3 万平方公里，涉及贫困人口272.6 万。[1] 为突出矛盾，本节把京津以北连片的张家口、承德两市所属全部县区和保定的易县、涞水、涞源共计 24 个县（区）作为研究对象。24 个县中有国定和省定扶贫工作重点县（区）21 个，贫困人口 180.4 万人。其中，承德市所辖八个县中有六个国定贫困县（丰宁、围场、滦平、隆化、宽城、平泉）、一个省定扶贫开发工作重点县（承德县），有贫困村 605 个，贫困人口 69.15 万人。按照西南财

---

① 根据农村居民消费价格指数，2005 年农村绝对贫困标准由上年的 668 元调整为 683 元，低收入人口的标准由上年的 924 元调整为 944 元。

经大学陈健生①的总结，张承地区 15 个国家扶贫重点县，贫困状态持续时间在 5 年以上，属慢性贫困（详见表 5 - 2）。

表 5 - 2　　　　　　　　　张承地区慢性贫困县分布

贫困类型	张家口市	承德市
慢性贫困	张北县、康保县、沽源县、尚义县、蔚县、阳原县、怀安县、万全县、赤城县、崇礼县	围场县、丰宁县、隆化县、平泉县

河北省"十一五"期间在张家口、承德两市开展产业扶贫，分别解决了 28.8 万和 20.5 万贫困人口的脱贫问题，但自我发展能力很弱，遇到自然灾害极易返贫。2004—2013 年，张家口、承德农民人均纯收入逐年递增，年均增长速度分别为 13.44%、13.08%，以温饱为特征的绝对贫困渐趋减少，但京冀两侧农村居民人均纯收入无论相对差距还是绝对差距都呈扩大态势②，面临着严重的相对贫困问题。《2011—2020 年中国农村扶贫开发纲要》把燕山—太行山等 11 个连片特困地区确定为新十年扶贫攻坚主战场，要求采取特殊政策、特殊手段予以扶持，探索综合治理途径。2012 年，河北省环首都 22 个县被列入国务院批复的《燕山—太行山片区区域发展与扶贫攻坚规划（2011—2020 年）》中。2015 年 12 月，河北省委书记赵克志在全省扶贫开发工作会议上强调，要举全省之力打赢脱贫攻坚战。

在我国六大贫困类型区中，环首都贫困带兼具四种类型：东西接壤地带贫困类型、内蒙古旱区贫困类型、东部丘陵山区、贫困类型、黄土丘陵沟壑贫困类型。诸多研究认为，环京津贫困带的贫困

---

① 陈健生：《生态脆弱地区农村慢性贫困研究》，学位论文，西南财经大学，2008 年。
② 2004 年京冀边界相差 3452 元，2009 年差距扩大到 5936 元，边界收入水平比由 2004 年的 2.01 扩大到 2009 年的 2.1，说明京冀边界两侧农村居民的生存状态正在由不平等走向更大的不平等。联系北京市对边缘地区的财政转移支付力度逐年大幅增长，而河北省的表现恰好相反的情况，京冀边界两侧的居民待遇的不平等就更加明显。参见文魁、祝尔娟《京津冀区域一体化发展报告（2012）》，社会科学文献出版社 2012 年版，第 232—247 页。

与其自然背景（如资源短缺、环境恶劣、交通不便等）和政治背景有关。① 将我国目前的贫困县分布图、生态脆弱区分布图、水源保护区分布图和生态敏感区分布图叠加，可明显地看出，环京津贫困带是我国少有的贫困地区与生态脆弱区、水源保护区、生态敏感区四重耦合区域。环首都贫困带的生态性贫困问题具有极强的外部负效应。从生态层面看，它地处首都的上风上水地带，区域内生态环境的恶化将直接威胁京津冀地区的供水安全和生态安全；从社会层面看，贫困带严重影响着首都北京的城市形象乃至国家形象，并是社会不稳定的因素；从经济层面看，贫困带的存在使得北京建设世界城市缺乏有力的腹地，成为京津冀协同发展的最大障碍。因此，生态扶贫是缩减乃至消除环首都贫困带，实现包容性增长和绿色发展的迫切要求。

二　环首都生态性贫困的成因

环首都生态功能区分布着大量贫困人口，这是生态恶化型抑制和保护压力型抑制双重效应的结果。②

（一）生态性贫困陷阱

环首都经济圈的生态性贫困现象，是恶劣的自然条件和不可持续的开发方式共同导致的。

从自然生态角度看，环京津贫困带大多位于燕山山脉与内蒙古高原南缘的结合处，降雨量少，十年九旱。坝上地区气候高寒，土地沙化严重，实际载畜量为 2.45 个羊单位，超出草场最大载畜量 1.5 倍③；接坝地区深山纵横，土地瘠薄而零散；张家口坝下是河北水土流失最严重的地区，水土流失面积达 9000 平方公里，占全

---

① 焦跃辉、李婕：《环京津区域生态补偿机制的创新》，《经济论坛》2008 年第 4 期；王方杰：《环京津贫困带亟须扶持》，《人民日报》2006 年 3 月 20 日。

② 张佰瑞：《中国生态性贫困的双重抑制效应研究——基于环京津贫困带的分析》，《生态经济》（学术版）2007 年第 1 期。

③ 黄选瑞等：《坝上地区实施退耕还林还草面临的问题与对策》，《中国生态农业学报》2001 年第 4 期。

省的 14.4%。恶劣的自然条件、严重超采和退化的资源条件，以
及历史上多次人为破坏和决策失误，使该地区生态环境恶化。按照
环境保护部 2008 年《全国生态脆弱区保护规划纲要》划分的八大
生态脆弱区，张承地区处于北方农牧交错生态脆弱区，还有部分县
区处于东北林草交错生态脆弱区。洪涝、冰雹、霜冻、沙暴、病虫
害等自然灾害频繁发生，中华人民共和国成立以来，承德山区仅历
次较大洪水就累计冲毁耕地 10 万亩，造成生命财产损失 40 亿元；
内蒙古高原的风力"旋涡效应"在张家口历史上形成了"五大风
口"和"五大沙滩"，大风加剧了土壤水分蒸发量，特别是坝上地
区土质疏松，大风导致严重的土壤风蚀，植被难以生长。张家口地
区沙漠化面积已经达到 99.53 万公顷，占全市总土地面积的 27%。
环京津贫困带人均有效耕地仅有 0.68 亩，人均粮食 212.92 公斤。
受恶劣的生产生活条件所迫，30 年前承德北部山区的树木，枝杈
被砍下烧柴，只剩下当地称作"状元笔"的高耸树头。脱贫群众
生产生活极不稳定，因自然灾害返贫，因病残等因素返贫现象严
重。

不当的扶贫开发项目，加剧了生态与贫困的恶性循环关系。20
世纪 90 年代，张家口等地政府部门实施"坝上生态农业工程"，把中
低产田改造作为项目之一，主要内容就是打井，改造农田。国土资源
局开展的土地整理项目，也把打井作为重要内容。为了大力发展水浇
地，坝上"万眼井工程"声势浩大地开展起来，2004 年，机井数量
接近或超过一万眼。据监测，该地区地下水位已严重下降，"橙色预
警"信号预示着新一轮荒漠化将要开始，退耕还林工程启动以来逐渐
恢复的植被可能要遭到严重破坏。

（二）生态补偿不足导致的体制性贫困

以森林覆盖率大于 30% 为基本条件，河北省有四个森林资源丰富
县——兴隆、隆化、丰宁、围场。其中贫困县有三个，贫困县比率为
75%，远远高于全省贫困县比率（23%）。这似乎是"资源诅咒"的
表现。究其原因，除了造成林区贫困的共性问题之外，还有环首都地

区特殊的原因。

长期以来，环京津贫困带地区因承担生态屏障功能，在资源开发、水资源利用和产业选择方面受到极大的限制，造成保护压力抑制性贫困。[①] 李文红等（2015）指出，造成张家口地区贫困的最关键因素是京张生态关系，京张区域生态工程建设给张家口造成了极大的机会成本，包括张家口执行更为严格的环境标准而限制工业企业发展所导致的机会成本损失、生态建设所造成的成本支出、因生态问题所造成的地区竞争力削弱的损失。从全国各省（自治区）的横向比较看，河北省人口密度较大，自然条件并不是十分适合发展林业，但其生态工程财政支持力度却高居全国第三位，1998—2006 年达到了 25 万亿元以上。这一现象与其处在直辖市北京和天津的周边直接相关，可以说，河北省林业生态工程财政支持高于其应有水平，是与国家侧重于改善大城市生态环境的理念密不可分的。[②] 从政治学的角度分析，冀北与京津之间的环境权利与义务失衡，是环京津贫困带经济社会发展滞后的重要原因。[③] 它警示我们，如果片面考虑大城市供水安全和大气质量，片面强调"牺牲小局利益，保障大局利益"，低估了城乡之间在生态方面"唇亡齿寒"的依存关系，最终必然导致贫困人口的生计问题。

长期以来，由国家主导的生态工程建设和扶贫工作相互割裂，导致了生态建设与人口脱贫之间的尖锐矛盾。河北省从 2001 年开始，开展了中央财政森林生态效益补偿项目（国家级公益林）试点。2012 年 9 月，国家林业局批准增补河北省国家级公益林 307.1 万亩，至此，全省国家级公益林面积达到 2585.5 万亩，每年可享受国家生态效益补偿基金 2.25 亿元。然而，现行的生态补偿政策还存在若干

① 张佰瑞：《中国生态性贫困的双重抑制效应研究——基于环京津贫困带的分析》，《生态经济》（学术版）2007 年第 1 期。
② 宁卓：《论主要林业生态工程对社区经济发展的影响》，学位论文，北京林业大学，2009 年。
③ 焦君红、王登龙：《环京津贫困带的环境权利与义务问题研究》，《改革与战略》2008 年第 24（1）期。

问题，成为张承林区减贫的重要障碍。一是补偿不全面。根据 2007 年 3 月《中央财政森林生态效益补偿基金管理办法》的规定，重点公益林由国家拨款补偿农户，而在实践中却未对全部重点公益林实施补偿。二是补偿标准低，难以弥补营林的成本付出和机会成本。样本地区目前的退耕还林地补贴标准是一亩地一年 90 元左右，补贴八年，54.17% 的受访者认为补贴标准明显偏低。公益林的生态效益补偿标准已由最初的每亩每年 5 元提高到 22 元，但仍难以弥补由于禁伐生态公益林而导致的经济损失。按目前的物价水平，生活成本不断上升，静态的补偿标准难以起到补偿林权者经济利益的作用。已经划入森林生态效益补偿范围的集体林、个体林，因补助低而纷纷退出，已严重影响此项工作的开展。[①] 据调查，公益林生态补偿不到位、不规范、不稳定，已经成为导致环首都部分地区集体性致贫、返贫的突出因素。[②] 三是生态补偿渠道单一，以财政转移支付为主，且中央政府财政占据着生态补偿的主导地位，难以维持林业生态补偿局面。

在退耕还林工程中，少数地方和部分退耕农户利益受损。张家口市实施"一退双还"，占了耕地的 1/4；承德退耕还林 493.8 万亩，退耕农民每亩减收 340 元左右。随着国家免征农业税和粮食直补政策的实施，"一退双还"补助政策的激励作用正在逐渐弱化。退耕还林政策规定：退耕地与荒山荒地匹配比例为 1∶1。张北县缺少可供匹配的荒山，不得不拿出耕地进行匹配。相对于非退耕户而言，退耕户既不能享受国家规定的种粮补贴，又需要拿出更多的耕地进行退耕还林的荒山匹配，导致退耕还林工程对农户家庭人均收入的影响为负。[③] 另对河北省顺平县的调查显示，退耕还林工程的实施对当地经济的发展、人民生活水平的提高起到了一定的积极作用，但农民收入增长幅

---

① 李思谦、刘晓平：《承德市京津风沙源治理林业工程建设情况调查》，《林业经济》2006 年第 8 期。

② 葛文光等：《山区县森林采伐管理改革试点的现状、问题与政策建议——基于河北省平泉县的调查》，《河北林果研究》2011 年第 26(3) 期。

③ 刘璨、梁丹、吕金芝等：《林业重点工程对农民收入影响的测度与分析》，《林业经济》2006 年第 10 期。

度不大，对补贴的依赖性较大。[①]

刘浩（2013）发现，京津风沙源治理工程和野生动植物保护工程显著降低了样本农户的持续性收入（permanent income hypothesis, PIH）。[②] 京津风沙源治理工程内容包括退耕还林、小流域治理、生态移民和草地治理等主要内容。工程虽然对参与退耕的农户进行补贴，但在工程区的一些草地治理或小流域治理措施却给农户的收入状况带来了负面影响。该工程区要求采取大范围的封山育林、舍饲禁牧措施，致使农户原来赖以增收的畜牧业严重滑坡。由于当地传统放养的羊只品种不吃混合饲料，又缺乏其他资金渠道来帮助农民更换畜牧品种，使禁牧后羊的存栏量压缩了100万只，从禁牧前的平均每户养30只，锐减至平均仅养一两只，农民年收入减少2亿元。还有一些以畜牧业为主要收入来源的农户因将生产模式从放养转变成圈养而大幅提高了生产成本。2005年"退牧还草"的财政补贴停止后，个别地方已经出现"弃草种粮"现象。据刘璨（2006）等测度，京津风沙源治理工程对样本农户的家庭人均收入的贡献不显著。一方面，工程提供的钱粮补助高于退耕地的机会成本[③]，工程建设任务为农民提供了务工机会；另一方面，牧区退耕还林还草后禁牧，导致畜牧业收入下降。一升一降，导致总效应不确定。[④]

三 环首都地区林业减贫的渠道与机制

2012年6月，国家林业局启动集中连片特殊困难地区林业扶贫攻坚规划编制工作，内容包括两个方面：一是以林业重点工程为依

[①] 赵丽、张蓬涛：《河北环京津贫困地区退耕还林对当地经济的影响研究——以河北省顺平县为例》，《安徽农业科学》2011年第2期。

[②] 刘浩：《林业重点工程对农民持久收入的影响研究》，《林业经济》2013年第12期。

[③] 退耕还林补助标准参照黄河流域退耕还林工程补助标准，生态移民、草地治理和小流域治理给予不同形式和标准的补贴。

[④] 刘璨、梁丹、吕金芝等：《林业重点工程对农民收入影响的测度与分析》，《林业经济》2006年第10期。

托，加快贫困地区的植树造林步伐，改善贫困地区的生态状况；二
是深化集体林权制度改革，大力发展林下经济、经济林产业、野生
动植物种养业、森林旅游业等特色优势产业，加快农民脱贫致富步
伐。

（一）林业减贫的渠道

由于农户家庭收入来源复杂，按照国家统计局对"农民纯收入"
的有关界定，"农民纯收入"指农民年内从各种来源得到的全部实际
收入扣除各项费用支出后的纯收入，包括农业收入、林业收入、畜牧
业收入、工资性收入（打工收入）、家庭经营收入、转移性收入和财
产性收入。对于林区农户来说，林业增收的途径主要来自五部分：一
是林产品生产与销售收入；二是劳务收入；三是林业生态补偿收入；
四是林地租金收入；五是林业衍生产品收入。

林产品生产与销售收入是林区居民的主要收入之一。2011 年，张
家口市有三分之一的农户涉及林果业生产，200 多个村 54 万人主要依
靠林果业脱贫致富。① 2013 年底，全市已形成林果专业乡村 600 多个，
林果示范园区 30 个，省级观光采摘果园 11 个，带动 50 万农户致富。②
承德农民人均林果收入超过 1020 元，有 350 个村人均林果收入超 3000
元，有 1.5 万贫困农户依靠发展林果业或林下经济实现增收。③

涉林劳务收入主要指农民被雇用从事林业生产经营活动所获得的
收入。它既包括农民参与涉林企业林业生产而得到的收入，或农民受
雇于个体林业经营户进行劳作所带来的收入，也包括从事森林防火、
森林病虫害防治等支持性服务收入。以河北省数据为基础，2013 年、
2014 年涉林企业在岗职工年平均工资分别为 30428 元、35375 元，按
照行业划分具体如表 5 - 3 所示。

---

① 《杨玉成副市长在全市林业产业工作会议上的讲话》，张家口市林业局网站。
② 《统计年鉴 2014 年》，张家口，第 30 页。
③ 《我市大力发展林果产业助民增收致富奔小康》，《承德日报》2014 年 1 月 4 日第 1
版。

表 5 - 3 　　　　　　河北省林业系统在岗职工年平均工资　　　　（元）

国民经济行业	2014 年	2013 年	2012 年 *
总　计	34790	30435	28718
一　农林牧渔业	33110	28018	26194
1. 林木育种育苗	26128	22163	—
2. 造林与经营管护	36431	32253	—
3. 木竹采运	27744	24384	—
4. 经济林产品种植与采集	28446	22727	—
5. 花卉及其他观赏植物种植	42648	13184	—
6. 陆生野生动物繁育与利用	26301	25162	—
7. 林业有害生物防治	32676	28189	—
8. 森林防火	28997	29609	—
9. 其他	32814	25550	—
二　制造业	14321	40014	24115
1. 木材加工及木、竹、藤、棕、苇制品业	9763	24140	25940
2. 木、竹、藤家具制造业	0	0	—
3. 木、竹、苇浆造纸业	0	0	—
4. 林产化学产品制造	0	11330	27030
5. 其他	27994	43442	—
三　服务业	39420	34330	35923
1. 野生动植物保护和自然保护区管理	47674	43148	42969
2. 林业工程技术与规划管理	57156	47369	41607
3. 林业科技交流和推广服务	27539	25886	29421
4. 林业公共管理和社会组织	39596	34237	—
5. 其他	47992	35698	—
四　其他行业	30663	19840	39537

资料来源：河北省林业统计数据管理系统。

＊ 由于统计数据指标名称不一致，"—"意为林业该项产值不清。

　　林业生态补偿收入主要指农户因造林或退耕还林等得到的国家或地方的转移支付。转移支付既包括中央对地方的纵向转移支付，也包括地区之间的横向转移支付，且多为专项补助。对于林区居民最为重要的是林业生态补助，涉及资金补助、财政补助、财政贴息以及税费减免优惠政策等。我国从 1999 年起相继启动多种林业资金补助，涵盖了造林补贴、森林抚育补贴、森林保险保费补贴、退耕还林补贴等

（可见附录）。林业补助的落实是近十年来我国林业财政政策取得的突破性进展，同时也代表着林业建设市场化的转变。

林地出租是农民提高收入、改善生活的重要渠道。随着林改的进行及林地流转的逐渐放松，有些农户因劳动力有限、资金不足、缺乏技术经验等原因，无意从事林业劳作，他们可将所拥有的林地资源承包出租给那些有需求有能力的单位或个人进行经营，从中收取相应的租金以及必要的费用，或是以入股的形式获得分红。这种做法不仅提高了农民的收入水平，而且林业资源也得到了优化配置。如 2004 年河北省廊坊市大城县祖寺村将 6000 亩林地承租给惠森公司，每年获得租金 152 万元。

林业衍生产品收入是由林业生产所带来的衍生产品的生产销售收入。一是从林下经济活动中取得经济效益，如从事林下种植菌类、药材等；二是从森林旅游服务业中获取收入，譬如开办农家乐、销售旅游产品等；三是林业生物质能，主要涉及薪炭林、灌木林与林业生产剩余物。以栎树资源为例，3.5 吨栎树种子就可生产一吨燃料乙醇。承德市栎树面积达 885 亩，产种子的占 70%，每亩地产种子 225 公斤，合计可产栎树种子 139387.5 万公斤，按现在的比价（玉米的价格）估算，林区农民一年可获利 16.73 亿元，经济效益相当可观。

贫困人口除了直接从林业中受益以外，还可以通过林业收入的"渗透作用"受益。张伟（2005）通过对安徽省铜锣寨风景区旅游扶贫的实证研究，归纳出贫困人口受益的几种具体类型：基于资源使用权的受益人，基于区位条件的受益人，基于政策扶持的受益人，基于技术的受益人，基于社会关系的受益人和基于渗透作用的受益人。[①]

（二）林业扶贫的运行机制

林业减贫作用机制框架主要农户为中心展开（见图 5-1）。

---

① 张伟：《风景区旅游扶贫开发的效应分析及优化研究》，博士学位论文，安徽师范大学，2005 年。

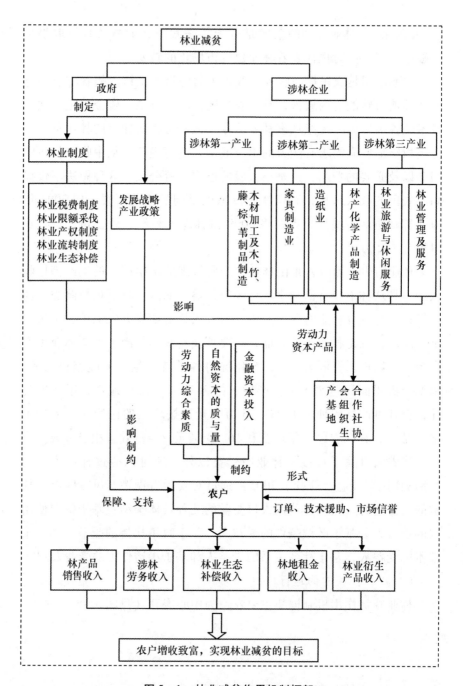

图 5 - 1 林业减贫作用机制框架

政府作为产业发展方向的制定者与输血式扶贫的主体，在林业减贫中发挥着重要作用。首先，政府制定产业的发展战略、法律、政策与制度，影响着涉林企业的发展；其次，林业制度在一定程度上影响着农户的收入水平。长期以来，较高的林业税费严重压榨了农户的利润空间，限额采伐制度影响着农户的积极性，而林业产权制度与林地流转制度的不完善也损害了农户的经济利益，导致林地抵押贷款落实难，林地租金收入实现难。同时，政府制定的惠林政策在金融、财政以及技术等领域为林农提供了保障与支持。作为林业生态补偿的主体，横向与纵向的生态补偿已成为农户收入的重要组成部分。

涉林企业是农户劳务收入的主要来源之一。

生态扶贫的本质是构建生态—经济双优耦合系统。所谓生态—经济双优耦合系统，是"能同时获得最大经济效益和最大生态效益的系统"。这一概念要求生态恶劣的贫困地区将生态与经济作为并列的两个功能中心，防止顾此失彼。满足这一条件的系统通常只有在人工干预的情况下才会存在。在地方政府主导下，我国贫困地区已成功探索了许多建设生态—经济双优耦合系统的模式，类型有：生态农业—经济系统、自然保护区、森林公园—经济系统等。把林业向第二、三产业延伸，对林业生态产品进行产业化开发和经营，通过生态资源的多级循环利用、加工增值，实现经济效益、社会效益和生态效益三赢，是破解生态保护、居民脱贫与财政增收之间矛盾的必由之路。为此，应制定具有区域特色的生态修复、生态农业、生态旅游等产业技术体系和模式，并建立区域联动的生态产业园示范区。贫困户亟须解决的是就业问题，而就业岗位的增加有赖于区域产业的发展。"政府向企业提供扶贫资金→企业向贫困群众提供就业岗位，而贫困群众向企业提供劳动力→企业向政府提供财税"的资源链接模式，是一种通过扶持企业来带动贫困户发展的迂回扶贫战略。一般来说，农户为企业提供劳动力、资本与产品，而涉林企业通过基地、合作社以及协会组织等形式为农户提供订单、技术援助以及相关市场信息，农户从而获得林产品销售收入、劳务收入以及林业衍生产品收入。可以说，涉林企业的效益与农户的收入水平息息相关。

林农作为林业减贫的主体，其收入水平除了受到政府与林业企业的影响外，还受到劳动力综合素质、自然资本的数量与质量、金融资本投入等的制约。首先，劳动者综合素质直接关系着劳动生产率的高低，影响着林业综合经营能力，如对林业科技的掌握与运用、市场信息的选择与经营管理方式等，也与劳务收入挂钩。其次，自然资本的数量与质量，主要是农户拥有的林地的肥沃程度与林地面积，这是农户获取林产品销售收入的基础。最后，金融资本投入作为生产要素的重要一环，决定着生产资料的数量与水平，这就要求融资渠道的畅通以及融资成本的降低。

综上所述，政府、涉林企业与农户的关系错综复杂，农户的五大收入受到多方面的影响。要实现农户增收致富、实现林业减贫目标要综合协调各方面因素。

第三节　基于可持续生计的林业减贫策略

一　可持续生计分析及对我国减贫的启示

1987 年，世界环境与发展委员会（WCED）顾问小组最早正式提出"可持续生计"（sustainable livelihoods）概念。1992 年该概念被联合国环境和发展大会（UNCED）所采用，随后，越来越多地被应用于扶贫和农村发展的项目当中。关于可持续生计，最受认可和接纳的定义是 Chambers & Conway（1992）提出的，生计"包括谋生所需的能力、资产（即储备、资源、要求权、可获得性）以及一种生活方式所需要的活动"[①]。"只有当一种生计能够应对压力和冲击并能从中恢复，

---

　　① 李琳一、李小云：《浅析发展学视角下的农户生计资本》，《农村经济》2007 年第10 期。

能够在当前和未来保持乃至加强其造福自身和子孙后代的能力—资产，同时又不损害自然资源基础时，这种生计才是可持续性的"。

可持续生计方法（sustainable livelihoods approach，SLA）是一种以人为中心的、理解多种原因引起的贫困并给予多种解决方案的集成分析框架。① 该理论将贫困的主要原因归结为在脆弱性背景下贫困家庭或个人的资产积累总量的不足，或者资产组合不能维持家庭可持续生计策略的需求。作为一种发展目标，SLA 关注如何使用资产和能力，并通过制度环境的改进，维持和增强这些资产和能力，实现生计可持续性的改进。SLA 为清晰地呈现连片特困地区的贫困状况、致贫因素和治理策略提供了新的研究工具，被认为是农村综合发展方法的替代。

国际上流行的生计分析框架，有联合国开发计划署（UNDP）开发的生计安全监测指标、CARE 的农户生计安全框架等，最常用、最有影响力的是 2000 年由英国国际发展署（the UK's Department for International Development，DFID）建立的可持续生计分析框架。② 该框架由脆弱性背景（vulnerability context）、生计资本、结构和过程转变、生计策略、生计输出五部分构成，这些组成成分以复杂的方式互相作用。在图 5 - 2 中，箭头表示只是一个组份影响另一个组份的一些最重要的情形。该框架将农户看作在特定的脆弱性背景中谋生，农户可以通过使用某种资产或其他减贫的因素改善其生计状况；"组织结构和制度程序"影响着农户的生计策略——资产组合与使用方式，目的是追求积极的生计产出，实现其生计目标。生计资产的性质与优劣决定了农户的生计策略，从而形成生计结果，生计结果又反过来影响生计资产的性质和状况，如此循环往复。

---

① 中国社会科学院社会政策研究中心课题组：《失地农民"生计可持续"对策》，《经济参考报》2004 年 12 月 25 日。

② DFID，*Sustainable Livelihoods Guidance Sheets*，London：Department for International Development，2000：68 - 125.

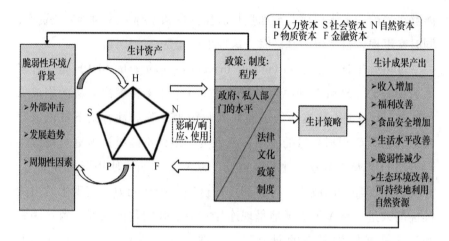

图5-2 英国国际发展署提出的可持续生计框架（DFID）

（一）生计资本

生计资本是该框架的中心。人们为了更好地适应生活所拥有的能力即为生计资本。生计资本是农户生存和发展的物质基础，也是风险规避的重要保障。可持续生计框架将生计资本分为五类，位于图5-2五边形中的五边。

1. 自然资本，是指农户能从中导出有利于生计的资源流和服务的自然资源存量（如土地及土地上的生物资源、水）和环境服务（如水循环）。其中，土地为农户提供了最基本的生存保障，也是农户最重要的自然资产，可以视为关键自然资本。

2. 物质资本，一般是指维持生存、提高生活质量所需的基础设施和基本生产资料，如房屋、基础设施、能源、通信、生产工具等。

3. 金融资本，是为了实现生计目标所需的金融资源，如储蓄、贷款等。

4. 人力资本，人们所拥有的知识、技能、能力和健康状况等。

5. 社会资本，是人们为了实现各种目标所利用的社会资源，如社会关系等（详见表5-4）。

资本五边形是可持续生计框架的核心内容，它展示了农户的资本现状以及各类资本之间的内在关系。外部边界表示资本价值的最大值，边界内部形状则代表了不同资本的组合，五边形的中心即各条线的交点，表示生计资本为零。

表 5 - 4   生计资本分类及内容

资本类型	具体内容
自然资本	土地和产出；水和水产资源；树木和林产品；野生动物；野生食物和纤维植物；生物多样性；环境服务
金融资本	储蓄；贷款/借债；从外面寄回来的汇款；养老金；工资/报酬；适应变化的能力
人力资本	健康；营养；教育；知识和技能；劳动能力；参与决策的机制
社会资本	社会关系；信任与互助关系；正式和非正式的组织、团体；公共准则和约束力；对外的集体诉求；领导能力
物质资本	基础设施；交通、道路、运输工具等；安全的住所；饮水与卫生设施；能源；通信；工具和技术；生产工具、设备；种子、肥料、农药等；传统技术

（二）生计策略

生计策略是指为实现生计目标而进行的一系列生计活动。一般情况下，在不同的资本组合下，生计活动呈现出多样性，生计策略的选择空间越大，农户抵御风险、降低脆弱性以及维持可持续生计的能力就越强。

（三）生计结果

生计结果（livelihood outcomes）是生计策略想要达到的目标，SLA 将其分为五种：收入增加、福利提升、脆弱性降低、食物安全性提高、自然资源的利用更加可持续。

可持续生计思想对我国减贫战略极具启示意义。首先，可持续生计理论认为，贫困只是一种现象，实质上是缺少创造收入的能力，所以要走出"扶贫就是给钱"的误区，致力于提高贫困人群的自我发展能力。以往的救济制度将贫困者置于被帮助的消极地位，强调政府关怀。这虽不无道理，但过于强调提供福利和收入补助，不能提高人们对经济的参与程度，其结果不仅会加重政府负担，而且可能导致贫困人口的"福利依赖"。

其次，改革扶贫项目的设计、监测和评价机制。国内以往实施的农村发展和扶贫项目，通常采取自上而下的计划，着眼于整体性和带动效应，忽视了每个个体或家庭的特殊性、边缘群体的脆弱性和生计的连续性，因此常常导致事倍功半的结果。借鉴 SLA，未来的扶贫开发需要自下而上和自上而下相结合，着眼于帮助人们维持和增强其能力和资本状况。在项目实施前，应采取以户或社区为单位的调查分析，而且应以多元化的视角取代单一的收入视角，以生计资本作为切入点分析家庭的生存和发展状况，在扶贫实践中，要对农户生计的变化情况进行及时反馈和方案调整，并以项目实施之后生计结果的变化作为评判项目成败得失的重要依据。

最后，将改善生态环境与减贫同步推进。人的生计具有多方面内容，生态资本作为一种重要的生计资本，和其他资本是相互影响和密切联系的。张承地区的生计主要靠种地、养羊、育林等多元化收入，可持续的生计就是持续地种地、养羊、育林。环境的恶化会导致农户的自然资本减少，并直接威胁到农民生计的可持续性。生计不能得到保障的另一个重要原因在于，在自然资本减少的情况下（比如退耕还林），其他资本不能得到有力补充以弥补其损失。在这个意义上，扶贫与环境保护在可持续生计上达成了一致。① 换言之，可持续性生计思想，实质上是一种人类社会与自然环境协调相处的发展观。

张承地区是经济落后和生态脆弱的耦合区域，具有贫困农户集中、人地矛盾突出、生态环境退化、农户生计脆弱的典型特征。未来的减贫策略需要科学评估或监测村庄和农户的生计资本，并通过改善脆弱性环境，探索农户生计的多样化和促进农户持续增收的策略，实现集中连片特殊困难地区的善治。

反贫困政策设计应尽可能满足贫困农民整体生计的需要，而不是单一地增加收入。五种生计资本在一定条件下存在替代关系和相互转

---

① 王晓毅：《扶贫、环境保护与可持续生计》，《中国社会科学报》2010 年 8 月 10 日。

化关系，但最本质的关系是互补性。农户作为理性人，将基于资本禀赋选择生计策略，通过各种生计资本的合理配置来谋求最好的生计结果。因此，农户追求的最重要目标并非收入最大化，而是稳定的收入、可持续的生计。"生计"的含义是维持生活的手段和方式，这一概念比"工作""收入"和"职业"的内涵和外延更广泛。我国农村低收入人群存在着较高的返贫率，贫困农民生计多是暂时得到改善。

非农兼业作为一种较高的生计形式和农村发展的新方向①，是农户摆脱生计脆弱性和提高生活水平的关键因素。② 资本禀赋差异导致农户在生计策略选择上出现分异，并对其土地利用产生强烈影响。生态资本的丰富和多样化（数量和结构）不仅是农户风险规避和增强可持续发展能力的重要保障，也是推动农户异质性演变的重要因素。③

二 丰宁县农户可持续生计调查及结果分析

2015 年 5 月，笔者赴丰宁县进行了农户生计调查，以期为未来的系统性可持续生计研究提供初步基础。

（一）研究区域与调查过程

调查地区选在承德丰宁满族自治县。丰宁县地处燕山北麓和内蒙古高原南缘，地势由东南向西北呈阶梯状增高，总面积 8765 平方公里，为河北省面积第二大县，辖 9 个镇、16 个乡、1 个民族乡，总人口 40 万。平均气温 0.9—6.2℃，无霜期 110—145 天，日照 2903.6 小时/年，昼夜温差大，年降水量 350—550 毫米。有林面积 572 万亩，草场面积 736 万亩，潮河和滦河发源于此，是京津的生态屏障与

---

① 李小建、乔家君：《欠发达地区农户的兼业演变及农户经济发展研究》，《中州学刊》2003 年第 5 期。

② 张丽萍、张镱锂、阎建忠等：《青藏高原东部山地农牧区生计与耕地利用模式》，《地理学报》2008 年第 63(4) 期。

③ 杨云彦、赵锋：《可持续生计分析框架下农户生计资本的调查与分析——以南水北调（中线）工程库区为例》，《农业经济问题》2009 年第 3 期；梁义成、Marcus W. Fddman、李树苗等：《离土与离乡：西部山区农户的非农兼业研究》，《世界经济文汇》2010 年第 2 期；陆五一、李祎雯、倪佳伟：《关于可持续生计研究的文献综述》，《中国集体经济》2011 年第 1 期。

重要水源地。丰宁县地处燕山—太行山连片特困地区，基础设施落后，经济欠发达，居民生活水平低，呈现出生态抑制性贫困以及慢性贫困特征，1994 年被列为国家级重点贫困县，2002 年被确定为国家新世纪扶贫重点县，2012 年被列为国家新一轮扶贫攻坚地区。

表 5－5 丰宁满族自治县林业经济总况

年份	地区生产总值（万元）	林业产值（万元）				农村居民人均纯收入（元）
		总计	第一产业	第二产业	第三产业	
2009	471986	—	—	—	—	2686
2010	529794	52001	41825	7167	3009	3057
2011	666050	52004	37493	5409	9102	3470
2012	789116	60002	41093	9474	9435	4021
2013	871224	65065	38717	17910	8438	4705
2014	—	72033	55360	8248	8425	—

资料来源：《河北统计年鉴》、河北省林业统计数据管理系统。

此次调研的地区涉及八个地点，分别是南关乡云雾山村、南关乡长阁村、汤河乡小窝铺大栅子村组、小坝子乡曹碾沟村帽山组、汤河乡西湾子村、汤河乡龙潭村、二道桥村、小窝铺村，调研时间是 2015 年 4 月，共发放问卷 150 份，回收 141 份。

（二）林区农户生计资本的测量

1. 生计资本指标选取构建

调查采用的生计资本指标如下：（1）自然资本，具体包括被调查户的耕地面积、林地面积、耕地质量。（2）物质资本，具体包括被调查户的房屋数量、房屋年限、房屋结构、到城镇的距离、拥有的大型生产资料类型与数量。（3）金融资本，具体包括被调查户的家庭总收入、储蓄存款、是否贷款。（4）人力资本，具体包括被调查户的户主年龄、户主健康水平、户主受教育程度、家庭劳动力数以及家庭成员最高受教育程度。（5）社会资本，包括被调查户的户主是否为村干部，是否有亲戚担任干部职位，是否参加协会组织。

2. 数值的处理

为避免各指标性质不同所导致的评价结果误差，本书采用极差标准化法对数值进行标准化处理。标准化后的数据取值皆在0和1之间，以使不同类型的资本便于比较。标准化公式如下：

$$K_i = \frac{X_i - X_{min}}{X_{max} - X_{min}} \tag{5-1}$$

通过对标准化的指标值取平均值来确定二级指标的数值，再根据二级指标的不同权重，计算出五个生计资本的数值，将五个资本值加总即可得到丰宁县可持续生计资本的状况。

3. 生计资本指标权重

关于权重的赋值，本书采用层次分析法。并根据李小云、杨云彦、李金香、史月兰[①]等学者对农户生计的指标赋值与分析方法，结合丰宁县农户生计特点予以赋值，具体情况如下。

表5-6　　　　　　　　　生计资本指标说明

资本类型	二级指标	指标符号	赋权	生计资本测量
自然资本	耕地面积	N1	0.3	N1×0.3 + N2×0.4 + N3×0.3
	林地面积	N2	0.4	
	耕地质量	N3	0.3	
物质资本	房屋情况	P1	0.5	P1×0.5 + P2×0.3 + P3×0.2
	生产工具	P2	0.3	
	交通道路	P3	0.2	
金融资本	家庭年总收入	F1	0.4	F1×0.4 + F2×0.4 + F3×0.2
	储蓄存款	F2	0.4	
	是否贷款	F3	0.2	

① 李小云、董强、饶小龙、赵丽霞：《农户脆弱性分析方法及其本土化应用》，《中国农村经济》2007年第4期；杨云彦、赵锋：《可持续生计分析框架下农户生计资本的调查与分析——以南水北调（中线）工程库区为例》，《农业经济问题》2009年第3期；李金香、龚晓德、夏淑琴、李鸿雁：《退耕还林对农户可持续生计能力的影响——基于宁夏盐池县农户的调查》，《宁夏大学学报》（自然科学版）2013年第3期；史月兰、唐卞、俞洋：《基于生计资本路径的贫困地区生计策略研究——广西凤山县四个可持续生计项目村的调查》，《改革与战略》2014年第4期。

续表

资本类型	二级指标	指标符号	赋权	生计资本测量
人力资本	户主能力	H1	0.4	H1×0.4 + H2×0.3 + H3×0.3
	家庭劳动力数	H2	0.3	
	成员最高教育程度	H3	0.3	
社会资本	户主是否村干部	S1	0.4	S1×0.4 + S2×0.3 + S3×0.3
	是否有亲戚担任干部职位	S2	0.3	
	是否参加协会组织	S3	0.3	

4. 生计资本指标值的确定

（1）自然资本指标值

自然资本下的二级指标包括被调查户的耕地面积、林地面积、耕地质量，不设置三级指标。将二级指标进行标准化处理，再乘以各自权重，加总即得自然资本的数值。其中，耕地的质量有好坏之分，以受访户根据自身耕作经验判断为主，并以产量为基础进行查验校正，赋值如表5-7所示。

表5-7　　　　　　耕地质量指标赋值

农户耕地质量判断	非常好	比较好	一般	中下等	下等
判断得分	5	4	3	2	1

（2）物质资本指标值

物质资本下设房屋、生产工具、交通道路二级指标，将二级指标进行标准化处理，再乘以各自权重，加总即得物质资本的数值。在房屋二级指标下设置三级指标，分别是房屋数量、房屋年限、房屋结构；交通道路二级指标主要根据距丰宁县政府驾车距离进行赋值；在生产工具下设拥有的大型生产资料类型与数量的三级指标。各三级指标如表5-8所示。

表5－8   **住房指标赋值**

房屋类型	赋值	人均房屋面积	赋值	住房年限	赋值
混凝土构造	5	50 平方米及以上	5	5 年以内	1
砖瓦构造	4	30—50 平方米	4	5—10 年	0.8
砖木构造	3	20—30 平方米	3	10—20 年	0.6
土木构造	2	10—20 平方米	2	20—30 年	0.4
其他	1	10 平方米以下	1	30—50 年	0.2
				50 年以上	0

注：住房的公式就是住房类型赋值和住房人均面积赋值的平均值乘以住房年限赋值。如混凝土构造的房屋，人均25 平方米，已建房3 年，那么住房指标的数值 = ［（5 + 3）／2］×1 = 4。

表5－9   **交通、生产工具指标赋值**

距城镇距离	赋值	大型生产资料类型	赋值
5 公里以内	5	收割机	1
5—10 公里	4	拖拉机	0.8
10—20 公里	3	机动三轮车	0.6
20—30 公里	2		
30—40 公里	1		
40 公里以上	0		

注：生产资料指标的计算，如拥有拖拉机1 台，机动三轮车1 台，那么指标值 = 0.8 × 1 + 0.6 × 1 = 1.4。

（3）金融资本指标值

金融资本的二级指标分别为被调查户的家庭总收入、储蓄存款、是否贷款，均未设置三级指标。对数值进行直接标准化处理，然后乘权重加总即可。是否贷款指标反映了农户获取贷款的能力，"是"赋值1，"否"赋值0。

表 5 - 10 金融资本指标赋值

家庭存款（元）	赋值	是否贷款	赋值
大于 50000	5	是	1
30000—49999	4	否	0
20000—29999	3		
10000—19999	2		
10000 以下	1		

（4）人力资本指标值

人力资本的二级指标分别是户主能力、劳动力数量、其他家庭成员最高受教育程度，其中，户主能力下设三级指标，分别是：户主年龄、户主受教育程度、户主健康状况。本书将二级指标进行标准化处理，再乘以各自权重，加总即得人力资本的数值。

表 5 - 11 人力资本指标赋值

户主年龄（岁）	赋值	户主受教育程度	赋值	户主健康状况	赋值	家庭成员最高受教育程度	赋值
30—50	5	本科及以上	5	非常健康	1	本科及以上	5
50—60	3	大专	4	比较健康	0.75	大专	4
18—30	3	高中及中专	3	一般	0.5	高中及中专	3
60—75	2	初中	2	不健康但能劳动	0.25	初中	2
18 以下或 75 以上	0	小学	1	丧失劳动能力	0	小学	1
		文盲	0			文盲	0

注：户主能力指标计算，取户主年龄、户主受教育程度指标值的平均值再乘以身体健康状况指标值。如一户主，38 岁，高中毕业，身体健康状况一般，那么户主能力指标值 = [（5 + 3）/2]×0.5 = 2。

（5）社会资本指标值

社会资本的二级指标包括被调查户户主是否村干部，是否有亲戚担任干部职位（除户主外），是否参加协会组织。对该二级指标填"是或有"则赋值 1，填"否或没有"则赋值 0，再分别将二级指标进行标准化处理，并乘以各自权重，加总即得社会资本的数值。

（三）生计资本测算及结果分析

1. 样本区域生计资本

通过对丰宁县农户调查问卷的整理与各项指标的测算，所得数值可以客观形象地反映出当地农户生计的特征与总体情况。

表 5 – 12　　　　　　　　　生计资本测算结果

资本类型	二级指标	指标值	生计资本测算公式	生计资本测量值
自然资本	N1	0.246	N1×0.3 + N2×0.4 + N3×0.3	0.170
	N2	0.038		
	N3	0.270		
物质资本	P1	0.387	P1×0.5 + P2×0.3 + P3×0.2	0.302
	P2	0.140		
	P3	0.331		
金融资本	F1	0.160	F1×0.4 + F2×0.4 + F3×0.2	0.129
	F2	0.161		
	F3	0.000		
人力资本	H1	0.296	H1×0.4 + H2×0.3 + H3×0.3	0.293
	H2	0.318		
	H3	0.266		
社会资本	S1	0.099	S1×0.4 + S2×0.3 + S3×0.3	0.108
	S2	0.156		
	S3	0.071		
生计资本测量值总计				1.002

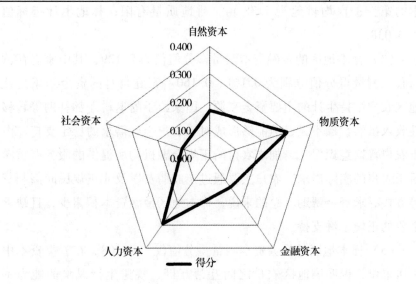

图 5 – 3　生计资本测算结果

样本地区农户生计资本得分值为 1.002，具有以下特征：

（1）样本地区的物质资本测量得分值为 0.302，农户固定资产如房屋得分值为 0.387，交通情况测量得分值为 0.331，而大型生产工具测量得分值仅为 0.140，说明样本地区的生活物质条件基本具备，但农户生产能力有限。且丰宁县群山绵亘，交通不便，基础设施落后，测量指标仅为样本地区到丰宁县政府的驾车距离，林产品销售受限。结合实地调查，大多数农户的固有生产生活资料，仅限于维持简单的生产生活等基本生计活动，在面临风险时将其转换为可交换资本能力差，生计较为脆弱，提升生计能力的物质基础尚不具备。

（2）人力资本得分为 0.293，其中成员最高受教育程度得分为 0.266，反映出丰宁地区人力资本积累薄弱的特点。样本地区农户受教育程度普遍不高，大多数并未参加过专业技能培训，获取林业科技知识的主要途径是经验积累。贫困地区林业科技推广不力，难以起到试验和示范作用。这加剧了贫困与知识积累不足之间的恶性循环。

（3）林区居民的自然资本主要体现在所拥有的林业资源、土地资源与动植物资源等上。样本地区自然资本得分为 0.170，排在各项资本的第三；户均耕地为 7.38 亩，耕地质量有限；林地生计指标值为 0.038。

（4）样本地区的金融资本测量得分值仅为 0.129，其中家庭存款与收入测量得分值分别为 0.161、0.160。家庭自身的资金积累是该地区农户维持生计的主要资金来源。国家给予的退耕还林补助等转移性收入虽然数额不大，但能够形成对于农户金融需求的稳定支持。由于农户普遍意识保守，加之农村的正规金融机构所提供的服务严重滞后于农户的实际需求，农户主要通过亲戚朋友以及非正规民间高利贷等方式寻求资金帮助。总的来说，样本地区金融资本积累少，且缺乏必要的正规金融支持。

（5）样本地区的社会资本测量得分值仅为 0.108，在五类资本中位居末位，说明该地区农户之间互帮互助、规避生计风险的能力不足。样本地区多属山区，信息相对闭塞，社会关系网也较窄，社会权威极少；合作社、协会组织局限于食用菌种植等单一领域，与林业相关的社团或非政府社会组织几乎不存在。

总的来看，样本地区农户生计资本的基本特征是：自然资本贫乏、物质资本不足、金融资本短缺、人力资本匮乏、社会资本薄弱。

2. 分群体生计资本比较分析

为了解林业对当地农户的影响，将调查农户分为拥有林地的农户与无林地的农户群体，有林户 118 户，无林户 23 户。

表 5 – 13　　　　　　　　　分群体农户生计指标测量值

	自然资本	物质资本	金融资本	人力资本	社会资本	生计资本
无林户	0.139	0.344	0.136	0.289	0.096	1.004
有林户	0.176	0.293	0.127	0.294	0.110	1.000

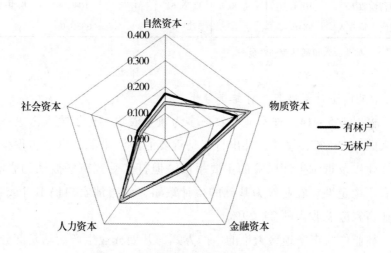

图 5 – 4　有林户与无林户生计资本比较

通过图 5 – 4 和表 5 – 13 的对比可知，无林农户的生计资本测量值为 1.004，略高于有林农户的生计资本测量值 1.000。具体来看，五类资本中物质资本与金融资本，无林户生计测量值略高于有林户。一方面，样本地区林地有相当一部分是退耕还林地，退耕户占调查总

数的 81.56%，由于退耕地一般是坡度在 25°以上的耕地，农户退耕
还林后耕地资源减少，农户更加精耕细作，使得耕地整体质量不断改
善。另一方面，无林户家庭成员可能从事收益更高的非农行业，从而
提高金融资本，改善物质资本。

表 5 - 14   **生计策略情况**   （元）

	全部农户	比例（%）	有林农户	比例（%）	无林农户	比例（%）
家庭总收入	25039.53	100.00	24823.93	100.00	26145.65	100.00
种植业收入	6081.56	24.29	6172.46	24.86	5615.22	21.48
林业收入 *	885.70	3.54	1058.34	4.26	0.00	0.00
养殖业收入	460.99	1.84	550.85	2.22	0.00	0.00
务工收入	16488.65	65.85	15736.44	63.39	20347.83	77.82
转移性收入	120.92	0.48	129.24	0.53	78.26	0.30
经营性收入	1001.70	4.00	1176.61	4.74	104.35	0.40
家庭人均收入	5816.43		5721.14		6330.00	

*   林业收入包括林业补贴金额。

（四）生计策略与生计结果分析

根据表 5 - 14，样本地区农户多为兼业农户，务工收入占家庭总
收入的 65.85%，显然，外出打工是重要的经济来源，也是实现生计
多样化以及抵御生计风险的主要手段。但打工受到市场波动的影响，
具有不稳定性。农业作为基础的生计策略，对当地农户仍不可或缺，
农业占家庭总收入的 24.29%。

林业作为丰宁地区力推的生产方式，开展林业生产活动是部分有
林农户的生计策略选择，但农户获取的林业收入并不充裕，林业仅占
总收入的 3.54%。丰宁地区从 2001 年开始退耕还林，退耕户占调查
总数的 81.56%，受访户中超过 50 亩的林业大户有 13 户。除林业大
户外，其他农户的林地面积较为细碎化，难以形成规模效益，收益较
低。加之社会资本有限，无力扶持个体农户寻求林产品市场，限制了
当地林业减贫的广度与深度。分群体来说，有林农户的总体收入状况

不如无林农户，这主要是由于有林户的务工收入低于后者造成的；但
有林户由于从事林业生计活动，抵御生计风险的能力高于无林户。

据笔者对丰宁县部分乡村的实地调查，对近两年林业收入增长的
评价，86.36%的农户不满意，仅13.64%的农户较为满意。约半数
农户认为，退耕还林对家庭收入和生活质量没有影响；近三成农户认
为，退耕还林减少了收入（31.13%），降低了生活质量（25.42%）；
只有约两成农户认为，退耕还林增加了家庭收入（17.92%），使生
活质量得到提高（22.03%）。问及农户对巩固林业发展的意愿，
64.3%的农户明确表示不愿意加大林业投资，认为林业带来的经济回
报甚微，只有35.7%的农户对林业市场持积极态度，表示在市场条
件成熟时可以考虑增加林业投资。可见，样本地区绝大多数农户认为
林业减贫效果并不显著，他们对当地林业发展的前景也不看好。

表5-15　　　　　　　　　　生计结果

	全部农户	有林户	无林户
样本地区家庭人均收入（元）	5816.43	5721.14	6330.00
2013年承德农村人均纯收入（元）	6381	6381	6381
2013年河北省农村人均纯收入（元）	9188	9188	9188
2014年国家贫困标准（元）	2300	2300	2300
低于贫困线的贫困户数量占比（%）	14.89%	14.41%	17.39%

资料来源：《2014年河北农村统计年鉴》《2014年国家统计年鉴》。

根据调查结果，样本地区全部农户的家庭人均纯收入为5816.43
元，其中有林户为5721.14元，低于无林户（6330元），虽高于国家
贫困标准线，但不及承德市的农村居民人均纯收入水平，更远不及河
北省与全国农村居民人均纯收入。就贫困农户数量来看，收入低于国
家贫困线的农户数量占总数的14.89%，其中，有林户中低于贫困线
的农户数量占14.41%，无林户中这一比例为17.39%，二者相差不
大。显而易见，样本地区贫困状态亟待改善。

受经费所限，本次调查对象仅限于丰宁县部分乡镇。虽然丰宁县在环首都地区乃至河北省林业发展中具有一定的典型性，但由于各县在自然地理条件、经济发展水平等方面均存在一定的差异性，所以研究结论可能存在区域局限性。希望能够在后续研究中扩大调查范围，以便更为全面地验证本节的调查结果。

第四节　环首都地区林业减贫的制度分析与对策建议

环首都扶贫攻坚示范区是贫困落后区和生态功能区的耦合区域。国家要生态、地方要财政、农民要致富这三者之间的矛盾，从根本上说是由不当的制度安排所引发的。事实上，国家生态建设的长远目标与地方和农民脱贫致富的近期目标是不可分割的，后者是前者的基础，不能脱贫则无力建设生态、无心维护生态，甚至可能迫于生计而破坏生态。所以，扶贫开发不能是掠夺式开发，而应以发展生态产业为抓手，探索农户脱贫、区域发展与生态保护的协调推进路径，实现"绿、富"结合，生产、生活、生态"三生"共赢。

生态扶贫的制度保障在于合作型反贫困机制的建立。一是多主体合作治理机制；二是生态与经济综合决策机制；三是生态服务提供区与受益区之间的生态补偿机制。

一　多元化治理机制的建立

扶贫与生态环境保护是一项复杂的系统工程[①]，不仅需要科学合理的干预政策，更需要多方主体（政府、民众、企业、NGOs）的积极参与。Farrington 等学者认为，由于可持续生计目标是多元的，包括收入的增加、更多的福利、脆弱性减少、自然资源的持续利用等，

---

　　① 蔡运龙、蒙吉军：《退化土地的生态重建：社会工程途径》，《地理科学》1999 年第 19（3）期。

这就需要广泛动员人力、自然、财政、物质和社会等多种资本形式，这是任何单一反贫困主体都无法完成的任务。[1] 然而，在贫困与环境退化的相互关系中，不同利益主体的角色往往是冲突的。[2] 鉴于此，要尊重不同利益主体的利益诉求，建立多元化治理机制。

我国农村反贫困的组织体系，是以政府为主导、自上而下的管理型治理结构。"八七扶贫攻坚"以来，我国的扶贫方式由救济扶贫、区域扶贫、入户扶贫转向注重调动贫困地区和贫困人口自身发展能力的开发式扶贫。但造血扶贫的原初设想并未得到有效落实，出现了"扶贫工作内卷化"现象。"内卷化"（involution）本是一个人类学概念，后被运用于农业领域而广受学者关注。扶贫工作内卷化是指，扶贫工作呈现出扶贫投资边际效应递减，扶贫治理体系架空悬浮，贫困农村内部分化加剧，扶贫效果难以长期保持，贫困地区生态承载压力巨大等特征的综合矛盾现象。[3] 有研究表明："农村扶贫开发在缓解贫困的同时，加剧了农村内部的收入不平等。"[4]

扶贫资源配置的"内卷化"过程，是通过权力—效率、政治—合法性和信息—网络三种机制而内生性地形塑的。从政治—合法性方面看，在国家大规模扶贫开发的背景下，基层政府想方设法获取财政转移支付的扶贫资金，"跑扶贫项目"成为贫困地区政府的中心工作，真正投入项目实施中的精力非常有限。资金由上级政府下拨、项目由当地政府圈定，本应主动参与的农户沦为被动接受的客体，贫困群众的意愿被忽略，形成对政府等外部干预的强烈依赖。这是扶贫工作中

---

① Farrington et al., "Sustainable Livelihoods in Practice: Early Applications of Concepts in Rural Areas," *Natural Resource Perspectives*, 42, June. London: Overseas Development Institute, 1999.

② A. K. Duraiappah, "Poverty and Environmental Degradation: A Review and Analysis of the Nexus," *World Development*, 1998, 26（12）: 2166 – 2179.

③ 方劲：《中国农村扶贫工作"内卷化"困境及其治理》，《社会建设》2014年第2期。

④ 李小云：《我国农村扶贫战略实施的治理问题》，《贵州社会科学》2013年第7期。

"一扶就'起',一走就'倒'"问题的根源之一。① 从扶贫资源配置的权力—效率逻辑上看,扶贫项目具有规模效应和管理方便的偏好,发展型项目需要农户掌握相应的技能,基建类项目则需要农户提供配套资金,这种投放模式导致对真正贫困对象的排斥,社区精英则凭借其优势地位成为优先的受益群体。从获得项目信息与权力的"差序格局"上看,关于扶贫项目的信息是以村干部为中心,由近及远地传递给其他圈层的村民,项目的下达者听取的是精英群体关于项目期望及内容的"汇报",而无法有效了解和获得贫困者的需要和建议。公共权力也遵循同样的路径进行分配和传递,这为干部和精英截留、挪用或占用扶贫资源和资金提供了便利。例如,在林权流转时,利益相关者中的强势群体通过自我操作和自我定位打政策的擦边球,降低流转的透明度,从而获取不正当的利益甚至暴利。

扶贫内卷化的根本原因在于,主要依靠行政体系配置扶贫资源,自上而下的垂直管理型扶贫难以有效动员和组织贫困人口。安东尼·哈尔论证了政府在实现农民可持续生计目标中的局限性。首先,政府反贫困能力及资源存在有限性。与地方社区相比,政府拥有的社会资本和人力资本以及关于地方生态和自然资源的知识都非常有限。其次,政府行为目的的局限性。"政府更为关注追求政治和更广泛范围内的战略目标。相形之下,促进基础广泛的农村发展是次要问题。这样的优先次序安排不可避免地具有可观的代价,也就是说,给民众生计的维持带来不利的影响。"②

借鉴新公共治理(new public management)理念,将扶贫视为对贫困状况的一种治理,将生态扶贫作为一种公共服务。"去内卷化"应构建顶层设计与基层创新相结合的扶贫政策体系,构建外部支持与内源发展相结合的扶贫干预体系,依靠正式制度和非正式制度的结

---

① 中共河北省委党校课题组:《环首都贫困县扶贫机制的若干问题透析》,《调研世界》2005年第11期。

② [英]安东尼·哈尔、詹姆斯·梅志里:《发展型社会政策》,罗敏等译,社会科学文献出版社2006年版,第149页。

合，努力构建反贫困的多中心治理机制，包括政府、企业和非政府组织以及公民参与互动的现代治理是实现生态—经济双优耦合系统的最优制度安排。① 诺曼·厄普霍夫等人总结一些发展中国家的反贫困经验后认为："政府和私营（以营利为目的）机构在促进农村发展方面各自都存在局限性，这意味着在改善农村生计和农民生活质量上，他们无法充当唯一的依靠。"②

世界银行《2000/2001 年世界发展报告：与贫困作斗争》认为，"贫困是指福利被剥夺（deprivation）的情况"，贫困就是指"没有权力、没有发言权、脆弱性和恐惧感"。③ 鉴于此，要建立能有效提高贫困者自我发展能力的长效扶贫机制，就要将林农置于主体地位，通过赋权形成有效的决策机制。这正是社区林业的核心内涵。社区林业有追求代内公平的含义，同时也是保障社区利益并实现可持续发展的途径。可以说，社会林业是一场大规模的缓解贫困运动。社会林业作为新兴的参与式林业，自 20 世纪 80 年代被引入中国以来，它改变了"刀耕火种"的传统林业与"规模开发"的政府林业的经营方式，对于农村扶贫起到了积极的引导和推动作用。今后，要使工程林业与社区林业相结合，贫困人群应该积极参与到项目的运作过程中。社区参与至少包含两方面的内容，即"决策制定中的参与"和"资源利用效益的分享"。为此，要加强对贫困人口在自身能力建设方面的投资，比如培训、技术支持。要由扶贫对象去寻找资源，而不是由资源分配主体去寻找扶贫对象。扶贫资金怎么用、用在哪里，最终都应该由他们及其代表机构通过民主的方式决定。培育贫困农户之间的经济合作、农户经济组织与"村两委"之间的社区合作等机制，改变村庄内部的权力关系结构，使扶贫资源与贫困个体直接对接，以防止精英

---

① 王冬平：《贫困地区生态重建与经济发展良性互动机制研究——以贵州喀斯特山区为例》，硕士学位论文，浙江大学，2005 年。

② ［美］诺曼·厄普霍夫等：《成功之源——对第三世界国家农村发展经验的总结》，汪立华等译，广东人民出版社 2006 年版，第 9 页。

③ 世界银行：《2000/2001 年世界发展报告：与贫困作斗争》，中国财政经济出版社 2001 年版，第 12 页。

俘获，使真正的贫困人群享受到扶贫政策。社区林业项目的重点是开展农户周围坡耕地的退耕还林和宜林荒山荒地的造林工作，主要树种是具有永续收获、产量高、投入省、获利期较短、土地利用充分和生态稳定性强的多用途树种。因地制宜的小面积开发，长中短相结合，多树种多林种配置，适应贫困农户抵御风险、避免损失、农户经营行为兼业化的需要，吸引广大村民自愿将资金、技术、物质和人力投入林业生产。对于野生动植物保护及自然保护区建设工程，可以放手让农民利用保护区独特的资源优势开展采集业、导游等，获取一定的经济收益；制定必要的防护和补偿制度，采取措施减少野生动物侵害农民利益事件的发生，若受损到一定程度，则对受损群众给予合情合理的经济补偿，特别是对依靠采集业和种植业为生而且年老体弱的农户群体，绝不能因保护区建设而加重其生活困难。

政府在承担主要责任的同时，必须建立部门之间、政府部门与贫困农民及其他社会主体（如企业、非政府组织）之间的合作关系。将生态扶贫主体由单一的政府扩展到其他社会主体，如企业和社会组织。提供生态扶贫服务的方式也不再仅仅依靠政府供给，而是引入市场与竞争机制，可以通过政府购买服务、企业和社会组织主动提供服务等多种方式。各类主体是合作关系、协同关系，共同为服务对象提供优质的服务。与生态扶贫相关的行政决策也随着公共管理范式的变迁而发生改变，由传统生态扶贫决策的政府主导型转向新公共管理与新公共治理模式下的民主决策型，注重采纳、倾听作为生态扶贫对象的贫困人口的意见。比如，森林公园共同治理主体包括政府、投资商、游客、员工和社区居民等关键利益相关者，所有利益相关者（包括森林所有者、旅游者、旅游研究人员、生态保护者、区域规划人员以及本地社区）的合作是必不可少的。缺少当地社区参与的决策和管理方式是导致冲突的根本原因。1997 年颁布的《关于旅游业的 21 世纪议程——实现与环境相适应的可持续发展》首次明确地将社区居民作为关怀对象，并把居民参与作为旅游业可持续发展过程中的一项重要内容和不可缺少的环节。

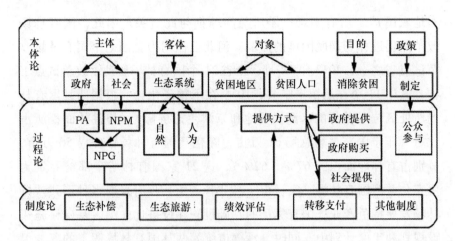

图 5-5 公共管理学范式下的生态扶贫

在林业发展过程中，如果单纯按市场规律运营及操作，利益是不会自动流向贫困人口的。因此，在实施林业扶贫战略时，要充分发挥政府作为开拓者、规范者、协调者的作用。政府的角色应由管制（government）转变为治理（governance）。（1）把林业扶贫同扶贫事业发展战略和小企业发展战略结合起来。（2）在作出决策前与贫困者协商和沟通。（3）地方扶贫部门必须保障扶贫资金的流向透明，保障扶贫资金效益直接到户。（4）鉴于贫困山区在发展农林业经济中所遇到的变数比工业经济更多更复杂，在加强和完善监管制度的前提下，应赋予县级部门和基层部门更多处理决策弹性和灵活性，为看准了的脱贫措施开设"绿色通道"，随时捕捉市场机遇。例如，有群众建议，若将草场改种串山龙、黄芩、板蓝根等多年生中药材，既可明显提高农民经济收入，又能保护生态。对于此类问题，要明确基层部门的职责，准许其有控制地试验、推广。（5）参照美国的休耕计划，政府与贫困农民之间可采用契约型合作，以明确相互权利与义务为基本内容。

国有林场面临的最大问题在于定位不清、体制不顺，"企不企（没有经营自主权）、事不事（没经费）、工不工、农不农（职工不是当地农民）"，所有困难、矛盾与问题都与此有关。因此，国有林场改革是促进林场摆脱困境的需要。河北已被列为全国七个国有林场改革试点省之一，2013 年 12 月，全省 21 个国有林场启动了改革试点工作，其中 11 个在承德丰宁县，10 个在承德隆化县。根据两县国有林场所处区位（首都的水源涵养地和京津生态屏障）、公益林面积所占比重（丰宁国有林场总场 61 万亩，隆化县国有林场管理局 56 万亩，分别占有林地面积的 67%、62%），这 21 家国有林场全部被界定为生态公益型国有林场，实行市、县共管。两县政府采取多种形式扶持林场发展特色产业，国有林场的基础设施建设被优先纳入基础设施建设规划和年度计划中，同时，承德市统筹两县国有林场职工的养老保险、津贴、补贴等费用，历史欠账由县级财政逐步解决。在国有林场改革全面推开的过程中，应根据林场资源的主要功能定位和生产经营目的，将国有林场划分为生态公益型、商品经营型两类，实施分类经营、分级管理。生态公益型林场被界定为公益型事业单位，经费纳入国家财政预算，人员定岗定编；商品经营型林场则改制为企业性质，由政府授予其经营开发森林资源的特许经营权，吸引社会资本投资，引入现代企业制度。①

民营企业在林业扶贫中发挥着如下作用：（1）与当地厂商建立商业联系，形成产业供应链；（2）最大限度地使用当地供给和雇员，培育市场，为旅游市场组织客源，反馈信息，提供技术咨询；（3）与当地社区居民建立合作股份经营，开发基础设施，包括水电、通信以及其他服务；（4）促进贫困者和政府、非政府机构间的理解和沟通；（5）向顾客（包括国际旅游者）解释林业扶贫的作用。

促进非政府组织"第三只手"的作用，在林业扶贫实施过程中发挥监督和组织作用。各种社会慈善团体及其他民间组织往往拥有某些丰富的反贫困资源，政府通过与它们的合作可以有效地克服政府福利资源的有限性，同时使政府有限的福利资源得到最大限度的

---

① 李金兰：《对河北省国有林场改革策略的思考》，《林业经济》2011 年第 12 期。

利用。要鼓励各式各样的非政府组织如农会、合作社积极参与反贫困过程。一是考察和追踪贫困人口的生计状况，将信息反馈给政府部门，督促政府采取有效措施。贫困户的精确瞄准是国家一直倡导的瞄准方式，但面临着如何在贫困村庄内部识别和选择贫困农户的挑战问题。而非政府组织完全可以承担起收集农户生计信息并跟踪监测受益群体的责任。二是组织有关人士参与林业扶贫研究，广泛组织各种公共教育和宣传活动，号召全社会关注并支持林业扶贫战略的实施。

林业扶贫有多种模式和多个层次。按发展动力和运行机制可分为政府推动模式、市场推动模式、品牌和龙头企业拉动模式、专业合作社带动模式等；按政府组织行为可分为招商引资模式、政策扶持模式、由地方政府和行政部门动员的对口支援模式等；依据生产要素可分为资源型发展模式、以科技和管理支持为特征的智力扶贫模式、文化型发展模式。这些模式往往代表了林业产业发展阶段的不同形态，在很多情况下是相互兼容的。

二　打破条块分割，探索生态与经济综合治理的体制机制

截至目前，各级政府在张承地区组织实施的一系列生态建设和环境保护工程，总投入已达到数十亿元，河北省也连续多年提出"举全省之力打赢环首都地区扶贫攻坚战"。但是，这一地区经济落后和生态恶化的趋势仍未得到根本扭转，一个重要原因就是"条块分割"，缺乏统筹和协调，缺少标本兼治的考虑，资源没能形成合力。

首先，从扶贫部门来看。作为农村两个最基本的政府反贫困部门，扶贫开发与民政机构之间长期缺乏有机合作。前者主要以整体发展目标来设计，尽管也强调扶贫到户，但反贫困行动及其目标的个性化和针对性相对较弱，如不少小额贷款未能发放给真正需要的贫困农民。最低生活保障虽然针对个体贫困农民，但制度目标的设计只是满足贫困者的基本生存需要，这样，就使作为个体贫困农民的脱贫能力培育与发展问题难以得到有效的解决。因此，我国的农村社会救助只

降低了10%的贫困率。[①] 由于各部门对扶贫资金都有严格的投向规定，一整合就违法。比如贵州威宁有一个草地畜牧业国家扶贫项目，项目规定只能养羊，有的牧民认为，养牛比养羊的效益更大，但是这个项目的钱只能用于养羊，这也影响了部分项目的扶贫效益。[②] 从纵向政府关系上看，一些基层政府基于资金紧张、建设优先等原因考虑，对上级政府的下拨资金未能进行配套支持，使不少地区只能局限于满足贫困农民基本的生存需要，难以兼顾持续生计能力的改善与发展。

其次，我国的生态建设并没有相应的协调机构，而是分散在林业、农业、水利、环保、国土等多个部门，存在各自为政现象。不同政府部门根据自身业务，分别进行了生态建设、生态补偿、生态扶贫的实践。如林业部门进行"三北"防护林体系工程、退耕还林工程、推行生态公益林补偿等；农业部推行退牧还草工程，开展"农业生物质能源综合利用"项目；国家环保总局在自然保护区、重要生态功能区和流域水环境保护等领域开展生态补偿试点工作；水利部门推行水土保持生态补偿费、水资源费，等等。部门间的协调性不强，各种工程之间重复投资建设现象不鲜见。在森林旅游开发等项目中，林业部门、国土资源部门和旅游部门等政府职能部门之间容易产生相互推诿和扯皮现象。由部门主导生态建设不但违背了生态环境综合性的特点，而且缺乏明确的责任主体，不便于国家和社会对生态建设效果进行监督。

再次，开发式扶贫和生态建设两项目标任务未能兼顾。从各部门的职能安排上看，扶贫开发由各级扶贫办负责，区域生态环境建设由各级政府所属项目办或者由各级农业、林业、水利、环保等部门负责，有关部门很难有效分工和配合，降低了项目实施过程中的管理效

---

① 徐月宾、刘凤芹、张秀兰：《中国农村反贫困政策的反思——从社会保障向社会保护转变》，《中国社会科学》2007 年第 3 期。

② 孙小兰：《产业扶贫是脱贫的必由之路——广西富川县、贵州威宁县产业扶贫调查与思考》，人民网，2013 - 01 - 16。

率，众多项目和资金无法在生态建设和扶贫开发领域形成很好的契合。一方面，不当的扶贫项目可能具有环境侵害性。由于生态环境保护缺乏一套完善的评价和考核体系，为了在任期内多创扶贫业绩，一些领导倾向于选择"短平快"项目，忽视或不顾及这类项目的长远生态效果。我国村级扶贫规划已明确将生态环境建设作为重要内容，大多数村级扶贫项目是有利于生态环境建设的，如植树造林、建设沼气池和节柴灶。但有些经济开发项目如种植高产和高经济回报的农作物，往往需要增加农药、化肥的施用量，虽然创收能力明显，但污染了环境。前些年，坝上地区大上蔬菜产业，将"万眼井"作为扶贫工程来抓，导致地下水位大幅下降，这个教训是沉痛的。另一方面，生态保育政策可能会抑制经济发展，导致或加剧贫困。例如，自然保护区未能关注到当地居民的生计需求，这是一个普遍现象。

可见，政府规划和政策不当，常常会加剧生态贫困陷阱。对此，必须纠正一系列的政策和制度失灵，秉持生态优先原则，建立适应生态经济系统特点的综合决策机制和综合管理办法。这需要长远综合治理规划的指导，也需要在政策架构中有明确的协调环境与扶贫的机制，生态、环保部门和扶贫等部门要进行制度化的沟通和联系。

1. 编制生态扶贫规划与产业区划。社会林业的技术内核仍是传统林业，要在前期的气候土壤分析、选种、产业远景规划以及融资服务等方面进行充足的考量，制定有利于林业向产业化方向发展的林业规划，使林业能融入乡村经济的综合发展，制定具有区域特色的生态修复、生态农业、生态旅游、生态工业等产业技术体系和模式。编制"扶贫与环保相结合的村级规划指导手册（或核查表）"，便于基层工作人员能针对具体的扶贫项目开展具体的环境保护行动。在扶贫规划的编制中，要坚持生态扶贫优先，赋予林草业以突出地位；而生态建设规划必须与农牧民生产生活方式的转变相结合，系统解决贫困人口的长远生计问题。

2. 聘用贫困群众参与营林护林工作。目前，河北省在贫困人口集中地区实施的项目有太行山绿化、冬奥会赛区和廊道绿化、京津风沙源治理、京津保生态过渡带等项目，在今后几年里这些项目每年可提供 20 万个务工机会，平均每年每人获益 4800 元以上。今后在安排造林绿化、森林抚育等林业项目资金时，将加大对贫困地区的倾斜支持力度，主动吸纳、优先安排有劳动能力的贫困人口参与林业工程建设，让他们获得更多的劳务收入。①

把工程造林与社区林业结合起来，可以从加强林业后期管护入手。从"三分造、七分管"到"二分造、八分管"，再到现在的"一分造、九分管"，人们对林业管护重要性的认识逐渐加深。近年来，张家口市采取护林员管护、专业队管护、委托公司管护、造林业主管护、受益主体管护等多种形式，健全管护机制，实现了建管同步。崇礼区以乡镇为禁牧主体，面向社会公开招聘有资质、有管护能力的专业护林公司进行管护，成效显著。目前，这种管护形式正在张家口市推广。国家林业局 2016 年 2 月决定在西北五省区招聘生态护林员，招聘范围为各省国家级贫困县农村社区（不包括国有林场），招募对象为县级扶贫行政管理部门建档立卡登记在册的贫困户，被确定为护林员招募对象的贫困户原则上每户只能招募一名护林员。河北省将利用生态补偿和生态保护资金，在贫困地区选择身体健康、遵纪守法、责任心强、能胜任野外巡护工作的建档立卡贫困人员，把他们转化为护林员，帮助他们通过参与生态保护来实现精准脱贫。此项政策可带动 4 万人稳步脱贫。② 招聘生态护林员要签订管护合同，合理确定并明确其工作内容、工作量与报酬；鼓励以护林员为基础成立护林管林合作组织，对一定范围内的林业资源进行统一管护和抚育；鼓励以护林员为基础，成立民间合作林场，在不损害森林资源的前提下开展林下种植、养殖等生产经营活动，增加收入。③ 逐步建立一支由国家供

---

① 曹智：《河北省加大林业生态扶贫力度 林业重点工程将向贫困地区倾斜》，《河北日报》2017 年 3 月 22 日。
② 同上。
③ 白万全：《关于生态扶贫招聘护林员若干问题的思考》，《宁夏林业》2016 年第 2 期。

养的生态工程管护队伍，把"砍树"变成"看树"，将生态管护业培育成当地经济的新增长点和农民创收的重要渠道。

3. 环首都生态经济示范区应弱化对经济总量和增长速度的要求，研究制定以人口、资源、环境与经济协调发展为核心的评估机制。通过立法，把资源价值评估、生态功能价值评估纳入区域经济发展指标体系，率先将绿色 GDP 作为考评各级政府工作业绩的新坐标。为扭转扶贫工作中偏重"短平快"的倾向，在评价扶贫效果时应综合考查经济指标和生态指标。

4. 政府各部门之间实现有机合作，以便提高管理效率，降低行动成本。首先，对来自国家、社会各界及各部门的扶贫资源，应由贫困县按照《扶贫开发规划》和贫困群众的实际需要统一调配、安排，分为基本生活扶贫资金、基础设施建设扶贫资金和产业扶贫资金三类。河北省财政厅已决定由扶贫办统筹使用 62 个贫困县的涉农资金。其次，生态环境的改善，需要依靠区域综合性的资源开发和生态建设。应趁大部门机构改革的东风，打破山水林田湖的部门、行业界限，整合生态保护与建设资金，确保连续投入、连续治理。最后，统筹扶贫开发与生态建设两大任务，将生态建设资金、点源治理资金、扶贫开发资金等各项工程建设资金捆绑使用，发挥双重效果。如在退耕还林的水土保持项目中，水利部门需要与农业部门进行密切沟通，得到农业部门专家的技术支持，才能兼顾水土保持实践中的生态效益和农户的经济利益。

三　完善生态补偿机制，赋予环首都地区公平的区域发展权利

张家口是穷市搞大绿化，新增森林面积最大的制约瓶颈是资金。立地条件较好的地区，基本上已完成林木覆盖任务，剩余荒山荒地立地条件差，造林绿化成本高。在造林绿化每亩投资上河北省仅为北京的 1/23、天津的 2/5。基于生态系统服务价值对环京津地区生态补偿优先级（ECPS）的计算，ECPS 大于 0.5 的县有五个，主要集中于环京津东北部地区，分别为围场县、丰宁满族自治县、康保县、沽源

县、赤城县。这五个县均处于坝上地区，是京津地区的第一道生态屏障，作为"生态输出"县（市），迫切需要获得生态补偿。环京津地区西北部的隆化县、尚义县、张北县、崇礼县，ECPS 分别为 0.495、0.465、0.437、0.386，也需要优先获得生态补偿。[①] 建立合理的生态补偿制度是落实保护生态环境的合理体现，也是共享发展成果的制度保障。

构建多元化补偿资金渠道。一是加大对环首都生态涵养区的转移支付力度与政府的相关配套政策，保障农民获得持续稳定的收益。将森林生态补偿资金纳入各级地方政府财政预算，规定补偿资金占财政支出的最低比重；深化实施退耕还林、退耕（牧）还草和生态公益林补偿工程，扩大补助范围，提高补偿标准，延长补偿时间；尽快把工程区已成林纳入中央森林生态效益补偿范围；加大生态移民搬迁力度，提高补贴标准，全力培育后续产业。二是坚持"受益者付费，保护者获得补偿"的基本原则，健全北京等生态受益方的跨区域补偿机制。由有关部门建立协调机构，尝试探索项目投资、安排就业、互惠贸易、支付水资源维护费或"一揽子"生态补偿费等灵活多样的补偿方式。此模式可在各级政府间协议进行，也可由双方生产单位直接洽谈协商。同时，设立公益基金，将社会各界的捐赠纳入基金，作为森林生态补偿的补充资金。三是积极探索生态环境服务转化为市场价值的有效途径，如开展碳汇交易，在保护生态的前提下实现增收。

补偿到农户的生态补偿项目可分为两种形式：一种是现金型；另一种是岗位型（主要是生态护林员和生态保洁员）。现金型补偿，应建立物价涨跌补偿联动机制，以增强补偿的公平性，对以往补贴不足的地方进行重新评估，切实补偿到位。[②] 护林员和保洁员一般采取年龄段内人员轮流或抽签上岗的形式。岗位型补偿能吸引村内劳动能力

---

① 郭年冬、李恒哲、李超等：《基于生态系统服务价值的环京津地区生态补偿研究》，《中国生态农业学报》2015 年第 11 期。

② 余明辉：《莫让"生态扶贫"成"生态返贫"》，《上海青年报》2011 年 10 月 25 日。

不强、不能外出务工、没有资金来源的农民参与，能缓解极端贫困户的贫困状况，而且，其广覆盖性提高了农民的生态环保意识。但其就业是临时的、不稳定的。如果岗位型补偿项目能实现长期正规就业，那么对农民的吸引力将更大。

小　结

关于生态环境（特别是森林资源）与贫困的关系，大致有以下几种学说：一是贫困与生态非良性耦合关系说，以"生态贫困陷阱"为代表。它解释了自然资源匮乏型贫困的存在。二是用森林资源丰富地区的贫困现象来验证"资源诅咒"假说。它部分解释了林区贫困这种"富饶的贫困"现象。三是用森林资源与经济增长之间的动态数量关系，来验证环境库兹涅茨曲线的存在，从而间接地推知贫困与生态的两阶段性关系。因生态环境恶劣而产生的贫困，仅靠国家的物质扶持、制度优惠、人力资源投资等常见手段来改变其贫困面貌是不够的，必须从根源上解决问题，这就为开展生态扶贫提供了理论依据。

造成林区贫困的原因有多种，但根本原因在于资源开发的产业化程度低，丰富的林业资源尚未转化成产业优势，林农难以从经营林业中得到应有的收益。要消除森林资源危机和林区危困的"两危"局面，固然需要来自外部的扶持，但主要还得靠林区将丰富的林业资源转化为生态产品和服务，开发出适合本地区情况的扶贫之路。

在我国六大贫困类型区中，环首都贫困带兼具四种类型：东西接壤地带贫困类型、内蒙古旱区贫困类型、东部丘陵山区贫困类型、黄土丘陵沟壑贫困类型。环首都生态功能区分布着大量贫困人口，这是生态恶化型抑制和保护压力型抑制双重效应的结果。应在可持续发展的框架内，制定出符合区域特点的扶贫与环境保护政策，促进两者之间的良性循环。环首都地区林业减贫的渠道与机制，一是以林业重点工程为依托，加快贫困地区的植树造林步伐，改善贫困地区的生态状况；二是深化集体林权制度改革，大力发展林下经济、经济林产业、野生动植物种养业、森林旅游业等特色优势产业，加快农民脱贫致富的步伐。

可持续生计思想对减贫战略极具启示意义，一是要走出"扶贫就是给钱"的误区，致力于提高贫困人群的自我发展能力；二是改革扶贫项目的设计、监测和评价机制；三是将改善生态环境与减贫同步推进。生态资本作为一种重要的生计资本，和其他资本是相互影响和密切联系的。可持续性生计思想，实质上是一种人类社会与自然环境协调相处的发展观，为丰宁县农户可持续生计调查与分析所证实。

生态扶贫的制度保障在于合作型反贫困机制的建立。基于环首都地区林业减贫的制度分析，笔者认为，一是建立多主体合作治理机制；二是打破条块分割，探索生态与经济综合治理的体制机制；三是完善生态补偿机制，赋予环首都地区公平的区域发展权利。

参考文献

《习近平总书记系列重要讲话读本》，学习出版社、人民出版社 2016
　年版。

于开锋、金颖若：《国内外森林旅游理论研究综述》，《林业经济问
　题》2007 年第 4 期。

邹积丰、韩联生、王瑛：《非木材林产品资源国内外开发利用的现状、
　发展趋势与瞻望》，《中国林副特产》2000 年第 1 期。

陈绍志：《公益林建设市场化研究》，博士学位论文，北京林业大学，
　2011 年。

樊杰主编：《京津冀都市圈区域综合规划研究》，科学出版社 2008
　年版。

郑海霞：《中国流域生态服务补偿机制与政策研究——以 4 个典型流
　域为例》，学位论文，中国农业科学院，2006 年。

钟茂初、潘丽青：《京津冀生态—经济合作机制与环京津贫困带问题
　研究》，《林业经济》2007 年第 10 期。

王岳森：《京津水源涵养地水权制度及生态经济模式研究》，科学出
　版社 2008 年版。

张贵祥：《首都跨界水源地经济与生态协调发展模式与机理》，中国
　经济出版社 2010 年版。

鲍文：《生态产业化与退耕还林还草》，《国土与自然资源研究》2010
　年第 3 期。

张佰瑞：《我国生态性贫困的双重抑制效应研究——基于环京津贫困
带的分析》，《生态经济》2007 年第 5 期。

魏可钟：《发展生态产品：林业的紧迫历史任务》，《中国林业》2007
年第 2B 期。

尹伟伦：《提高生态产品供给能力》，《瞭望新闻周刊》2007 年第
11 期。

高建中：《论森林生态产品——基于产品概念的森林生态环境作用》，
《中国林业经济》2007 年第 1 期。

蔡聪裕、陈宝国：《生态需求调动的必要性及有效途径》，《管理学
刊》2011 年第 6 期。

吴水荣、马天乐：《森林生态效益补偿政策进展与经济分析》，《林业
经济》2001 年第 4 期。

吴晓青、陀正阳、洪尚群：《生态建设产业化道路的再思考》，《云南
环境科学》2002 年第 3 期。

李艳丽：《社会事业产业化、市场化、社会化概念及关系辨析》，《烟
台大学学报》（哲学社会科学版）2008 年第 2 期。

高吉喜：《生态资产资本化：要素构成·运营模式·政策需求》，《环
境科学研究》2016 年第 3 期。

谢高地、曹淑艳：《发展转型的生态经济化和经济生态化过程》，《资
源科学》2010 年第 4 期。

李苑：《生态资源怎样转化为生态资产?》，《中国环境报》2014 年 8
月 4 日。

黄爱民、张二勋：《环境资本运营——环境保护的新举措》，《聊城大
学学报》2006 年第 2 期。

文雯：《慎提生态产业化》，《中国环境报》2009 年 10 月 21 日。

周生贤：《中国林业的历史性转变》，中国林业出版社 2002 年版。

赵树丛：《全面提升生态林业和民生林业发展水平为建设生态文明和
美丽中国贡献力量——在全国林业厅局长会议上的讲话》，《林业经
济》2013 年第 1 期。

樊宝敏、李智勇：《多功能林业发展的三个阶段》，《世界林业研究》2012 年第 5 期。

刘勇：《从多功能林业的兴起看我国林业的发展道路》，《北京林业大学学报》（社会科学版）1992 年增刊。

李岩：《林业产业的公共性与林业的税费改革》，《学术交流》2004 年第 4 期。

王南：《公共林业的性质与外部性问题解决途径的探讨》，《林业经济问题》2002 年第 3 期。

陈钦、黄和亮：《试论林业外部性及补偿措施》，《林业经济问题》1999 年第 3 期。

邢建国：《公共产品的供给及其治理》，《学术月刊》2007 年第 8 期。

石德金、余建辉、向建红：《市场经济条件下生态公益林投融资体制研究》，《林业经济问题》2006 年第 5 期。

王世进、黄知中：《构建我国公益林生态效益市场补偿机制初探》，《农业考古》2009 年第 6 期。

杨新华：《生态公益林商品化思考》，《河南林业科技》1998 年第 3 期。

陈钦、刘伟平：《公益林生态效益补偿的市场机制研究》，《农业现代化研究》2006 年第 5 期。

徐晋涛、陶然、徐志刚：《退耕还林：成本有效性、结构调整效应与经济可持续性——基于西部三省农户调查的实证分析》，《经济学》（季刊）2004 年第 1 期。

姚顺波：《林业补助与林木补偿制度研究——兼评森林生态效益研究的误区》，《林业科学》2005 年第 6 期。

雷玲、徐军宏、郝婷：《我国森林生态效益补偿问题的思考》，《西北林学院学报》2004 年第 2 期。

李周、许勤：《林业改革 30 年的进展与评价》，《林业经济》2009 年第 1 期。

宋劲松：《论我国森林资源培育的市场化》，《林业经济》2005 年第

18 期。

崔殿君、毛齐来、白忠义：《生态林市场化存在的问题及对策》，《防护林科技》2010 年第 3 期。

贺东航、朱冬亮、王威等：《我国集体林权制度改革态势与绩效评估——基于 22 省（区、市）1050 户农户的入户调查》，《林业经济》2012 年第 5 期。

侯元兆、吴水荣：《私有化不是林权改革的方向》，《中国地质大学学报》（社会科学版）2007 年第 4 期。

杨海：《论美国林业经济多功能可持续发展的先进经验》，《林业经济》2006 年第 8 期。

蒋高明：《美国人怎样守护他们的家园》，人民网—中国经济周刊，2007 年 11 月 19 日。

沈照仁：《再谈美国木材生产、自然保护之争与林业发展道路》，《世界林业研究》1994 年第 6 期。

徐成立、李云飞、王艳军：《德国的林业政策和经营模式对河北木兰林管局林业发展的启示》，《河北林果研究》2009 年第 1 期。

印红、吴晓松、刘永范等：《不断改革探索现代林业发展之路——德国林业考察报告》，《林业经济》2010 年第 11 期。

黎祖交：《"合作托管造林"要规范运作》，《绿色中国》2005 年第 1A 期。

林冬梅、李玉霄：《合作托管造林模式的 SWOT 分析与发展建议》，《安徽农学通报》2008 年第 6 期。

龙贺兴、张明慧、刘金龙：《从管制走向治理：森林治理的兴起》，《林业经济》2016 年第 3 期。

王文英、刘丛丛：《森林生态服务市场的构建及运行机制研究》，《中国林业经济》2012 年第 1 期。

李维长：《社区林业在国际林业界和扶贫领域的地位日益提升——第十二届世界林业大会综述》，《林业与社会》2004 年第 1 期。

杨顺成：《发挥社会林业的扶贫效能》，《林业与社会》1995 年第

6 期。

郭广荣：《森林分权管理规划及其应用前景》，《林业与社会》2004 年第 1 期。

冯小军、张晓光、陈占辉：《"参与式"是山区开发提高成效的切实选择——对中德合作河北省造林项目的调查与分析》，《林业与社会》2002 年第 5 期。

许正亮、李新贵等：《试论世行贷款贫困地区林业发展项目建设》，《中南林业调查规划》2001 年第 4 期。

杨从明：《关于社区林业在中国发展的再认识》，《林业与社会》2004 年第 2 期。

刘璨：《国外社区林业发展新动态》，《林业经济》1998 年第 4 期。

徐斌：《森林认证对森林可持续经营的影响研究》，《中国林业科学研究院学报》2010 年第 2 期。

张力小、宋豫秦：《三北防护林体系工程政策有效性评析》，《北京大学学报》（自然科学版）2003 年第 4 期。

刘正恩：《河北坝上生态退化现状、原因及对策措施》，《生态经济》2010 年第 1 期。

高妍、张大红：《对北京市公益林市场化经营的思考》，《教师教育学报》2007 年第 4 期。

马宁：《退耕还林十年在河北》，《河北林业》2011 年第 3 期。

镡立勇、杨金文、刘飞等：《绿色发展 从风沙源到每年 120 亿元生态服务——探寻塞罕坝精神之四》，长城网，2017 年 7 月 11 日。

陈宝云：《55 年，塞罕坝蓄木成海》，《燕赵都市报》2017 年 6 月 26 日。

安长明：《塞罕坝机械林场土地资产和物质生产资产价值核算研究报告》，《河北林果研究》2010 年第 4 期。

侯海潮等：《基于资源价值核算分析的未来森林利用取向研究——以河北省塞罕坝机械林场为例》，《河北林果研究》2012 年第 1 期。

国家林业局党组：《一代接着一代干 终把荒山变青山——塞罕坝林场

建设的经验与启示》,《求是》2017 年 8 月 15 日。

中共河北省委理论学习中心组:《大力弘扬塞罕坝精神 扎实推进生态
　　文明建设》,《求是》2017 年第 16 期。

温亚楠、王栋、曹静:《塞罕坝国家森林公园发展方向探讨》,《中国
　　林业》2011 年第 23 期。

杜兴兰、赵立群、孟凡玲:《塞罕坝自然保护区开发天然野生动物园
　　的构想》,《安徽农学通报》2012 年第 12 期。

王平、钱栋:《塞北林场的成功之路》,《河北林业》2015 年第 12 期。

顾仲阳:《这里的好日子不靠砍树》,《人民日报》2015 年 11 月 1 日。

李增辉、史自强:《林地不"剃头"效益往上走》,《人民日报》2015
　　年 8 月 28 日。

王世禄、田宝军、董立龙:《黄羊滩期待永别万顷黄沙》,《河北日
　　报》2008 年 9 月 1 日。

杨卓琦:《河北廊坊要种多少树:财政奖补 20 亿 两年造林 100 万
　　亩》,《瞭望东方周刊》2015 年 4 月 20 日。

周永刚、计红:《政府得绿 群众受益——河北省廊坊市世行贷款造林
　　绿化项目成效显著》,《国土绿化》2010 年第 4 期。

雷汉发、刘永刚:《创新撬动 绿染张垣》,《经济日报》2016 年 6 月
　　14 日。

雷汉发、张志强、李淑艳:《杏扁满山梁 绿化又富民》,《经济日报》
　　2014 年 7 月 29 日。

刘宝素、李瑞平:《河北省林下产业的发展现状及存在问题与发展对
　　策》,《河北林业科技》2007 年第 7 期。

胡俊达、胡艳东:《关于加快我省林下产业发展的几点思考》,《河北
　　林业》2009 年第 1 期。

刘世勤、刘友来:《森林旅游产业的特性、功能与发展趋势》,《中国
　　林业经济》2010 年第 4 期。

刘晓敏、张云、叶金国:《环首都地区农户集体林权制度改革结果满
　　意度实证分析——以丰宁县为例》,《林业经济问题》2016 年第

1 期。

王晓东:《河北省山区产业化扶贫问题研究》,《农业经济》2013 年第 12 期。

白丽、赵邦宏:《产业化扶贫模式选择与利益联结机制研究——以河北省易县食用菌产业发展为例》,《河北学刊》2015 年第 7 期。

徐家琦、Tim Zaehernuk、赵永军:《关于社区林业可持续扶贫模式的探讨》,《中国农业大学学报》(社会科学版)2004 年第 1 期。

刘毅、陶冶:《我国森林旅游发展障碍分析及思考》,《林业经济问题》2003 年第 2 期。

韩微:《对森林旅游与森林生态旅游的再认识》,《森林工程》2005 年第 6 期。

魏民、王英军、张学冰:《张北草原音乐节:市场化运作的成功典范》,《光明日报》2013 年 9 月 7 日。

郭超、吴为:《"草原天路"收费 22 天后戛然而止 如何管理成难题》,《新京报》2016 年 5 月 21 日。

徐成立:《河北滦河上游国家级自然保护区发展面临的困境与对策》,《河北林业》2011 年第 6 期。

成克武、王广友、卢振启、杨飞:《河北省茅荆坝森林公园环境保护与旅游发展对策》,《山地学报》2008 年第 s1 期。

穆晓雪、王连勇:《中国广义国家公园体系称谓问题初探》,《中国林业经济》2011 年第 2 期。

苏杨:《第一批国家公园可能是哪些?》,《中国发展观察》2017 年第 Z2 期。

余珍凤:《房山世界地质公园保护与开发研究分析——以野三坡、石花洞园区为例》,硕士学位论文,中国地质大学,2009 年。

陈贵松:《森林旅游负外部性的经济学分析》,《林业经济问题》2004 年第 5 期。

李世东:《我国森林公园的现状及发展趋势》,《中南林学院学报》1994 年第 2 期。

孙克勤：《河北滦河上游自然保护区遗产资源整合与保护》，《北京林业大学学报》（社会科学版）2010 年第 7 期。

牛浩、樊晓亮、于晓红：《开展生态旅游对雾灵山保护区周边社区经济的影响》，《宁夏农林科技》2013 年第 5 期。

李云宝：《论雾灵山自然保护区生态旅游的发展》，《河北林业》2010年第 3 期。

郭建刚：《雾灵山龙潭景区发展生态旅游对周边社区经济的带动作用》，《河北林业科技》2008 年第 4 期。

武占军等：《河北大海陀自然保护区与社区关系研究》，《林业调查规划》2016 年第 5 期。

罗庆、李小建：《国外农村贫困地理研究进展》，《经济地理》2014 年第 6 期。

祁新华、林荣平、程煜、叶士琳：《贫困与生态环境相互关系研究述评》，《地理科学》2013 年第 12 期。

厉以宁：《贫困地区经济与环境的协调发展》，《中国社会科学》1991年第 4 期。

张菲菲、刘刚、沈镭：《中国区域经济与资源丰度相关性研究》，《中国人口·资源与环境》2007 年第 4 期。

冯菁、程堂仁、夏自谦：《森林覆盖率较高地区经济落后现象研究》，《西北林学院学报》2008 年第 1 期。

刘宗飞、姚顺波、刘越：《基于空间面板模型的森林"资源诅咒"研究》，《资源科学》2015 年第 2 期。

石春娜、王立群：《森林资源消长与经济增长关系计量分析》，《林业经济》2006 年第 11 期。

谷振宾：《中国森林资源变动与经济增长关系研究》，学位论文，北京林业大学，2007 年。

张大维：《生计资本视角下连片特困区的现状与治理——以集中连片特困地区武陵山区为对象》，《华中师范大学学报》（人文社会科学版）2011 年第 4 期。

张惠远、蔡运龙、赵昕奕：《环境重建——中国贫困地区可持续发展的根本途径》，《资源科学》1999 年第 3 期。

黄金梓、段泽孝：《论我国生态扶贫研究的范式转型》，《湖南生态科学学报》2016 年第 1 期。

徐秀军：《解读绿色扶贫》，《生态经济》2005 年第 2 期。

张佰瑞：《中国生态性贫困的双重抑制效应研究——基于环京津贫困带的分析》，《生态经济》（学术版）2007 年第 1 期。

宁卓：《论主要林业生态工程对社区经济发展的影响》，学位论文，北京林业大学，2009 年、

焦君红、王登龙：《环京津贫困带的环境权利与义务问题研究》，《改革与战略》2008 年第 1 期。

李思谦、刘晓平：《承德市京津风沙源治理林业工程建设情况调查》，《林业经济》2006 年第 8 期。

黄选瑞等：《坝上地区实施退耕还林还草面临的问题与对策》，《中国生态农业学报》2001 年第 4 期。

葛文光等：《山区县森林采伐管理改革试点的现状、问题与政策建议——基于河北省平泉县的调查》，《河北林果研究》2011 年第 3 期。

赵丽、张蓬涛：《河北环京津贫困地区退耕还林对当地经济的影响研究——以河北省顺平县为例》，《安徽农业科学》2011 年第 2 期。

刘浩：《林业重点工程对农民持久收入的影响研究》，《林业经济》2013 年第 12 期。

刘璨、梁丹、吕金芝等：《林业重点工程对农民收入影响的测度与分析》，《林业经济》2006 年第 10 期。

张伟：《风景区旅游扶贫开发的效应分析及优化研究》，博士学位论文，安徽师范大学，2005 年。

李琳一、李小云：《浅析发展学视角下的农户生计资本》，《农村经济》2007 年第 10 期。

王晓毅：《扶贫、环境保护与可持续生计》，《中国社会科学报》2010 年 8 月 10 日。

李小建、乔家君:《欠发达地区农户的兼业演变及农户经济发展研究》,《中州学刊》2003 年第 5 期。

杨云彦、赵锋:《可持续生计分析框架下农户生计资本的调查与分析——以南水北调(中线)工程库区为例》,《农业经济问题》2009年第 3 期。

梁义成、Marcus W. Fddman、李树苗等:《离土与离乡:西部山区农户的非农兼业研究》,《世界经济文汇》2010 年第 2 期。

陆五一、李祎雯、倪佳伟:《关于可持续生计研究的文献综述》,《中国集体经济》2011 年第 1 期。

蔡运龙、蒙吉军:《退化土地的生态重建:社会工程途径》,《地理科学》1999 年第 3 期。

方劲:《中国农村扶贫工作"内卷化"困境及其治理》,《社会建设》2014 年第 2 期。

李小云:《我国农村扶贫战略实施的治理问题》,《贵州社会科学》2013年第 7 期。

王冬平:《贫困地区生态重建与经济发展良性互动机制研究——以贵州喀斯特山区为例》,硕士学位论文,浙江大学,2005 年。

中共河北省委党校课题组:《环首都贫困县扶贫机制的若干问题透析》,《调研世界》2005 年第 11 期。

徐月宾、刘凤芹、张秀兰:《中国农村反贫困政策的反思——从社会保障向社会保护转变》,《中国社会科学》2007 年第 3 期。

李金兰:《对河北省国有林场改革策略的思考》,《林业经济》2011 年第 12 期。

郭年冬、李恒哲、李超等:《基于生态系统服务价值的环京津地区生态补偿研究》,《中国生态农业学报》2015 年第 11 期。

鲁滨逊·格雷戈里:《森林资源经济学》,许伍权等译,中国林业出版社 1985 年版。

[英]安东尼·哈尔、詹姆斯·梅志里:《发展型社会政策》,罗敏等译,社会科学文献出版社 2006 年版。

［美］诺曼·厄普霍夫等：《成功之源——对第三世界国家农村发展经验的总结》，汪立华等译，广东人民出版社 2006 年版。

世界银行：《2000/2001 年世界发展报告：与贫困作斗争》，中国财政经济出版社 2001 年版。

滕尼斯：《共同体与社会》，林荣远译，商务印书馆 1999 年版。

［美］埃莉诺·奥斯特罗姆：《公共事务的治理之道》，上海三联书店 2003 年版。

Ostrom, E. "Beyond Markets and States: Polycentric Governance of Complex Economic Systems." *The American Economic Review*, 2010, 100 (3): 641 – 672.

DFID. *Sustainable Livelihoods Guidance Sheets.* London: Department for International Development, 2000: 68 – 125.

Costanza R., et al., "The Value of the World's Ecosystem Services and Natural Capital." *Nature*, 1997: 387.

FAO. More Than Wood Special Options on Multiple Use of Forest 1997. (1999 – 11 – 01) [2006 – 01 – 15]. http://www.fao.org/docrep/v2535e/v2535eoo.htm.

FAO. State of the World's Forests 2001. Rome: FAO, 2001.

Farrington et al. "Sustainable Livelihoods in Practice: Early Applications of Concepts in Rural Areas." *Natural Resource Perspectives*, 42, June. London: Overseas Development Institute, 1999.

Kepe, T. Environmental Entitlements in Mkambati: Livelihoods, Social Institutions and Environmental Change on the Wild Coast of the Eastern Cape. *Research Report*, No. 1, Sussex University, Institute for Development Studies and PLASS (Program for Land and Agrarian Studies), Sussex, U K. 1999.

Reddy, S. R. C., Chakravarty, S. P. "Forest Dependence and Income Distribution in a Subsistence Economy: Evidence from India." *World Development*, 1999, 27 (7), 1141 – 1149.

Duraiappah, A. K. "Poverty and Environmental Degradation: A Review and Analysis of the Nexus. " *World Development*, 1998, 26 (12): 2169 - 2179.

Grant, J. P. *The State of the World's Children* 1994, New York: UNICEF/ Oxford University Press, 1994, 65 - 68.

Ambler, J. Attacking Poverty while Improving the Environment: Toward Win-win Policy Options, 1999.

Cavendish, W. "Empirical Regularities in the Poverty-Environment Relationship of African Rural Households. " *World Development*, 2000, 28 (11): 1979 - 2003.

White, A. , Martin, A. Who Owns the World's Forests? Forest Trends, Washington DC, 2002.

Wainwright, C. , Wehrmeyer, W. 1998. "Success in Integrating Conservation and Development? A Study from Zambia. " *World Development*, 26 (6): 933 - 944.

Leslie, A. "Estimating the Current and Future Demand for Forest Products and Services. " *Tropical Forest Update*, 2005(1): 14 - 16.

Behera Bhagirath, Engel Stefanie. "Institutional Analysis of Evolution of Joint Forest Management in India: A New Institutional Economics Approach. " *Forest Policy and Economics*, 2006, 8(4): 350 - 362.

Harold Goodwin. "In Pursuit of Ecotourism. " *Wildlife Conserve*, 1996, 5 (3): 277 - 292.

Just, R. E. , Antle, J. M. , 1990. "Interaction between Agricultural and Environmental Policies: A Conceptual Framework. " *American Economic Review*, 80(2) : 197 - 202.

Agrawal, A. , Ashwini, C. , Hardin, R. "Changing Governance of the World's Forest. " *Science*, 2008: 1460 - 1462.

Cashore, B. , Gale, F. , Meidinger, E. , et al. "Confronting Sustainability: Forest Certification in Developing and Transitioning Countries. " *Envi-*

ronment, 2006, 48(9): 6 – 25.

Forest Stewardship Council. FSC Principles and Criteria for Forest Steward-ship. Approved 1993, Amended 1996, 1999, 2002, 2009. http: // www. fsc. org.

Landell-Mills, N. , Bishop, J. , Porras, I. Silver Bullet or Fools' Gold—a Global Review of Markets for Forest Environmental Services and their Im-pacts for the Poor. Instruments for Sustainable Private Sector Forestry Se-ries. IIED, London, 2001. http: //www. iied. org/enveco.

Agrawal, A. , Gibson, C. Enchantment and Disenchantment: The Role of Community in Natural Resource Conservation. *World Development.* 1999 (27): 629 – 649.

UCN. Rina Maria P. Rosales. Payments for Environmental Services and the Poor. 2002.

Lemos Maria Carmen. Agrawal Arun. Environmental Governance. *Annual Review of Environment Resources*, 2006(31): 297 – 325.

Visseren-Hamakers J. Ingrid, Glasbergen Pieter. Partnerships in Forest Governance. 2007, 17(3): 408 – 419.

Nelson, John. Protecting Indigenous Rights in the Republic of Congo through the Application of FSC Standards in Forest Plans: A Review of Progress Made by Congolaise Industrielle des Bois(CIB) against FSC Prin-ciples 2 and 3. Forest Peoples Programme. 2006 [EB/LO] . http: // www. forestpeoples. org/documents/africa/cono _ cib _ prog _ rev _ jan 06_ eng. pdf.

Naomi M. Saville. Practical Strategies for Pro-Poor Tourism: Case Study of Pro-Poor Tourism and SNV in Humla District, West Nepal, PPT Working Paper, 2001, No. 3.

Foster, A. D. and M. R. Rosenzweig. "Economic Growth and the rise of Forests. " *The Quarterly Journal of Economics*, 2003, 118 (2): 301 – 637.

后 记

感谢国家软科学基金的立项资助和河北经贸大学社会管理德治与法治协同创新中心的出版资助。国家软科学基金立项研究课题为写作本书提供了支持。

关于本书的写作，前言、第一章、第四章第一节由叶金国执笔，第二章、第三章、第四章第二至六节、第五章由张云执笔。参与课题研究的除本书作者外，还有刘晓敏、聂承静、刘璐等同志。本书在从立项研究到写作成书的过程中，参阅了该研究领域许多学者的研究成果，在学术会议研讨交流中受到许多同行的启发，在开展实地调查中得到河北省林业厅冯长红、丰宁县林业局总工程师何万义等实际部门领导和参与调查人员的大力支持，在此一并表示感谢。

尽管对本书的研究和写作笔者下了很大的功夫，但由于水平有限，不妥和错误之处肯定存在，敬请读者批评指正。